“做学教一体化”课程改革系列教材

机电控制仿真技术应用

主　编　李　坤　刘　辉
副主编　单侠芹　顾志斌
参　编　王海磊　陈运亮　崔旭升　刘　冬
主　审　邵泽强　陈庆胜

本书以发密科智能设计仿真软件 Automation Studio 为平台，主要内容包括：认识发密科智能设计软件平台；三相异步电动机典型控制电路的设计与仿真；变频器调速控制的设计与仿真，直流电动机、步进及伺服系统的设计与仿真；自动供料系统的设计与仿真。每个项目包含 2~4 个任务，通过设计不同的任务，将理论知识及仿真技术融入实践操作中。每个任务都是从实际工程出发，由易到难，循序渐进，符合职业院校学生的认知规律。

本书可作为五年制高职、高等专科院校机电一体化、电气自动化技术及相关专业的教材，也可供相关专业工程技术人员参考。

为方便教学，本书配套有教学视频（以二维码形式呈现）、电子课件及电子教案，凡选用本书作为教材的授课教师，可登录 www. cmpedu. com 网站注册并免费下载。

图书在版编目（CIP）数据

机电控制仿真技术应用/李坤，刘辉主编. —北京：机械工业出版社，2021. 2（2024. 1 重印）

“做学教一体化”课程改革系列教材

ISBN 978-7-111-67472-6

Ⅰ. ①机…　Ⅱ. ①李…②刘…　Ⅲ. ①机电一体化-控制系统-系统仿真-教材　Ⅳ. ①TH-39

中国版本图书馆 CIP 数据核字（2021）第 020736 号

机械工业出版社（北京市百万庄大街 22 号　邮政编码 100037）

策划编辑：赵红梅　责任编辑：赵红梅

责任校对：樊钟英　封面设计：张　静

责任印制：单爱军

北京虎彩文化传播有限公司印刷

2024 年 1 月第 1 版第 2 次印刷

184mm×260mm · 16. 25 印张 · 360 千字

标准书号：ISBN 978-7-111-67472-6

定价：49. 80 元

电话服务　　　　　　　　网络服务

客服电话：010-88361066　　机　工　官　网：www. cmpbook. com

010-88379833　　机　工　官　博：weibo. com/cmp1952

010-68326294　　金　　书　　网：www. golden-book. com

封底无防伪标均为盗版　　机工教育服务网：www. cmpedu. com

前言

本书以发密科智能设计仿真软件 Automation Studio 为平台，以亚龙智能设备 YL-235A、YL-156、YL-335B、YL-163 等为依托，通过教学实例介绍了发密科智能设计仿真软件在机电一体化、电气自动化等相关专业的多门课程中的应用。本书以“工学结合、做学教一体化”为原则，以培养高级应用型人才为目标，以技能培养和工程应用能力培养为出发点，以应用为主线编写而成。

机电一体化技术的综合应用在工业生产自动化领域正起着越来越重要的作用。企业对具备机电一体化技术的技能型人才的需求日益加剧，特别是对从设计、组装、编程、调试到故障检测与排除等一系列课题具有实际应用经验的综合型人才。发密科智能设计仿真软件平台综合了机电一体化的液压与气压传动、电气工程、PLC、HMI 等多门专业核心课程，通过该平台再现与实际设备操作相同的虚拟环境。学生先通过这个平台设计、仿真电路，然后再到实际设备上验证，能够提高学生的思维创新能力，有助于更好地理解所学到的知识。

本书由江苏联合职业技术学院无锡机电分院李坤（编写项目二部分内容）、刘辉（编写项目三部分内容）任主编并统稿，江苏联合职业技术学院无锡机电分院单侠芹（编写项目四）、顾志斌（编写项目五）任副主编，参与编写的还有南京广播电视大学（高淳分校）陈运亮（编写项目一部分内容）、江苏联合职业技术学院无锡机电分院王海磊（编写项目二部分内容）、亚龙智能装备集团股份有限公司崔旭升（编写项目一部分内容）、淮海技师学院刘冬（编写项目三部分内容）。全书由邵泽强、陈庆胜主审。本书在编写过程中得到了亚龙智能装备集团股份有限公司陈传周总经理的大力支持，在此向陈总经理及其他所有支持、帮助本书编写工作的单位和个人表示衷心的感谢！

由于编者水平有限，难免存在疏漏、不足之处，敬请读者批评指正。

说明：为了方便读者进行电路设计与软件仿真，书中仿真电路图与电气模块图的图形符号与文字符号均沿用软件中的惯用符号，未统一采用国家标准符号。

编　者

二维码清单

资源名称	二维码	资源名称	二维码
Automation Studio 界面介绍		三相异步电动机可逆运行的 PLC 控制电路的设计与仿真	
三相异步电动机接触器联锁正反转控制电路的设计与仿真 1		三相异步电动机接触器联锁正反转控制电路的设计与仿真 2	
单处卸料装料小车自动往返 PLC 控制电路设计与仿真		工作台自动往返循环控制电路的设计与仿真	
步进电动机运行		直流电动机 PLC 控制	
直流电动机接触器控制			

目 录

前言

二维码清单

项目一 认识发密科智能设计软件平台 …… 1

任务一 了解发密科智能设计软件平台 …… 1

任务二 界面介绍及基本操作 …… 7

项目二 三相异步电动机典型控制电路的设计与仿真 …… 42

任务一 三相异步电动机正反转控制电路的设计与仿真 …… 42

任务二 三相异步电动机自动往返循环控制电路的设计与仿真 …… 73

任务三 三相异步电动机减压起动控制电路的设计与仿真 …… 96

任务四 三相异步电动机制动控制电路的设计与仿真 …… 116

项目三 变频器调速控制系统的设计与仿真 …… 134

任务一 变频器控制三相异步电动机起停的设计与仿真 …… 134

任务二 变频器控制三相异步电动机正反转的设计与仿真 …… 140

任务三 变频器控制电位计模拟量的设计与仿真 …… 146

任务四 PLC 控制变频器实现三相异步电动机正反转的设计与仿真 …… 150

项目四 直流电动机、步进及伺服系统的设计与仿真 …… 156

任务一 直流电动机系统的设计与仿真 …… 156

任务二 步进控制系统的设计与仿真 …… 171

任务三 伺服控制系统的设计与仿真 …… 188

项目五 自动供料系统的设计与仿真 …… 201

任务一 气动控制回路设计与仿真 …… 202

任务二 电气控制回路设计与仿真 …… 216

任务三 程序设计与系统仿真 …… 231

任务四 人机界面组态设计与仿真 …… 241

参考文献 …… 253

项目一

认识发密科智能设计软件平台

发密科智能设计软件平台——Automation Studio 是以工业智能制造需求为核心，以自动化领域核心课程为重点开发的智能设计平台，包括液压与气压传动、传感器、电气工程、单线电工、电子、PLC、HMI 等专业课程。

智能设计的最小化系统在平台上得以充分体现，在平台上可以直接对单一的专业学科以鼠标拖动的方式搭建回路，并且可以对搭建的回路进行仿真验证、测量及故障排除；基于项目的理念，在平台上还可以在同一个项目中实现多个专业课程之间的关联，实现机电一体化的项目仿真；基于工程应用需求，平台上还集成了导入 CAD 图纸功能以及自动生成报表功能（如物料清单、采购列表、标签列表、文档清单和故障清单），将平台设计内容应用于实践；在平台上通过录制功能可以将操作的步骤与音频同步记录下来，方便分享。发密科智能设计软件平台将专业核心课程之间的关系综合地展现出来，能够更好地服务于专业教学。

任务一　了解发密科智能设计软件平台

一、认识发密科智能设计软件平台运行界面

图 1-1 为发密科智能设计软件平台，该平台可以实现机电一体化的项目仿真。通过 USB 手柄协议、OPC 通信协议与硬件设备以及组态软件进行交互通信，也可以通过集成的 3D 动画设计平台让读者自主地创建虚拟被控对象来实现真实的仿真，还可以通过Unity3D 开发 3D 交互对象。图 1-2 为亚龙 YL-235A 型机电一体化实训考核装置 3D 仿真。

该软件平台自带录屏功能，可以辅助进行教学课程设计。同时该软件平台提供了开放式的元件库，方便进行个性化自定义，以及实现资源共享。

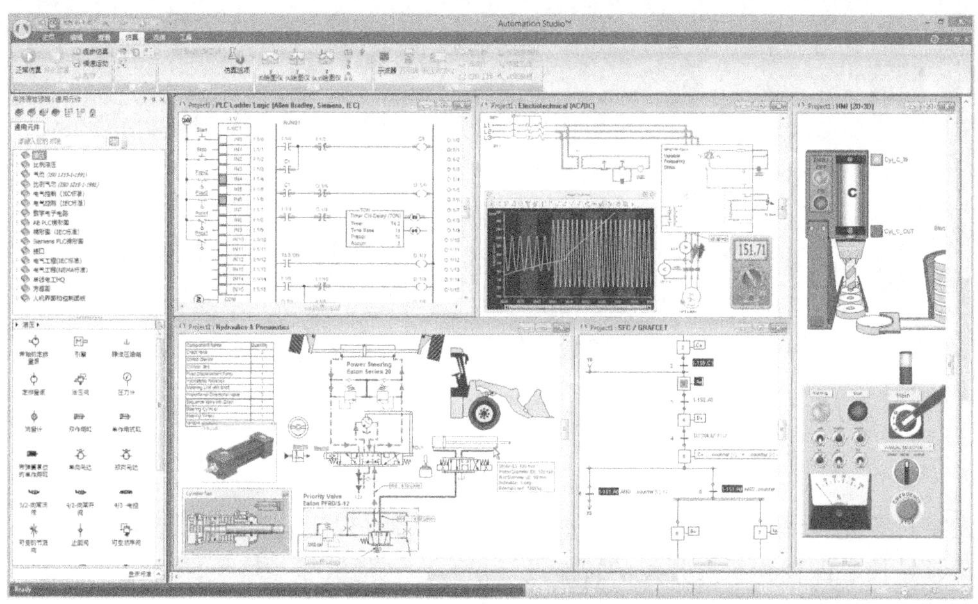

图 1-1　发密科智能设计软件

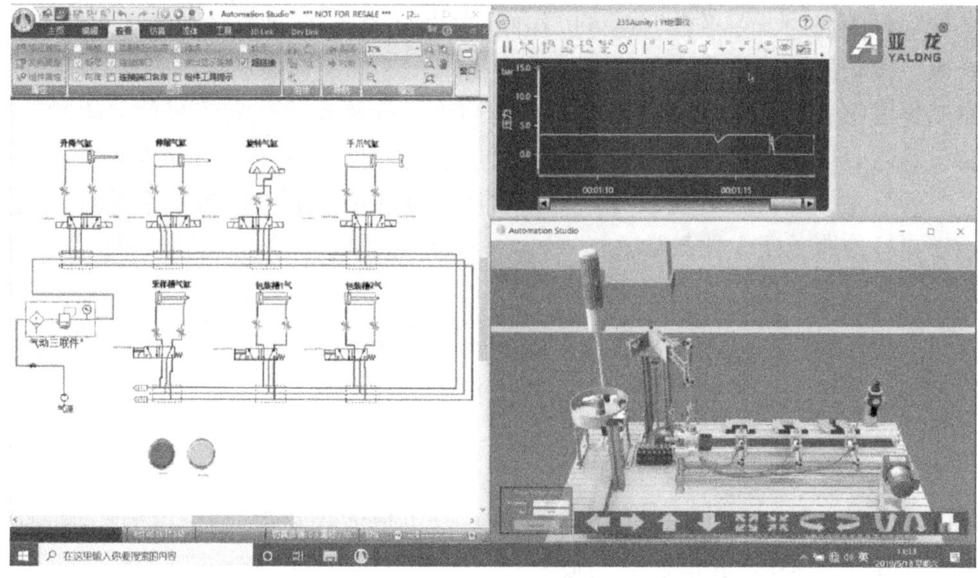

图 1-2　亚龙 YL-235A 型机电一体化实训考核装置 3D 仿真

二、发密科智能设计软件安装

1. 软件安装条件

（1）对计算机硬件最低配置要求

1）操作系统：Windows Vista SP2、Windows 7 SP1、Windows 8 or Windows 8.1 专业

版（32 位或 64 位），但不支持 Windows XP 系统。支持 Windows Server 2008 SP2、Windows 2008 R2 SP1、Windows 2012 and Windows 2012 R2。但不建议在服务器计算机上安装 Automation Studio。

2）不需要 Microsoft Office，但是 32 位系统必须安装 32 位 Automation Studio，64 位系统必须根据实际情况安装 64 位/32 位 Automation Studio。

3）CPU：Intel Core 2 双核 1.83GHz 及以上。推荐配置为 Intel Core i7。

4）Automation Studio 可充分利用多核处理器。

5）内存：要求 2GB 或以上。推荐配置为 32 位系统使用 3GB、64 位系统使用 8GB。

6）显卡：显卡内存要求 512MB 或更高，最低屏幕分辨率为 1024×768 像素。

7）硬盘空间：1.5GB 以上可用空间。

（2）操作系统状态要求

在安装 Automation Studio 之前，可能需要更新计算机或安装某些驱动程序和实用程序。以下是要遵循的操作步骤。

1）当更新 Windows 系统时请不要安装 Automation Studio。

2）如果使用 Windows Server 2008 R2 SP1 64 位系统，请确保在“控制面板”上的“程序和功能”中打开“Microsoft.NET 框架 3.5”。

2. 软件安装说明

安装包的来源有两种：DVD 安装文件、网络单独下载的安装包。在软件后续使用的更新过程中也会出现升级包。由 DVD 安装文件安装的主界面如图 1-3 所示。

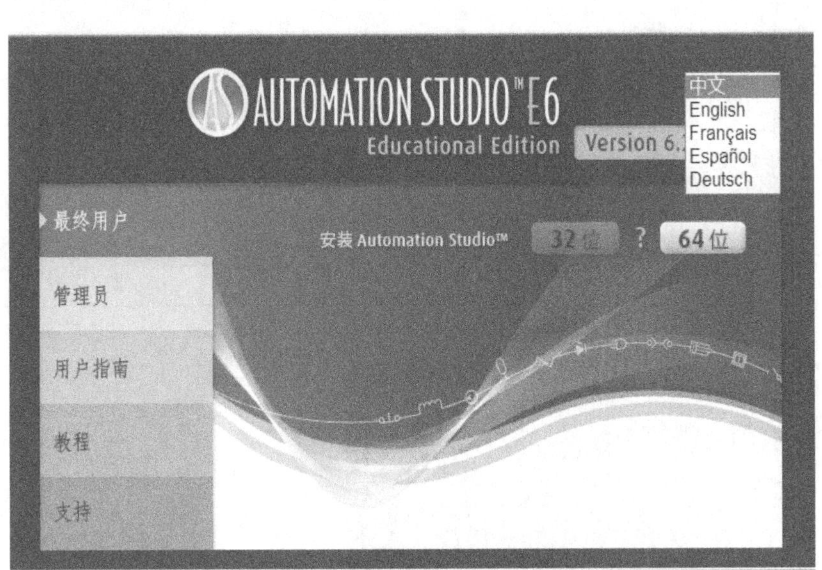

图 1-3　由 DVD 安装主界面

请在安装之前运行一下软件对安装版本进行检测，如图 1-4 所示。

图 1-4　软件安装之前版本检测

软件的安装版本取决于操作系统，图 1-3 为 DVD 安装，安装时单击兼容的“32 位”或“64 位”，图 1-4 表示当前计算机兼容软件为 64 位版本，在窗口的右上角选择安装语言为“中文”。

注意：1）计算机 64 位操作系统不能安装 Automation Studio 64 位版本，只能安装 Automation Studio 32 位版本。

2）在安装过程中，软件将检测安装必要组件，如果缺失，软件将优先安装必备组件。单击“安装”继续，完成 DirectX 驱动器安装，随后将进入正式的安装界面。

具体安装步骤见表 1-1。

表 1-1　软件安装步骤

图　示	步　骤
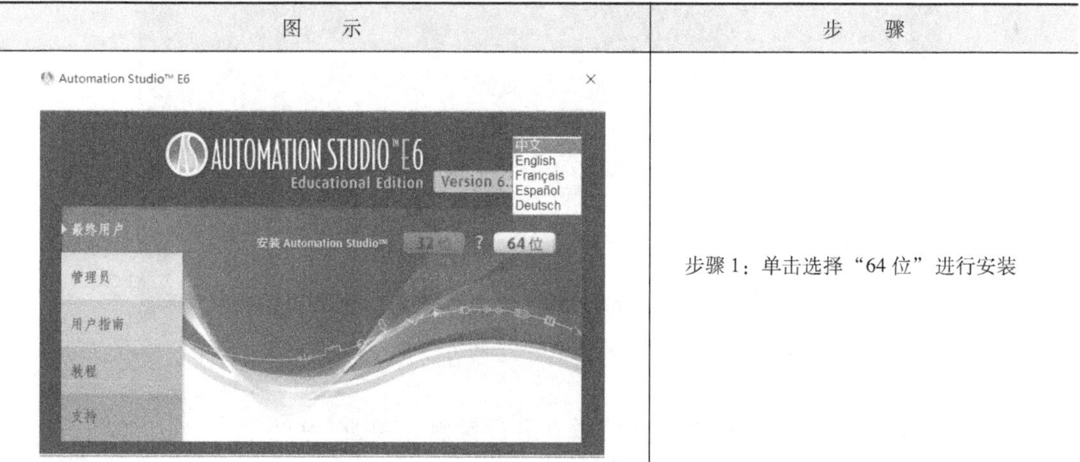	步骤 1：单击选择“64 位”进行安装

（续）

图　示	步　骤
	步骤 2：选择安装语言为“中文”，单击“下一个”
	步骤 3：选择接受协议条款，单击“下一个”
	步骤 4：输入“用户名字”，单击“下一个”
	步骤 5：选择安装文件的文件夹，单击“安装”

（续）

图　　示	步　　骤
	步骤 6：进入安装状态，等待安装完成
	步骤 7：单击“结束”完成安装

3. 软件使用激活

首次使用软件时，需要对软件的密钥进行激活，激活步骤见表 1-2。

表 1-2　软件激活步骤

图　　示	步　　骤
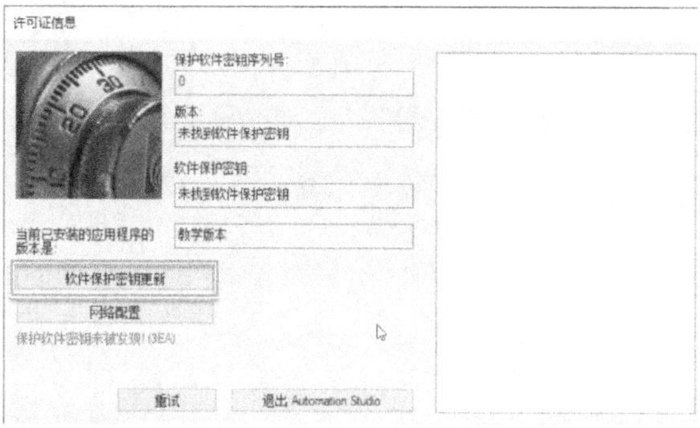	步骤 1：单击选择“软件保护密钥更新”
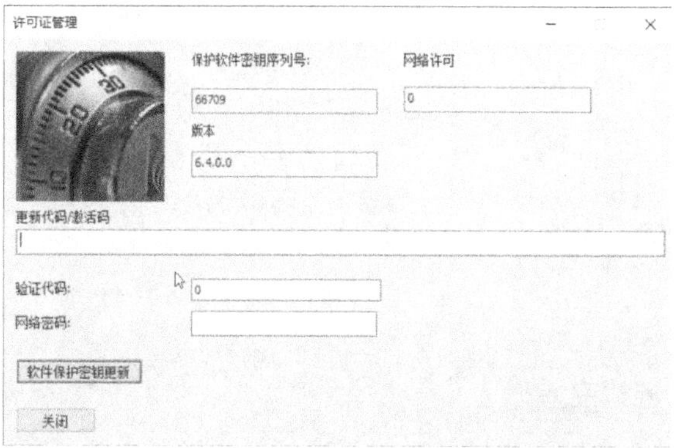	步骤 2：将系统提供的“更新代码”“验证代码”（单机版）“网络密码”（网络版）输入到相应对话框中

（续）

图　示	步　骤
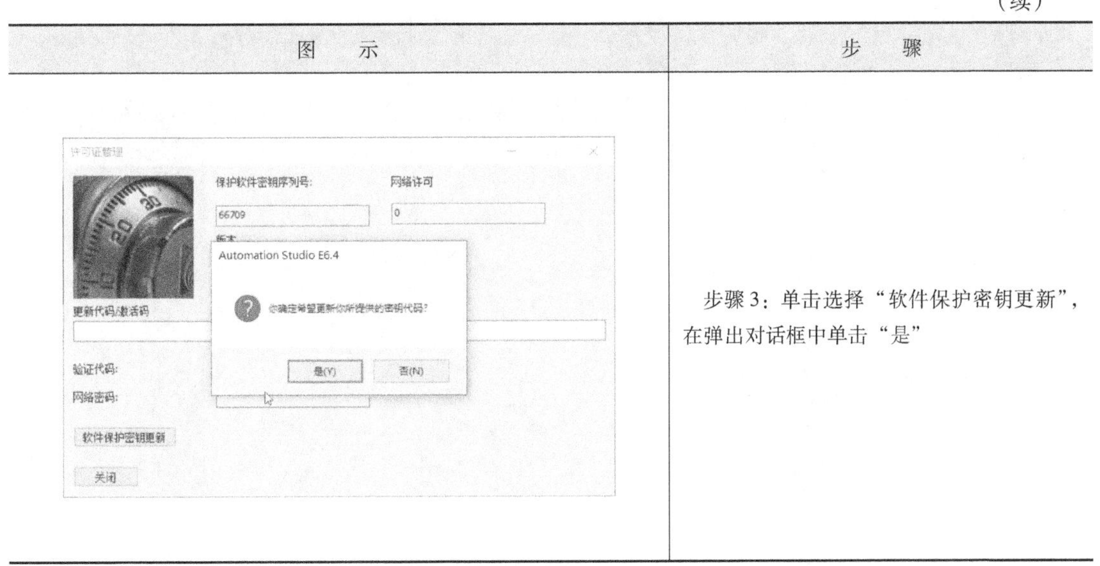	步骤 3：单击选择“软件保护密钥更新”，在弹出对话框中单击“是”

任务二　界面介绍及基本操作

一、界面概述

启动发密科智能设计软件后进入其主窗口界面，图 1-5 所示为 Automation Studio 软件正确打开时的初始画面，图 1-6 所示为 Automation Studio 软件的初始功能界面。

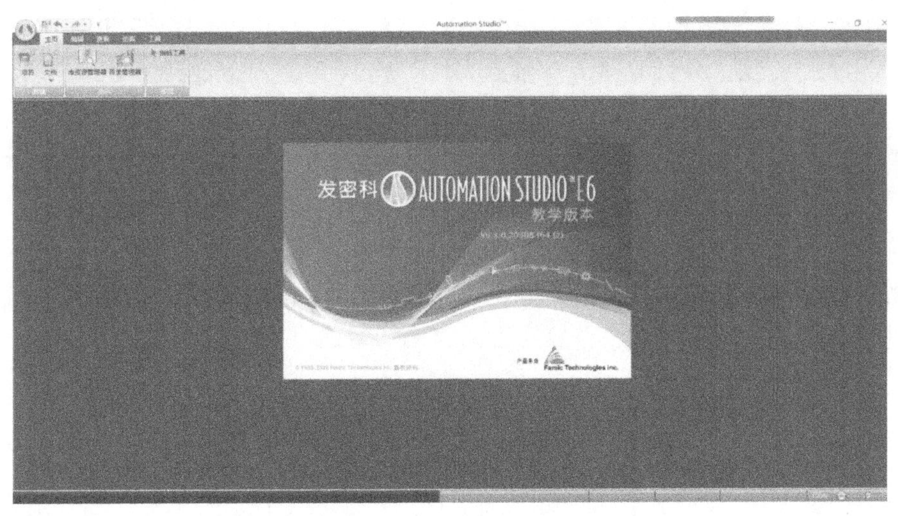

图 1-5　打开初始画面

初始功能界面中各元素的名称及特性见表 1-3。

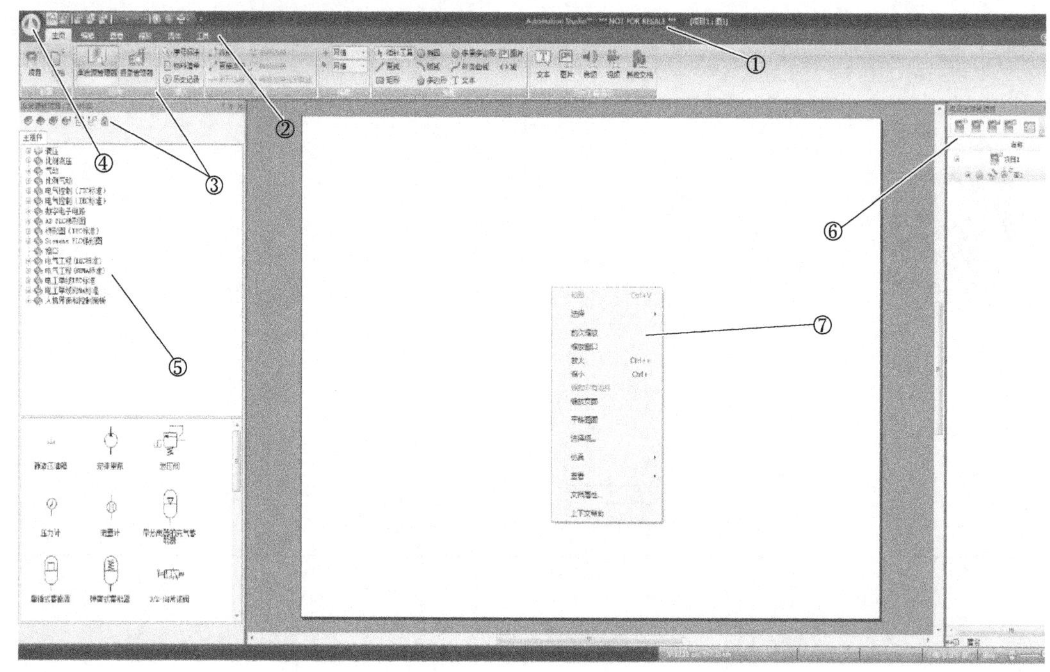

图 1-6　初始功能界面

表 1-3　初始功能界面中各元素的名称及特性

序号	区域或元素	特性	序号	区域或元素	特性
1	标题栏	静态	5	库资源管理器	动态
2	菜单栏	静态	6	项目资源管理器	动态
3	各种工具栏	静态	7	快捷方式菜单	动态
4	文件菜单	静态			

二、菜单栏

发密科智能设计软件的菜单栏由七个菜单组成，如图 1-7 所示。下面以“文件”菜单为例进行介绍。

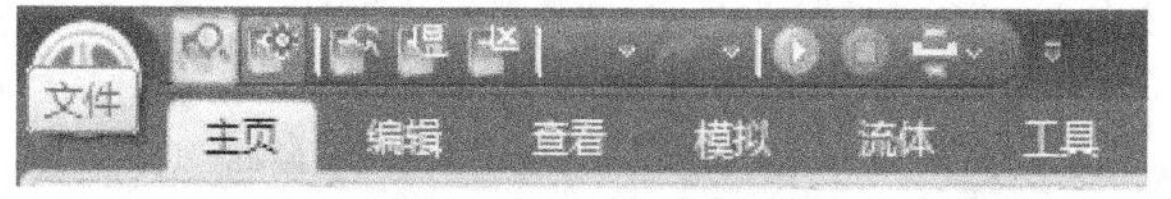

图 1-7　发密科智能设计软件的菜单栏

“文件”菜单由所有与文件管理相关的菜单命令组成，包括项目、新建项目、文档、打印等，如图 1-8～图 1-10 所示，相关说明见表 1-4～表 1-7。

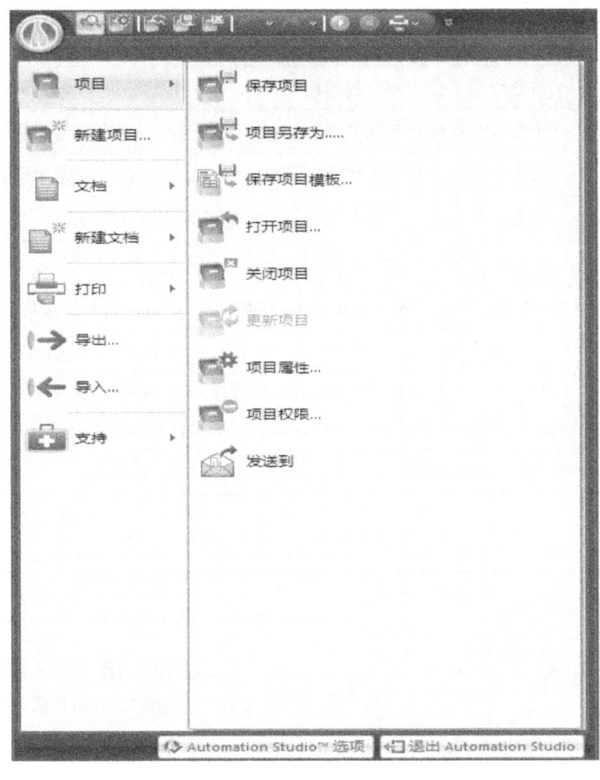

图 1-8　“文件”菜单里的“项目”菜单

图 1-9　“文档”菜单

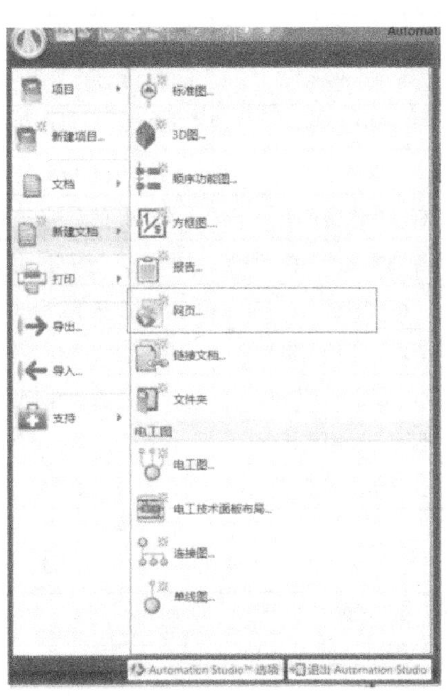

图 1-10　“新建文档”菜单

表 1-4 “文件”菜单中的“项目”菜单说明

一级类别	说明
保存项目	该命令用于保存一个修改的项目
项目另存为	该命令允许使用不同的名称保存一个项目，而不影响文档的原始版本
保存项目模板	该命令保存项目作为模板。该模板包含了所有包含在原项目的标准
打开项目	此命令将打开一个现有的项目，向后兼容到 3.x 版本
关闭项目	该命令关闭一个项目并保存或放弃已作出的修改
更新项目	（团队工作）该命令会更新所有的同一个项目中的其他用户修改的文件
项目属性	该命令插入、验证和修改项目中的信息。具体到一个项目的自定义属性
项目权限	此命令可以帮助项目管理员分配项目的用户和访问权限（有关详细信息，请参阅安装和管理指南），具体到一个项目的自定义属性都可以被定义
发送到	此命令通过电子邮件发送当前项目的压缩副本

表 1-5 文件菜单“新建项目”说明

菜单名称	图标	说明
新建项目		此命令基于现有的模板创建一个新的项目，如图标所示，也可以通过功能区中的“项目”图标新建一个项目

表 1-6 “文件”菜单中的“文档”菜单说明

一级类别	说明
保存文档	该命令保存活动的文档
打开文档	打开活动项目中的文档
关闭文档	关闭活动项目中已打开的文档
文档属性	访问当前文档的属性
保存标准图模板	文档保存为基于有效标准图的模板
保存顺序功能图模板	文档保存为基于活动顺序功能图的模板
保存报告模板	保存为基于活动的报告模板
保存电工文档模板为	保存为活动电工文档模板
保存电工面板布局模板	保存为活动电工面板布局模板
保存连接图模板	保存为活动连接图模板
保存单线图模板	保存为活动单线图模板

表 1-7 “新建文档”说明

菜单名称	图标	说明
新建文档		创建基于现有模板的新文档，如图 1-10 所示

在“新建文档”菜单中可基于模板创建标准图文档、3D图文档、顺序功能图文档、方框图文档和报告等。单击“网页”选项时，打开一个网址输入窗口，要求输入网页的名称和URL地址，可以将需要学习的网站资料链接到当前的文档中，如图1-11所示。

图1-11 “网页地址”窗口

单击“链接文档”选项时，打开“链接文档”窗口，在窗口中选择要链接的当前本地文档，如图1-12所示。如果本地文档移动到其他硬盘位置，链接将会丢失。

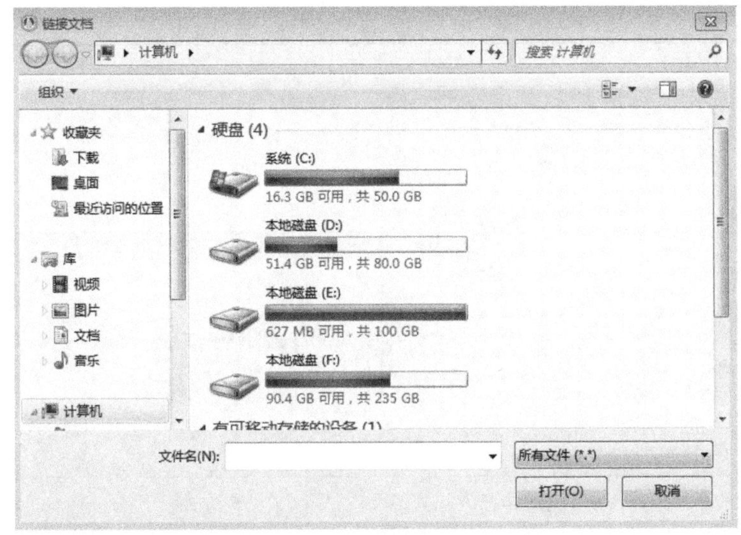

图1-12 “链接文档”窗口

单击“文件夹”选项时，可将项目下的文档归类到文件夹里。新建一个文件夹后，在主界面窗口右侧的项目资源管理器中可以看到这个文件夹，如图1-13所示。

单击“电工图”选项，可打开新建文档的模板，基于对应的模板可创建新的电工图、电工面板布局、连接图和单线图。

“打印”菜单如图1-14所示，具体说明见表1-8。“导出”“导入”具体说明见表1-9。单击“导出”和“导入”选项，打开“导出”和“导入”窗口，界面如图1-15所示。

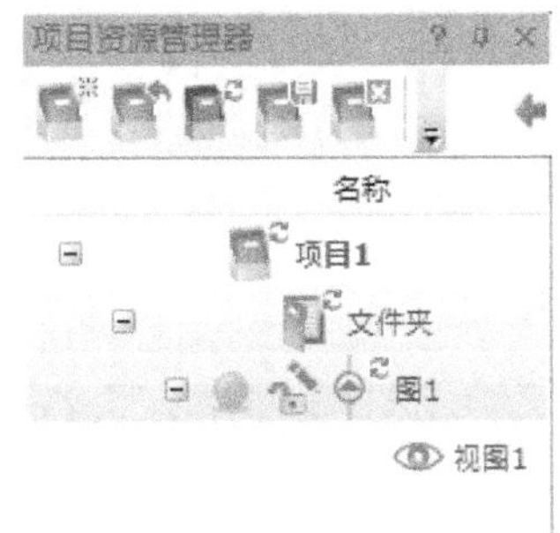

图1-13 新建文件夹

图1-14 “打印”菜单

表 1-8 “打印”菜单说明

一级类别	说　明
打印	该命令用于对当前项目图表的全部或者部分进行打印
打印预览	该命令用于在打印当前项目的内容之前对其进行预览

表 1-9 “导出”“导入”菜单说明

一级类别	说　明
导出	此命令导出一个项目或一个顺序功能图（SFC）。项目可以导出为多种格式。SFC 可以导出为 GIE 格式或者是“西门子 Step7”格式等。SFC 导出功能是选配功能，需要单独购买软件功能
导入	此命令可以将 GIE 和 GIG 格式文件导入到 SFC 中

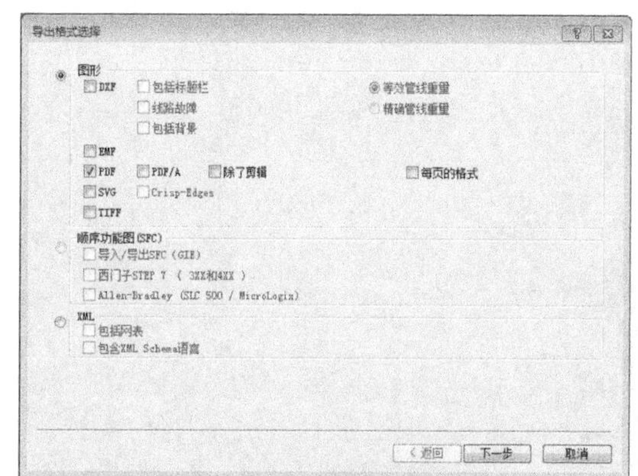

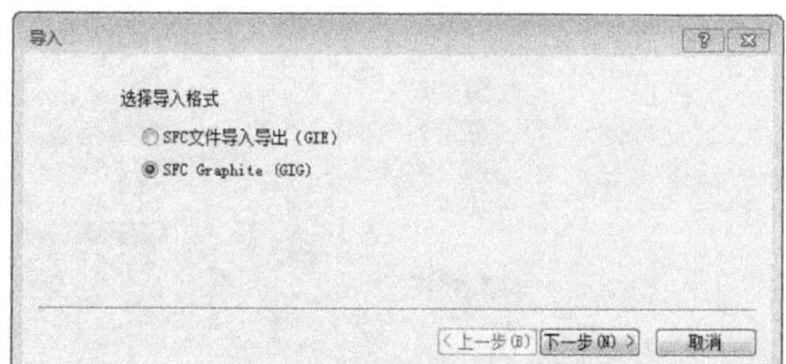

图 1-15 “导出”和“导入”窗口

单击“文件”菜单下方的 Automation Studio™ Options 按钮，进入如图 1-16 所示的参数设置界面，修改语言为中文语言，其他默认。设置完毕后，单击 按钮。关闭窗口。关闭软件后再重新打开。

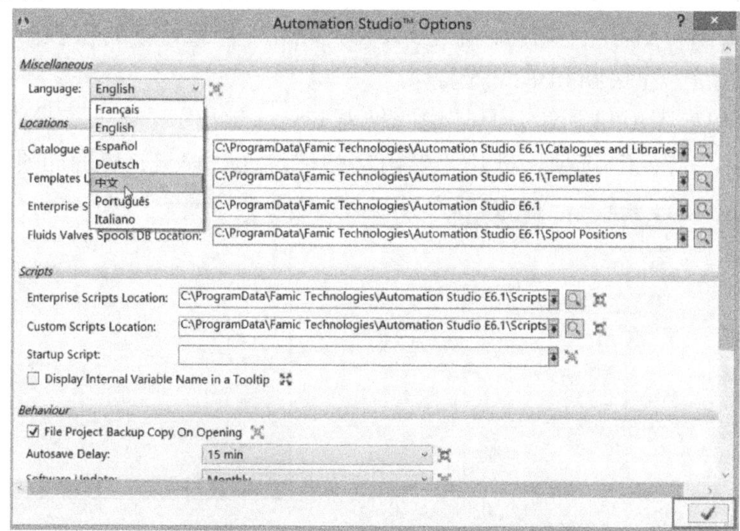

图 1-16 “Automation Studio™ Options”界面

三、功能区介绍

功能区取代了常用的菜单和工具栏，它不能被移动或隐藏，但可以被最小化。功能区的组成如图 1-17 所示。

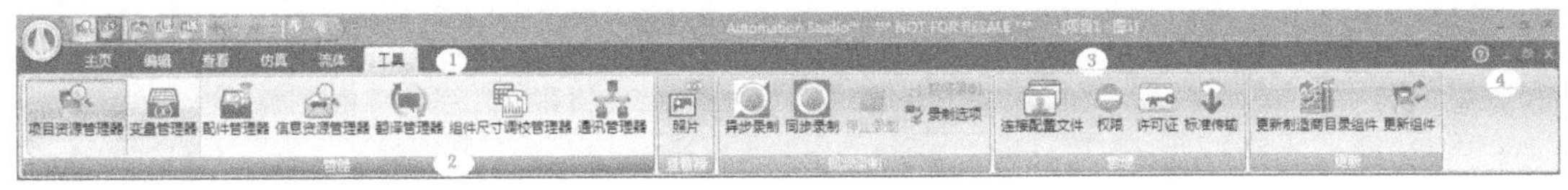

图 1-17　功能区

功能区的组成说明：

1）标签：典型的用法控制或主场景。

2）组：标签内相同功能的控制组件。

3）命令：组内管理通用功能单元。

4）帮助按钮：打开用户帮助窗口，可通过上下文访问相关帮助，如项目库资源管理器等，或者当前元素的组件、组、CAD 等。

功能区使用说明：

1）在功能区的任意空白位置单击鼠标右键，会弹出功能菜单，见表 1-10。通过选择“最小化功能区”选项可以最小化/最大化功能区。功能区最小化时，可通过单击菜单栏的选项卡标签展开相应的控件组，当有控件被选择时，标签会被再次最小化。

表 1-10　功能菜单说明

一级类别	说　明
添加到快速访问工具栏	单击功能区的命令时显示此命令并询问是否将命令添加到快速访问工具栏
自定义快速访问工具栏	该命令用来访问工具栏自定义对话框，并配置工具栏的内容
在功能区上方显示快速访问工具栏	该命令用来移动自定义工具栏显示在功能区的上方还是下方（默认在功能区上方）
最小化功能区	该命令用来最小化功能区

2）功能区没有最小化时，可以通过鼠标滚轮快速切换标签。当把鼠标光标放在一个命令或控件上时，会出现使用提示信息。要访问某一命令和执行某一控件，只需单击它相应的图标。

3）有些命令右下角带箭头 ▾，单击该箭头，将展开一个菜单，通过选择菜单里的控件，启动相应的功能。

4）灰色命令表示目前情况下不能启动。

5）较大的图标表示该命令是常用的。

1. “主页”菜单

“主页”菜单包括新建、组件、插入、连接、捕捉、绘图、组件工具显示 7 个子项，如图 1-18 所示。

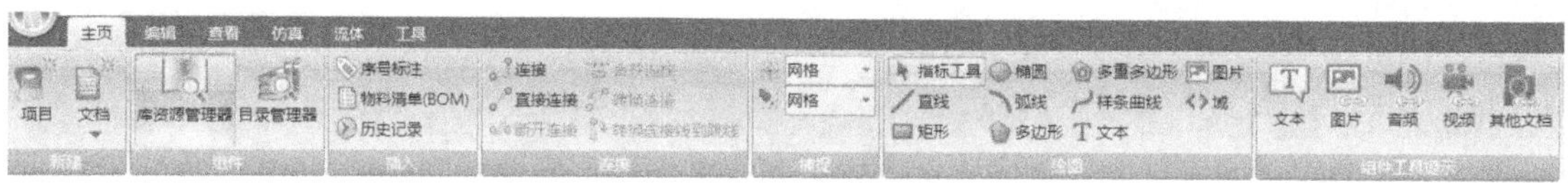

图 1-18 “主页”菜单

1）“新建”组：该组命令用于创建一个新的项目或活动项目的新文档，见表 1-11。

表 1-11 “新建”组说明

图　标	含　义	说　明
	项目	此命令将打开项目模板列表，并创建一个新的项目
	文档	此命令用于插入不同类型的文件（标准、电工、报告、网页等），向下箭头中包含一组子命令，针对可能的文件类型进行创建

2）“组件”组：该组命令用于打开和关闭库资源管理器和目录管理器，具体说明见表 1-12。

表 1-12 “组件”组说明

图　标	含　义	说　明
	库资源管理器	该命令用于打开 Automation Studio 包含的通用符号库资源管理器
	目录管理器	该命令用于打开配置了所有制造商规格的目录管理器

3）“插入”组：该组命令用于添加相关组件和文档中的文本信息，具体说明见表 1-13。

表 1-13 “插入”组说明

图　标	含　义	说　明
	序号标注	该命令用于插入与元素、组、组件或子组件关联的参考
	物料清单	该命令用在图纸中插入物料清单，默认情况下包含“数量”和“组件名称”属性。物料清单可以被配置
	历史记录	该命令用于在图表中插入一份总结了所有修订内容的表格。该表格和材料清单的配置方式一致

4）“连接”组：该组命令用于创建组件之间的连接，并应用到组件。该命令组内显示的组件内容，根据活动文档的不同会有所不同，具体说明见表 1-14。

表 1-14　“连接”组说明

图　标	含　义	说　明
	连接	创建技术连接
	直接连接	该命令允许在图表中插入一个直接连接
	断开连接	将一个连接分割为两个或多个部分
	合并连接	将彼此相连的两个不同部分连接到一起
	转换连接	将连接变换为直接连接或执行相反操作
	转换连接线到跳线	将一个连接转换成两个具有同样标签的跳线连接

5）“捕捉”组：该组命令用于将工作空间中的元件符号定位到网格，以及将虚拟CAD 元素定位到网格，具体说明见表 1-15。

表 1-15　“捕捉”组说明

图　标	含　义	说　明
	组件捕捉	此命令使元件符号定位到网格单元。否则，元件符号可位于工作空间中的任何位置，这种是不推荐的技术图表
	绘图捕捉	此命令使 CAD 元素（圆、直线、方形等），根据其精度定位到网格上

6）“绘图”组：该组命令允许绘制二维几何形状，具体说明见表 1-16。

表 1-16　“绘图”组说明

图　标	含　义	说　明
	指针工具	用于选定物体
	直线	绘制线条
	矩形	绘制矩形
	椭圆	绘制椭圆
	弧形	绘制弧形
	多边形	绘制多边形
	多重多边形	绘制多重多边形
	曲线	绘制曲线
	文本	插入文本框
	图片	插入图像（JPG、BMP、WMF、EMF、…）

（续）

图　标	含　义	说　明
〈〉域	域	此命令用于自动插入字段，可以包含当前图表或项目的属性。建立动态标题栏时，是非常有用的

7）“组件工具提示”组：该组命令用于设置元件的提示信息，以文本或超链接的形式，具体说明见表 1-17。

表 1-17　“组件工具提示”组说明

图　标	含　义	说　明
文本	文本	在组件的工具提示中插入用户定义的属性文本。请参见“例 1：插入文本”
	图片	在组件的工具提示中插入超链接到用户定义的图片。请参见“例 2：插入超链接的图片、音频文件、视频或其他文件”
	音频	在组件的工具提示中插入超链接到用户定义的音频文件。请参见例 2
	视频	在组件的工具提示中插入用户定义的视频超链接。请参见例 2
	其他文档	在组件的工具提示中从外部应用程序插入超链接到文件中。请参见例 2

在编辑时，选择相应命令，单击要添加提示信息的元件，弹出提示信息添加窗口，输入要提示的文本内容或关联超链接的图片、音频、视频和其他类型文件。每个提示信息包含一个标签和一个描述共两个属性。在编辑时，也可以勾选“用户翻译文本值”使用其他语言进行显示。

用户还可以在“组件属性”对话框中直接编辑这些属性值，方法：在“数据”选项卡的“用户自定义”属性中进行设置。大多数的技术组件和绘图元素都支持这种设置方法，也可以对一个元件组或是组件的一部分进行提示信息设置。使用上述方法设置之前，必须确保该元件所在的层是激活的和被显示的。

应用了上述命令后，只需在主功能区的“主页”选项卡的“显示”组中勾选“组件工具提示”选项。当鼠标光标经过一个设置了工具提示的元件时，该元件被高亮显示，并显示其提示信息，单击可打开相应提示信息对话框。

例 1：插入文本，具体步骤见表 1-18。

表 1-18　插入文本步骤

图　示	步　骤
文本	步骤 1：单击功能区中的图标

（续）

图　示	步　骤
	步骤 2：将光标移到要插入的组件并单击它
	步骤 3：输入标签和文本，根据需要选择转换选项

例 2：插入超链接的图片、音频文件、视频或其他文件，分别如图 1-19 ~ 图 1-22 所示。

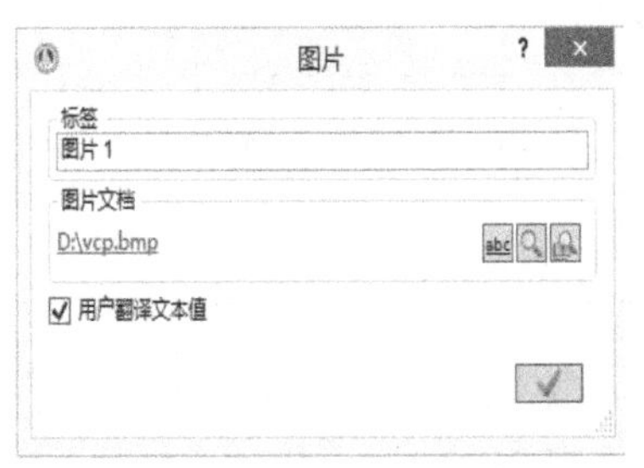

图 1-19　插入图片超链接

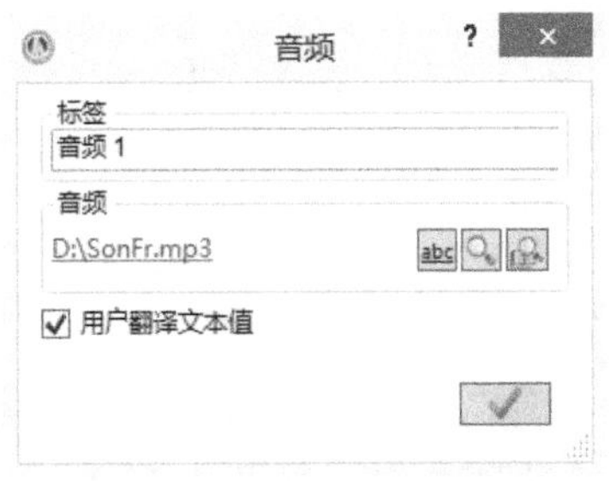

图 1-20　插入音频文件超链接

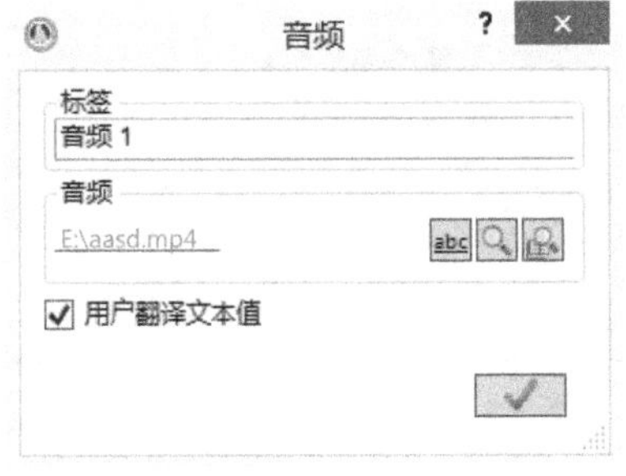

图 1-21　插入视频超链接

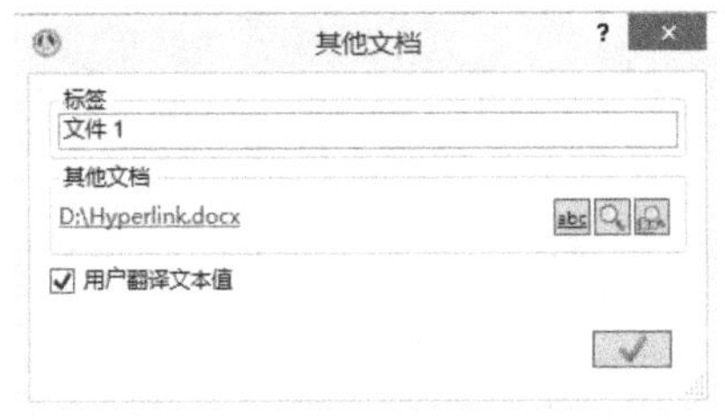

图 1-22　插入其他文件超链接

2. “编辑”菜单

“编辑”菜单包括所有与查看和修改文件属性、选定图表上的选项，以及与图表编辑器中选择编辑命令相关的命令，包含了剪贴板、位置、文本、直线、表面、布局、编辑 7 个组。“编辑”菜单如图 1-23 所示。

图 1-23 “编辑”菜单

1）“剪贴板”组：这组命令是用来在图纸上复制、粘贴、删除对象等，如图 1-24 所示，具体说明见表 1-19。

表 1-19 “剪贴板”组说明

图　标	含　义	说　明
	粘贴	该命令用于从剪贴板插入一个项目到当前文档中
	剪切	该命令用于将当前文档上的选定项目移至剪贴板
	复制	该命令用于将当前文档上的选定项目复制至剪贴板
	重复	此命令用于在相同的文件中复制所选择的对象
	格式刷	此命令用于复制选定的文本格式，这种格式与其他文本框关联
	删除	此命令用于删除图纸中选定的对象

2）“位置”组：这组命令适用于标准编辑器、电工或单线图纸；用于显示指定组件在系统中的从属关系，如图 1-25 所示，具体说明见表 1-20。

图 1-24 “剪贴板”组

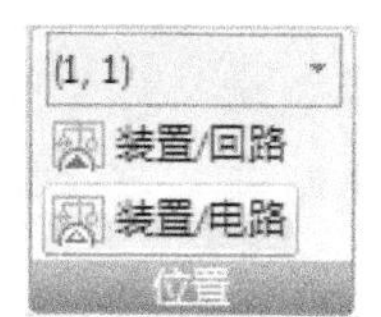

图 1-25 “位置”组

表 1-20 “位置”组说明

图　标	含　义	说　明
(1, 1)	安装回路	确定和修改基于“安装编号”和“回路编号”的组件位置
装置/回路	液压回路设置	根据标准配置和安装液压和气动回路 **注意**：两个不同回路的流体，它们的组件不能相互连接
装置/电路	气动回路设置	

3）“文本”组：这组命令用于修改图纸中所选择的文本信息的格式，如图 1-26 所示，具体说明见表 1-21。

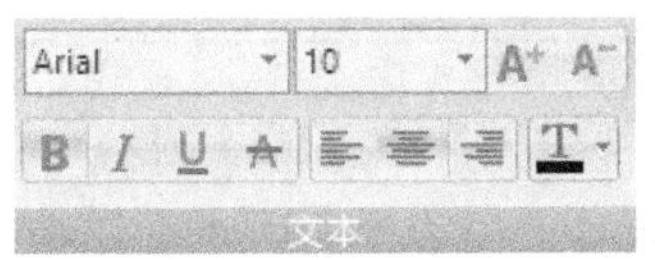

图 1-26　“文本”组

表 1-21　“文本”组说明

图　标	含　义	说　明
Arial	字体	修改文本字体
10	字号	修改所选文本的字体大小
A^-	缩小字体	缩小选定文本的字体
A^+	放大字体	放大选定文本的字体
B	粗体	将选定文本加粗
I	斜体	将选定文本变为斜体
U	下划线	将选定文本加下划线
	删除线	将选定文本加删除线
	左对齐	将选定文本左对齐
	居中对齐	将选定文本居中
	右对齐	将选定文本右对齐
	左右对齐	将选定文本左右对齐
T	字体颜色	改变选定文本的颜色

4）“直线”组：这组命令是用来单独修改图纸中所选定的绘制对象和符号的格式，如图 1-27 所示，具体说明见表 1-22。

注意：当以企业的标准工作时不推荐使用。

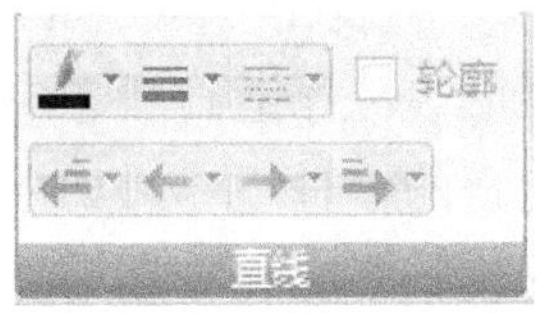

图 1-27　“直线”组

表 1-22 “直线”组说明

图　标	含　义	说　明
	颜色	修改选定图形对象的线条颜色以及图表中文本的字体颜色
	线宽	修改图表中所选图形对象的线条宽度
	线条样式	修改线条的图形样式
	开始箭头尺寸	修改开始箭头尺寸
	结束箭头尺寸	修改结束箭头尺寸
	开始箭头样式	修改开始箭头样式
	结束箭头样式	修改结束箭头样式

5）“表面”组：这组命令是用来修改图形的颜色与填充类型，如图 1-28 所示，具体说明见表 1-23。

表 1-23 “表面”组说明

图　标	含　义	说　明
	填充类型	修改填充类型
	前景颜色	修改前景颜色
	背景颜色	修改背景颜色

图 1-28 “表面”组

图 1-29 “布局”组

6）“布局”组：这组命令包括与图表元素的方向和布局相关的所有命令，如图 1-29 所示，具体说明见表 1-24。只有在图表处于运行状态时才可以看到。该组命令对象可以是一个符号、一个组别或者这些元素的多种组合。如果选择了一个组别，该布局功能应用于该组别的对称轴上和该组别的旋转中心上。如果是多种组合，布局功能将单独地应用于选定对象的每个元素上。

表 1-24 “布局”组说明

图　标	含　义	说　明
坐标和方向	坐标和方向	任何插入到图表中的选定项目将会被矩形和蓝色或者白色的图包围。该矩形左上角处选项框的坐标可以通过本文档左上角测量的 X 和 Y 值重新定位
位置	位置	该命令用于对选定目标进行位置角度改变
对齐	对齐	允许将所有选定项目与主图以一种方式进行对齐
分布	分布	用于平均分隔每个选定组件
尺寸调整	尺寸调整	用于调整选定组件的尺寸
	组合/取消组合	此命令用于将选定对象组合成一个元素或取消相应组合
	组装/取消组装	该命令用于组装一组部件或取消组装
	图层次序	该命令用于将一个选定目标置于图表前或者后
	可视性	此命令用于使选定的组件不可见或可见

7）“编辑”组：该组命令用于创建和分配层的组件，还可以用于查找和选择元件，如图 1-30 所示，具体说明见表 1-25。

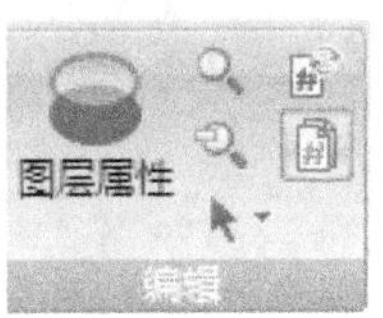

图 1-30 “编辑”组

表 1-25 “编辑”组说明

图　标	含　义	说　明
	查找	此命令用于通过电路和安装编号查询部件
	图层属性	此命令用于打开“层”窗口

（续）

图　　标	含　　义	说　　明
	选择	该命令被用来选择当前图上在可见层的一些或所有项。例如，在流体系统中：所有、线路及组件、组件、线条

3. “查看”菜单

“查看”菜单如图 1-31 所示。

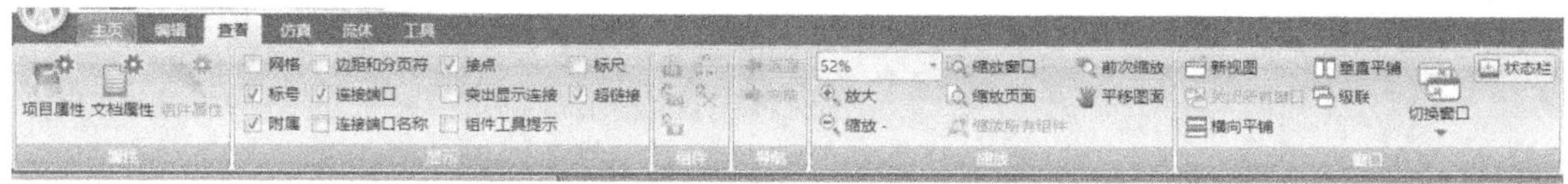

图 1-31 “查看”菜单

“查看”菜单包含有关显示和项目属性、活动文档、组件的修改命令等。它也可以用来修改图上所显示的信息、缩放窗口等，包含了属性、显示、组件、导航、缩放和窗口 6 个组。

1）“属性”组：该组命令可以访问项目、活动文档或组件的属性，如图 1-32 所示，具体说明见表 1-26。

表 1-26 “属性”组说明

图　　标	含　　义	说　　明
	项目属性	该命令用于打开项目属性对话框
	文档属性	该命令用于打开文档属性对话框。图表属性可以自定义
	组件属性	该命令用于打开组件属性对话框。组件属性可以自定义

2）“显示”组：该组命令用于查看或隐藏在图中的元件或文档的显示信息。本组命令根据活动文档类型的变化，显示的命令会所有不同，如图 1-33 所示，具体说明见表 1-27。

图 1-32 “属性”组

图 1-33 “显示”组

表 1-27 “显示”组说明

含　　义	说　　明
网格	该命令用于显示或者隐藏将符号固定到位的网格
标号	该命令用于显示或隐藏标号

（续）

含　义	说　明
附属	该命令用于显示或隐藏组件属性，以及他们的连接端口的名称
边距和分页符	此命令用于显示或隐藏图的边缘和分页符
连接端口	该命令用于在简图上显示每个符号的连接端口
连接端口名称	该命令用于显示每个符号在图表上的连接端口的名称
接点	该命令用于显示每个符号在图表上的触点
突出显示连接	此命令用于显示或隐藏在编辑连接的高亮颜色。这些颜色是由液压或气动的标准来定义的
组件工具提示	此命令用于显示或隐藏部件工具提示。当光标被移动至组件符号时，是否显示提示信息
标尺	该命令用于显示或者隐藏垂直和水平标尺
超级链接	该命令用于以超链接格式或者正常文本格式显示分配的标签名称

3）“组件”组：此命令组可显示有关组件的标识信息，如图 1-34 所示，具体说明见表 1-28。

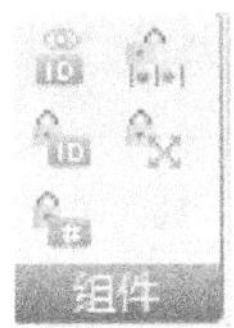

图 1-34　“组件”组

表 1-28　“组件”组说明

图　标	含　义	说　明
	显示/隐藏组件标识符	选择显示或隐藏所选组件的 ID
	锁定/解锁项目标识符	锁定或解锁所选择的组件 ID 的位置
	锁定/解锁组件可显示编号	锁定或解锁的重编过程中的组件编号
	锁定/解锁连接端口名称工具	锁定或解锁的连接端口的名称
	锁定/解锁组件尺寸	锁定或解锁所选择的组件的大小

4）“导航”组：该组命令用于在相同或不同的文件内的超链接之间进行导航，如图 1-35 所示，具体说明见表 1-29。

表 1-29 “导航”组说明

图　标	含　义	说　明
	返回	此命令用于返回到前一个超链接
	向前	该命令用于进入到下一个超链接

5）“缩放”组：该组命令用于修改文档页面在屏幕上的视图大小，如图 1-36 所示，具体说明见表 1-30。

图 1-35 “导航”组

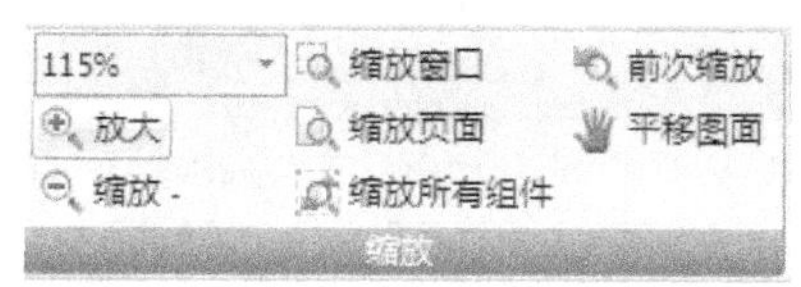

图 1-36 “缩放”组

表 1-30 “缩放”组说明

图　标	含　义	说　明
	缩放比例	该命令用于设定屏幕图像的倍率。该值也可以在状态栏中设置
	放大	放大图表，最大放大百分比为 800%
	缩小	缩小图表，最低缩小百分比为 25%
	窗口缩放	绘制矩形指定要缩放的区域
	页面缩放	显示页面缩放
	缩放所有组件	所有组件一起缩放
	缩放页面宽度	缩放到合适的页面宽度
	平移	进入平移模式

6）“窗口”组：该组命令用于管理项目中的资源管理器中所有打开的文档窗口，如图 1-37 所示。

在 Automation Studio 中用户可以在不同的窗口中显示项目的图纸，在设计和仿真时可以优化窗口显示，如图 1-38 所示。

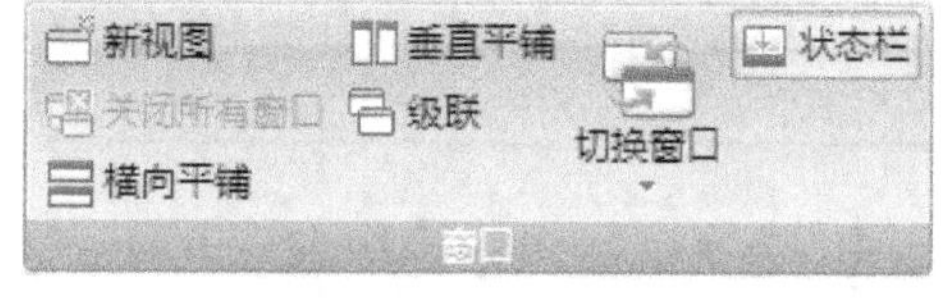

图 1-37 “窗口”组

在 Windows 界面中可同时显示多个窗口，

可以方便在打开的不同窗口之间切换屏幕，进行信息交流。在 Automation Studio 中，这是一个非常有用的分析工具，例如：为了评估在模拟过程中的一个或多个图表，要突出其在模拟环境下的行为。尤其，对包含大尺寸图表或包含许多图表项目的复杂电路进行模拟时，此功能非常有用。如图 1-38 所示为一个典型的多窗口显示的示例。

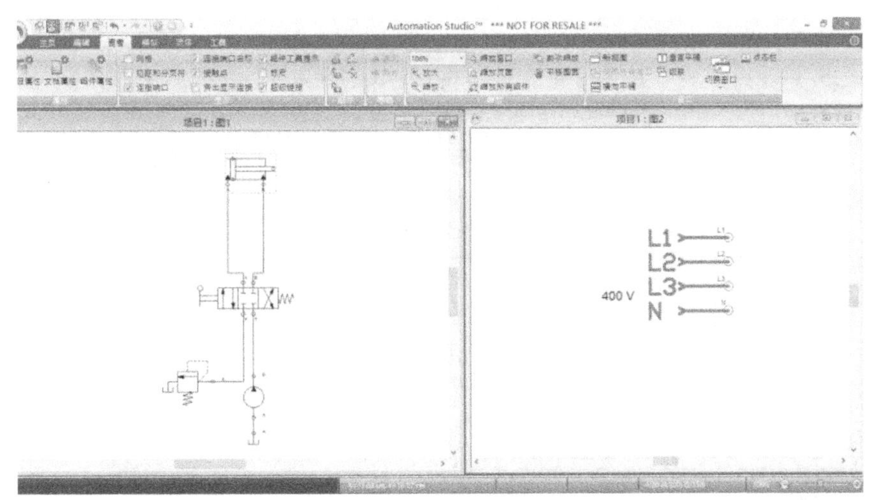

图 1-38　多窗口显示

在“窗口”组中包含与特定窗口的布局和重复的命令，具体说明见表 1-31。

表 1-31　“窗口”组说明

图　标	含　义	说　明
新视图	新视图	该命令通过自行缩放比例创建新文档视图
	关闭所有窗口	该命令用于关闭当前项目的所有窗口
	横向平铺	该命令用于水平显示多个项目窗口，不管这些窗口是否处于运行状态
	垂直平铺	该命令用于垂直显示多个项目窗口，不管这些窗口是否处于运行状态
	级联	该命令允许采用层叠的方式显示多个项目窗口，各个窗口之间有一个小间隙，并且不管这些窗口是否处于运行状态
	切换窗口	选择活动窗口。选择窗口激活或打开现有的窗口管理对话框，在对话框中，选择“激活”命令，使选定的窗口激活
	状态栏	该命令用于显示“状态栏”

4. “仿真”菜单

“仿真”菜单如图 1-39 所示，具体说明见表 1-32。

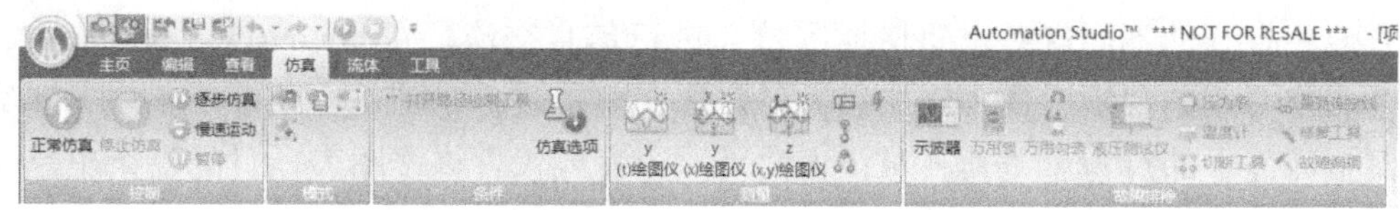

图 1-39 “仿真”菜单

表 1-32 “仿真”菜单说明

图　标	含　义	说　明
	仿真控制 方式选择	正常仿真：表示在常态下的仿真状态； 停止仿真：退出仿真模式，进入编辑模式； 逐步仿真：每单击一次，表示进行一个仿真周期
	仿真的模式 范围选择	选择仿真的范围
	仿真的条件设置	通过仿真选项进行仿真的参数、条件的设置
	主要的测量仪表	监控仿真对象元件的数据，测量仿真系统回路的数据
	故障排除	进行故障仿真模拟与排除

5. “流体”菜单

“流体”菜单如图 1-40 所示，具体说明见表 1-33。

图 1-40 “流体”菜单

表 1-33 “流体”菜单说明

图　标	含　义	说　明
	诊断工具	诊断工具可用来检测流体系统原理图（液压或气动）中任何绘图编辑中的异常。单击“诊断工具”打开配置对话框，选中需要运行诊断的项目，然后诊断会根据所选择的条件启动

（续）

图　　标	含　　义	说　　明
流体与管线管理器 生成器	流体与管线管理器	Automation Studio 创建、修改和再利用仿真属性极为方便，无需重新对其进行定义。这些属性定义了在该回路中使用的流体以及管线。设定后，在安装新的版本时可以保留这些属性 该工具可以通过“流体”选项卡进行访问，并且被用于管理下列要素：流体、材料、管线类型、液压管线、气动管线
机构管理器　标准 机械	机构管理器、标准	这个工具用来创建和设置机械结构，并将其连接到液压或气动组件。机构是多个刚体通过约束条件相互连接在一起的组件组合
组件重新编号 工具	工具	根据当前标准重新生成组件标识符
流体　液压　气动　命名规则　线路 标准	标准	设定流体的标准，管理标准适用于气动与液压

6. “电工”菜单

“电工”菜单如图 1-41 所示，具体说明见表 1-34。

图 1-41　“电工”菜单

表 1-34　“电工”菜单说明

图　　标	含　　义	说　　明
电线和电缆线轴生成器	电线和电缆线轴生成器	创建电线和电缆线轴，在 Automation Studio 中，电线和电缆管理类似于现实生活。电线或电缆来自线轴并且继承所有的线轴的特性，如截面、材料等
电缆生成器	电缆生成器	用于创建电缆，电缆生成器包含两个窗口： 1）现有电缆列表 2）选中的电缆配置
端子排生成器	端子排生成器	创建端子排； 1）修改现有的端子排 2）在图中插入一个终端

（续）

图　　标	含　　义	说　　明
连接器生成器	连接器生成器	创建连接器，一个连接器可以： 1）配置接口标识 2）管理连接器体系结构的层次结构 3）配置连接器的表征（外壳支架形状与尺寸）
连接盒生成器	连接盒生成器	创建连接盒
PLC组件生成器	PLC 组件生成器	创建 PLC 组件，使用户能够逐个配置 PLC，“PLC 组件生成器”对话框中提供标识、配置、外观、行为选项卡
PLC机架生成器	PLC 机架生成器	创建 PLC 机架，此对话框中提供了创建、选择、修改和删除 PLC 机架的工具。生成器具有两个选项卡：标识和目录
线束和模块生成器	线束和模块生成器	创建线束和模块，与基本细分、位置、回路和子回路相反，必须在项目创建并在将线束分配给组件之前配置线束。这是由于一个线束是一个物理量，它拥有几个属性，例如：名称、描述、评论等。因此，需要一个专用的生成器用于创建、删除、修改和复制线束和模块
重新规划文档路径 工具	工具	“组件重新编号”用于更新所选择图表的所有组件的标识符 “线重新编号”用于更新所选择图表的所有电线的标识符 重新规划文档路径命令用于重新规划电工图的线路
命名规则 电工 标准	标准	对电工图进行标准设置

7. “工具”菜单

“工具”菜单如图 1-42 所示，其“管理”组具体说明见表 1-35。

图 1-42　“工具”菜单

表 1-35 “工具”菜单“管理”组说明

图　标	含　义	说　明
项目资源管理器	项目资源管理器	显示/隐藏项目资源管理器，在项目资源管理器中可进行创建和重命名文档、修改项目结构、建立同一文档的不同视图、管理多用户项目的属性和状态
变量管理器	变量管理器	对项目文档中的变量进行管理与状态监控
配件管理器	配件管理器	用于创建和管理项目中打开的标准图、电工图、单线图的配件标准。配件管理器可以完成对图纸中元件的配置。配件可带或不带符号来表示，配件无符号称为“虚拟元件”
信息资源管理器	信息资源管理器	如果在 Automation Studio 中未打开信息资源管理器，并且在“仿真”期间发生错误，则功能区会闪烁红色标志。当软件发现一些错误时，动态窗口也会自动弹出
翻译管理器	翻译管理器	系统的文件通常需要翻译成其他语言。翻译管理器允许用户定义和翻译图表上显示的文本或在项目中使用其他语言编辑的文本，以便在以后需要时，仅需单击即可切换相同项目中不同的显示语言
工作流管理器	工作流管理器	在编辑或仿真模式，在现有项目中创建交互式活动，如课程、实验室、培训练习或验证考试 重复性任务的自动化，例如更改文件和用户语言的标准 与其他应用程序进行通信，如文件管理系统和其他的仿真器
组件尺寸调校管理器	组件尺寸调校管理器	对大多数通用组件使用预设规格表，也可建立自定义规格表，将数据传输到组件。由大多数通用组件的属性对话框也可以进入尺寸调校管理器
通讯管理器	通讯管理器	主要和外部进行通信设置与管理

四、软件基本操作与示例

1. 软件基本操作

在使用 Automation Studio 软件进行工程实践时，首先需要创建新工程，所有的设计与仿真都将基于工程进行，最后将工程文件保存并输出，具体操作流程如图 1-43 所示。

(1) 组件的放置

根据工程需求，打开相应的库资源管理器，选择需要的组件，单击将其拖放到适当位置。

（2）组件连接

1）直线连接。将光标移到组件的红色连接端口上，当出现十字符号时单击，拖动鼠标带动光标移动绘制线条，然后单击第二个连接端口，即可在这两个组件之间建立连接。连接后，两个连接端口都会自动变成黑色，如图 1-44 所示。

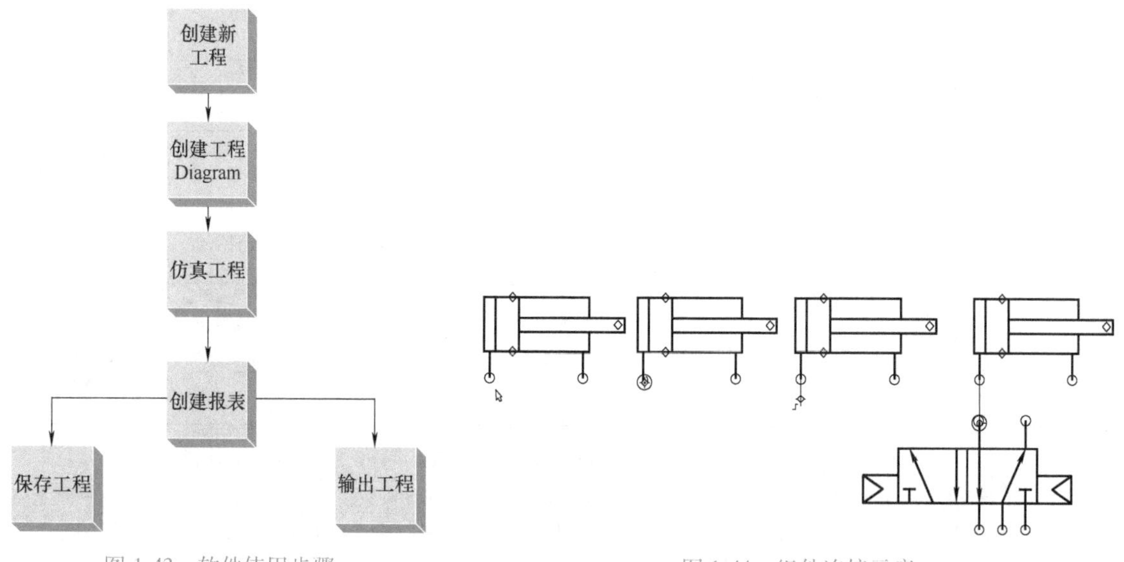

图 1-43　软件使用步骤

图 1-44　组件连接示意

2）路径变化。当两个连接端口之间无法进行直线连接时，需要进行路径变换，即绘制折线，方法是：移动光标，在需要折弯的地方进行单击，即可创建 90°转弯（肘弯），如图 1-45 所示。

3）插入连接点。在拉放一条线路到另一条线路时，中间部分通常没有创建有效连接的十字标志。因此，需要双击该线以建立连接点。创建 3 线连接时，将在连接处自动创建填充黑色的连接点，如图 1-46 所示。

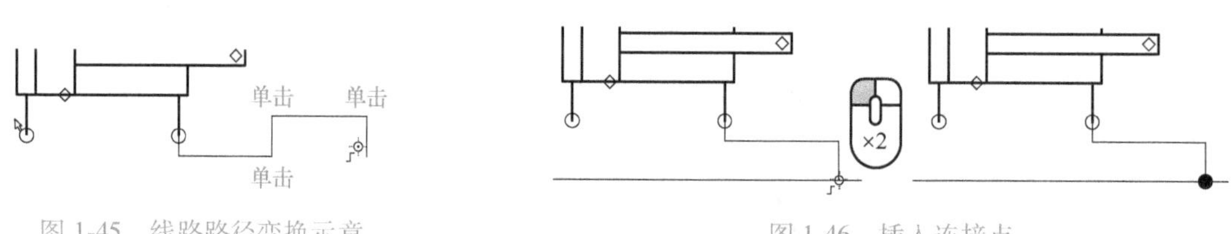

图 1-45　线路路径变换示意

图 1-46　插入连接点

4）断开连接。在组件连接时，有时会出现错误连接的情况，此时需要断开连接，方法：按住“Shift”键，单击组件并将其拖动到图面上的其他位置，如图 1-47 所示。

图 1-47　断开连接示意

（3）组件属性设置

在将组件拖放并连接好后，应根据工程需要对组件进行参数设置，方法：在需要进行属性设置的组件上单击鼠标右键，在弹出菜单中选择打开“组件属性”设置窗口，也可以将光标悬停在组件上，然后双击打开其属性窗口，组件的相关参数在“组件属性”窗口进行设置。如图 1-48 所示为单作用气缸的属性设置界面。

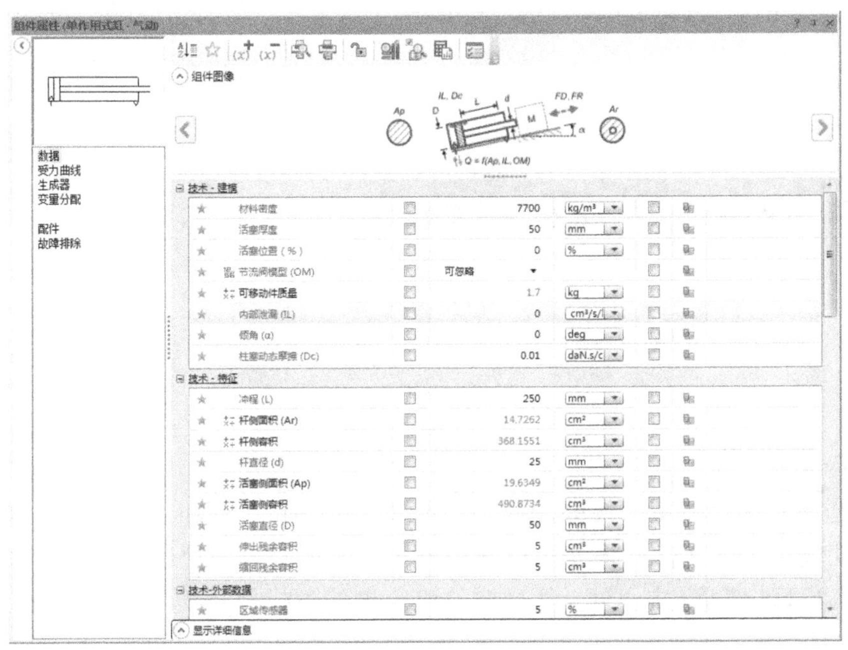

图 1-48　单作用气缸的属性设置窗口

（4）页面布局

1）页面查看。单击“查看”选项卡中“缩放”组下的“平移图面”功能，也可以在按住鼠标左键的同时按住空格键，然后在页面上移动光标，即可查看页面，如图 1-49 所示。

2）页面缩放。单击“查看”选项卡中“缩放”组下的“放大/缩小”功能（注：其他缩放功能也可在此位置找到），也可以通过按住“Ctrl”键，然后向上滚动鼠标滚轮放大或向下滚动鼠标滚轮缩小页面，软件将以光标的位置为中心缩放页面，如图 1-50 所示。

图 1-49　页面拖动示意

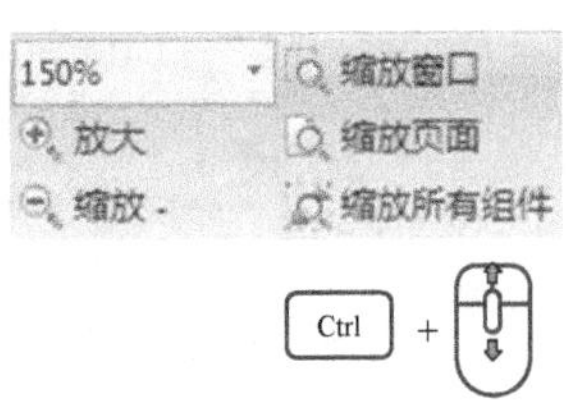

图 1-50　页面缩放示意

3）组件操作。可以从“编辑”选项卡“布局”组下访问组件的旋转、翻转、对齐、分配和次序等功能。首先单击组件，然后单击所需的操作功能。也可以右击组件并选择所需的操作功能，或者使用指定的热键，如图 1-51 所示。

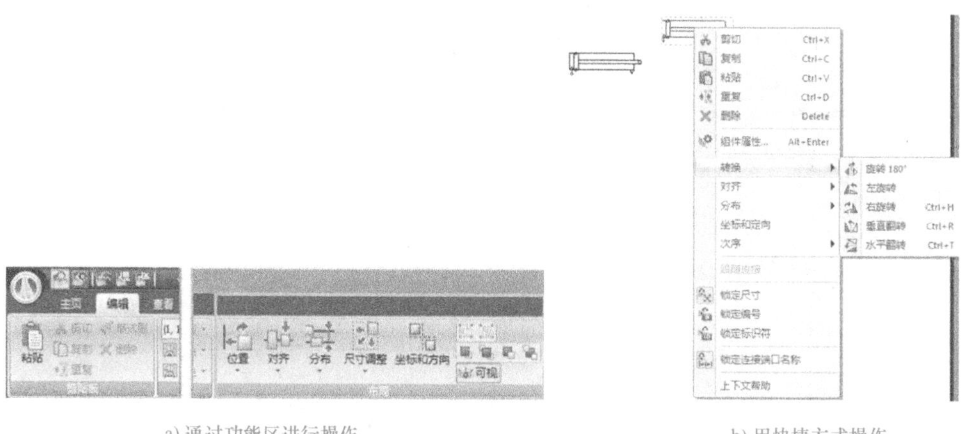

a) 通过功能区进行操作　　　b) 用快捷方式操作

图 1-51　组件操作

（5）帮助文件

为了更好地熟悉相关组件的功能与运用，Automation Studio 中的所有组件都有一个描述其功能的帮助文件。将光标放在组件上，右击打开快捷菜单，然后选择“上下文帮助”。也可以通过单击组件，然后按“F1”键的方式打开“帮助”窗口，如图 1-52 所示。

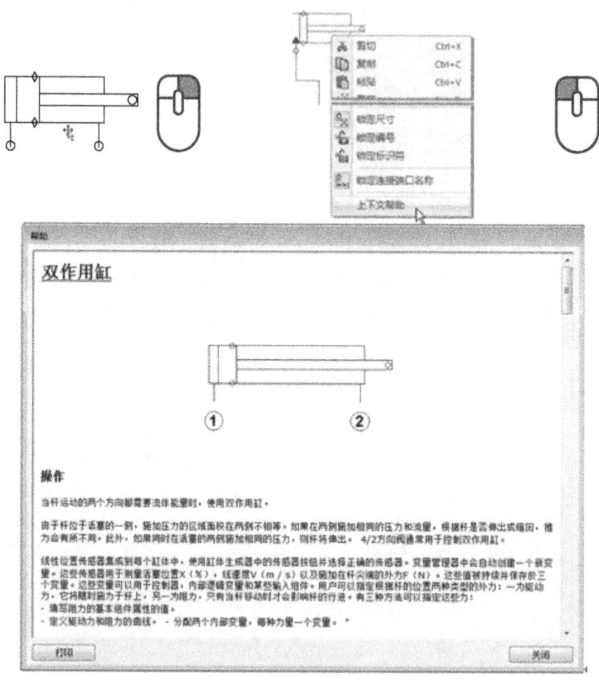

图 1-52　组件的“帮助”窗口及操作示意

2. 示例

（1）创建一个气动回路

1）组件放置。气动回路所需的组件都包含在气动元件库中，单击气动元件库展开即可显示。根据工程需要列出所需的气动元件，并从元件库中找到对应的图形符号，将其拖放到图面的适当位置，如图 1-53 所示。在本示例中用到的气动元件有气动压力源、排放、双作用缸、3/2-常开阀、5/2-换向阀。

2）气路连接。将所有的组件连接在一起构成一个气路，请参阅软件基本操作中的组件连接方法完成气动回路的连接。连接好的回路如图 1-54 所示，还可以对所构建的回路添加标签，如①、②。

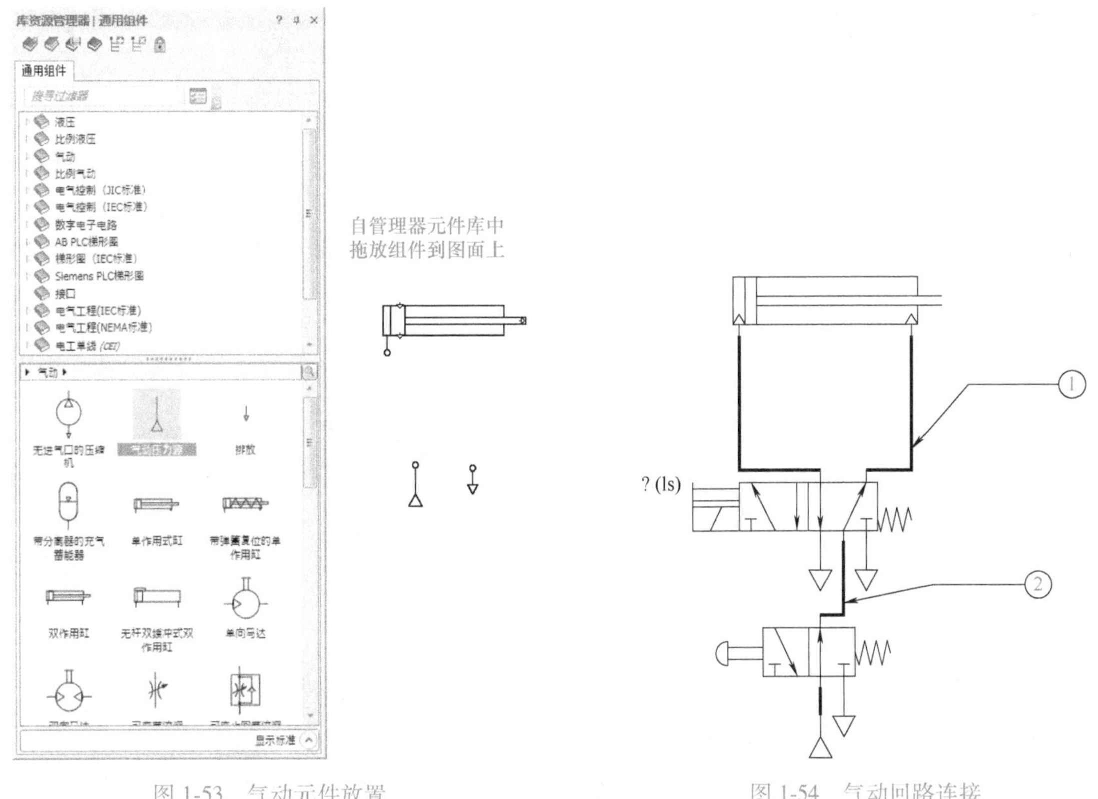

图 1-53　气动元件放置　　　　图 1-54　气动回路连接

3）气动回路仿真。要真实体现工程设计的可行性，需对气路进行仿真。方法：单击“仿真”菜单中“控制”组下的“正常仿真”图标以启动仿真，如图 1-55 所示。

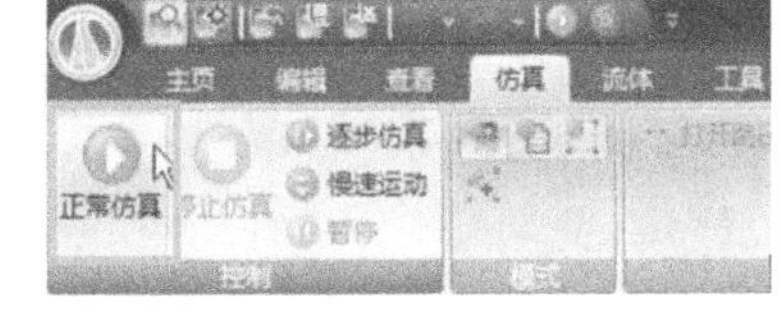

图 1-55　气路仿真操作示意

在没有电气或其他控制信号来源的情况下，可以手动控制进行仿真，方法：在仿真

中，当光标悬停在组件上时，如果光标变为手形图标，则可以单击激活该组件命令项，如图 1-56 所示。

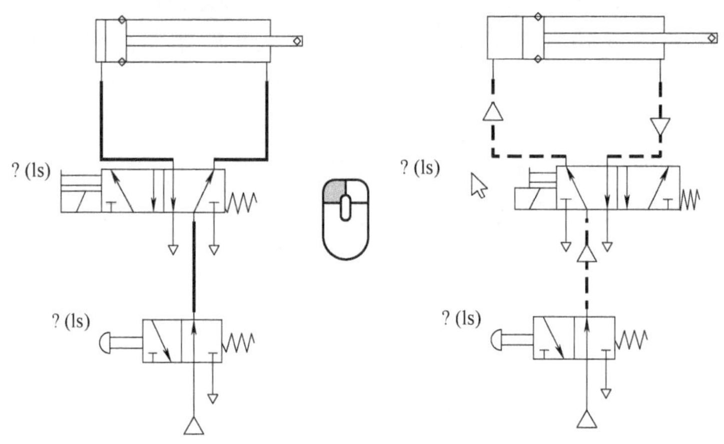

图 1-56　激活组件命令项

在仿真过程中，您可以查看以红色显示的任何组件的横截面动画。只需右击该组件，然后选择“动画模块”即可，如图 1-57 所示。

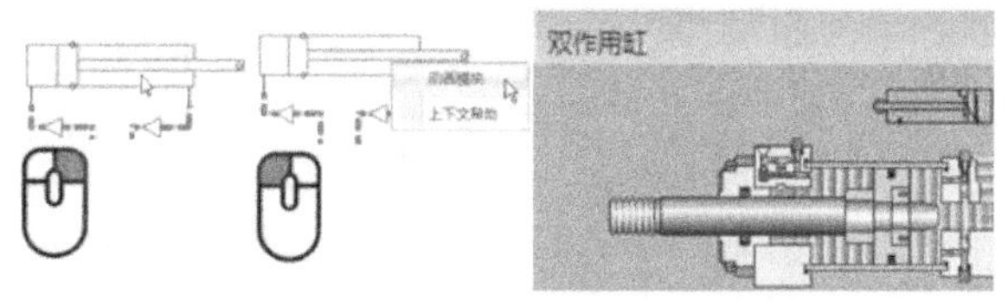

图 1-57　组件“动画模块”显示

4）更改技术属性。

① 新增一个组件。从气动库中新增一个“机械先导”3/2- 常开换向阀复制组件，右击该换向阀并选择“复制”，然后在图面右击并选择“粘贴”（或按“Ctrl+C”和“Ctrl+V”快捷键）。或者按住“Ctrl”键将欲复制组件拖放到图面上的任何位置都会复制这个组件。请注意，组件将粘贴到光标所在的位置，如图 1-58 所示。

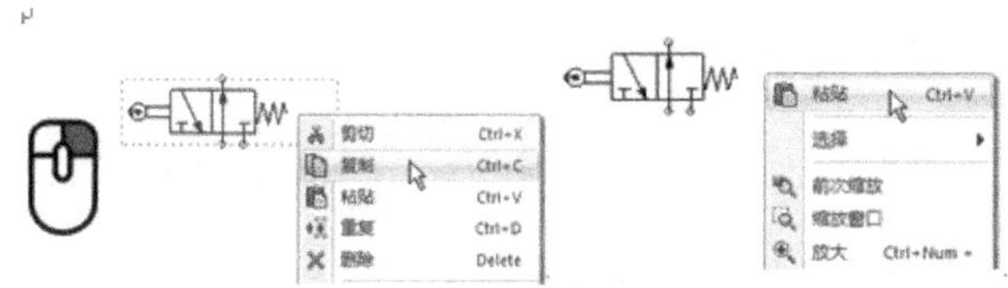

图 1-58　组件复制

② 更改回路布局。在进行连接之前，可以直观地调整组件布局，操作步骤如下。

a. 单击插入的换向阀，然后在“编辑”菜单“布局”组中单击“位置”图标，选择“左旋转 90°”，如图 1-59 所示；

b. 在同一菜单中选择“垂直翻转”；

c. 单击复制过来的换向阀，然后在“编辑”菜单“布局”组中单击“位置”图标，选择“右旋转 90°”；

d. 在同一菜单中选择“垂直翻转”。

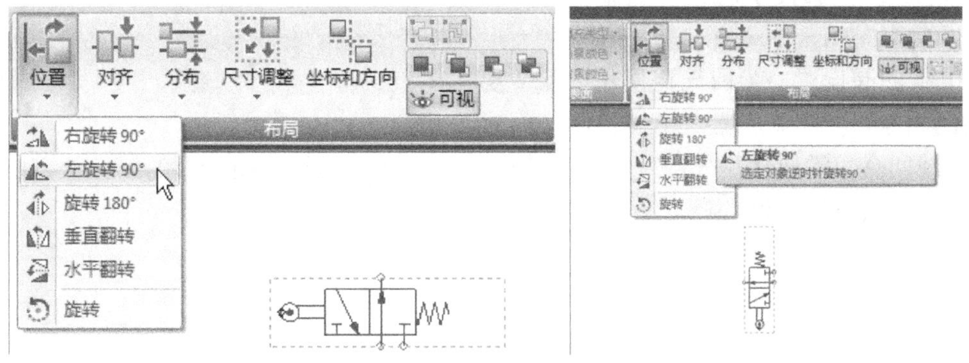

图 1-59　更改回路布局示意

③ 定位机械接触点以进行气动控制。为了使换向阀能在作用缸完全缩回时切换阀芯位置，应移动换向阀，使作用缸杆末端与换向阀机械传感器上两个菱形图标重合，如图 1-60 所示。

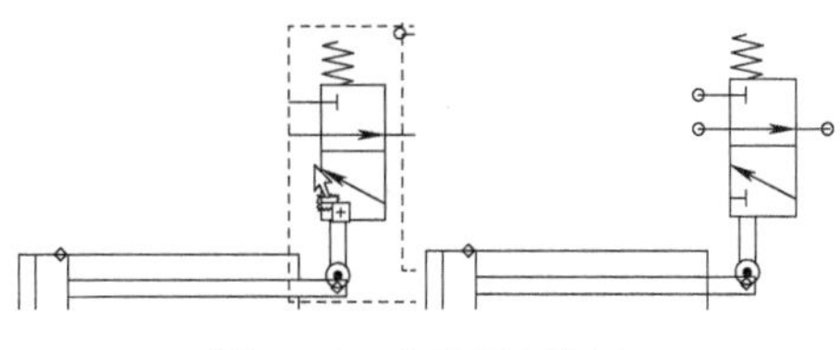

图 1-60　定位机械触点

④ 在作用缸完全伸出位置定位另一机械传感器。将第二个换向阀的机械传感器定位在作用缸完全伸出位置，如图 1-61 所示，操作步骤如下。

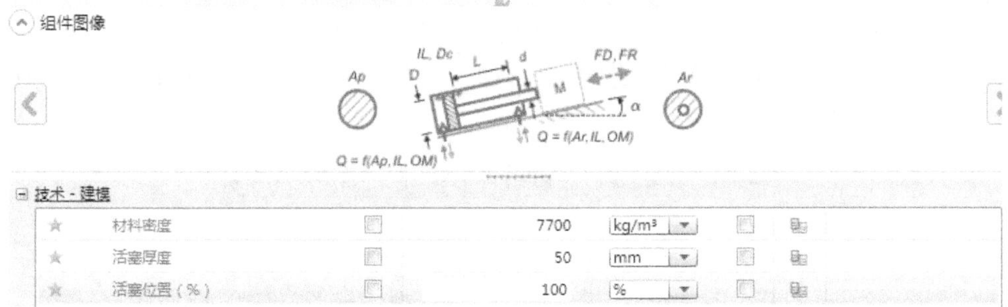

图 1-61　定位机械传感器

a. 双击组件以打开组件属性，并访问“数据”；

b. 将“活塞位置”修改为 100%；

c. 按照第③部分定位此换向阀；

d. 将“活塞位置”重置为 0%。

⑤ 调整压力源。要降低作用缸的延伸速度，需调整压力源大小，方法如下。

a. 双击压力源；

b. 将“孔口直径”调整为 0.6mm，并勾选它旁边的方框以在图面上显示该值。*表示调整组件属性中的技术数据不会影响组件的外观，如图 1-62 所示。

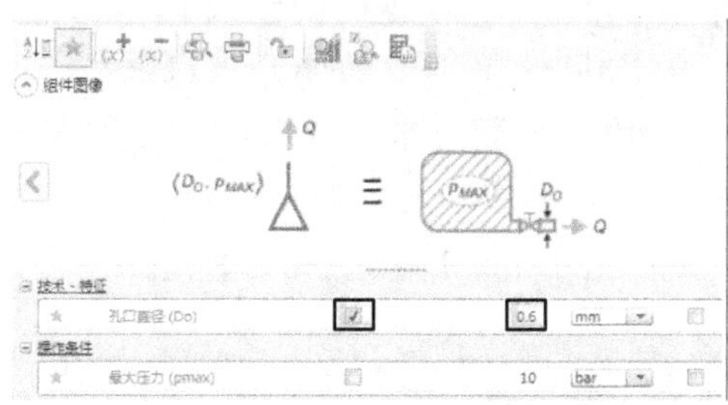

图 1-62　压力源调节

⑥ 换向阀设置。当前气路使用的 5/2 换向阀由按钮或电磁阀（螺线管）控制，而对于纯气动回路，需要使用外部气压先导换向阀。因此，要更改换向阀的属性，方法：双击换向阀，从左侧页面选择“生成器”，如图 1-63 所示。

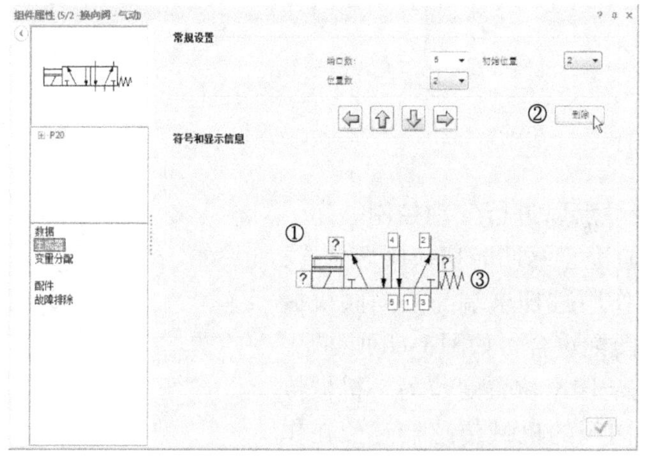

图 1-63　换向阀生成器

在图 1-63 中，利用生成器更改换向阀属性的方法如下。

a. 单击位置 1 的按钮，然后单击位置 2 的“删除”按钮；

b. 双击复位弹簧 3 打开命令选择窗口；如图 1-64 所示，选择位置 4“外部气压先导操纵”；

图 1-64　“控制机构”窗口

c. 在图 1-63 中选择螺线管“?”位置，并将其移动到所需位置；

d. 双击螺线管位置，用外部气压先导操纵更换左边螺线管。

⑦ 气路连接。在气路图上插入或复制所需的压力源与排放口，完成组件连接，如图 1-65 所示。

⑧ 创建先导管路。

a. 右击先导管路，选择“管路功能”，如图 1-66 所示；

b. 重复步骤 a 设置另一先导管路。

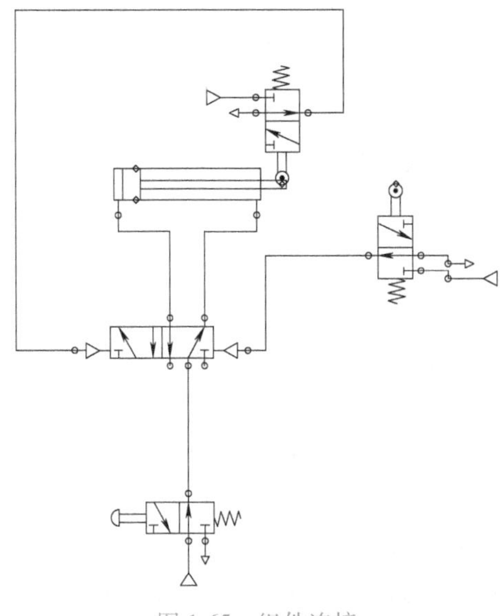

图 1-65　组件连接

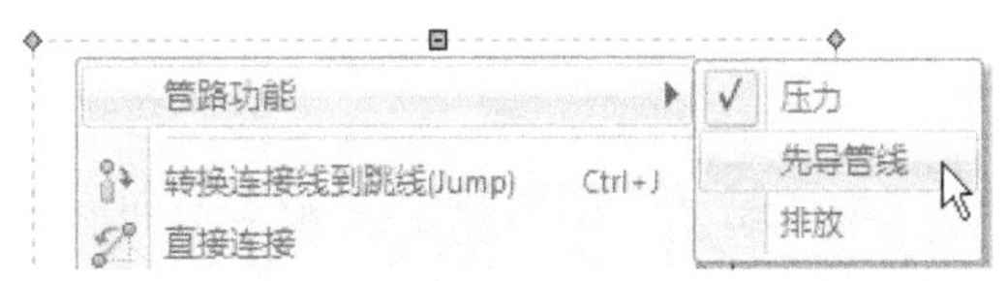

图 1-66　先导管路设置

⑨ 添加测量仪器。添加测量仪器可以在仿真过程中获取压力和流量读数。

a. 从元件库中添加两个压力表，并将其连接到两个双作用气缸的端口。

b. 从元件库中添加流量计，并将其放置在回路的两个主要换向阀之间。

放置方法如图 1-67 所示。

⑩ 仿真分析。通过测量仪器可以更方便地观察回路如何运行，在仿真开始时，由于换向阀 1 打开并且气动先导管路，将换向阀 3 推到阀芯位置，因此双作用气缸伸出。当双作用气缸到达其行程末端时，换向阀 2 被激活使换向阀 3 返回到阀芯位置 2，从而双作用气缸缩回。换向阀 4 用作安全阀，当单击其左侧按钮时，回路中的空气被导到排放口且压力源被断开。

（2）创建电控气动回路

1）换向阀设置。在创建的气动回路的基础上，删除不必要的组件以获取图 1-68 中

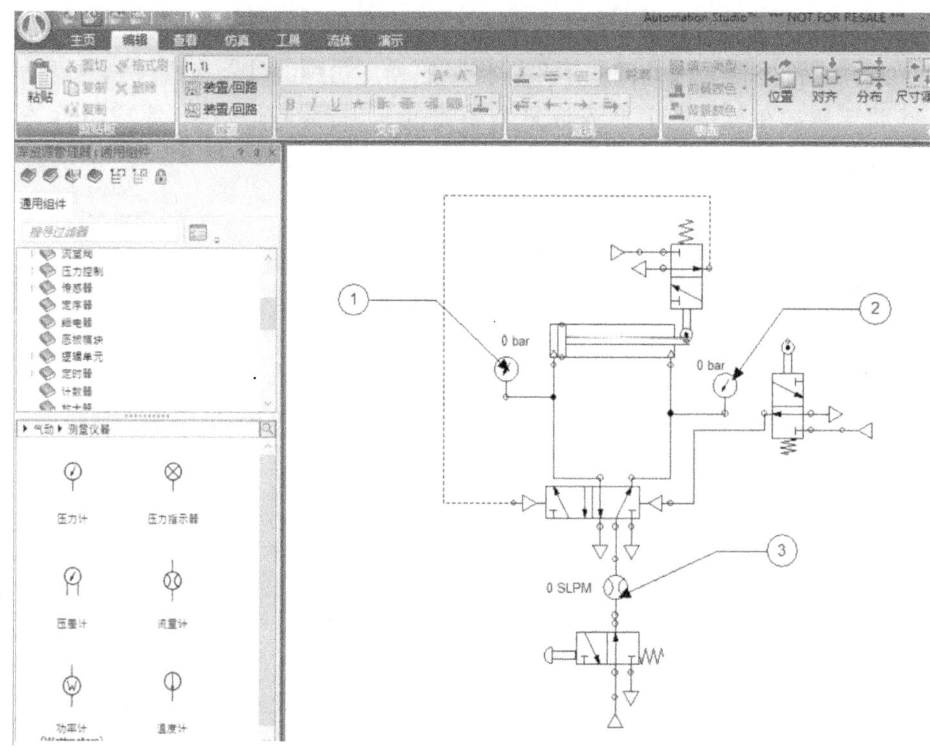

图 1-67　测量仪器放置

的气动回路。气动回路中的 5/2 换向阀由气动先导管路控制，而对于电控气动回路，换向阀通过电来控制。因此，需要将原来的气控换向阀改成电磁换向阀。设置方法如下。

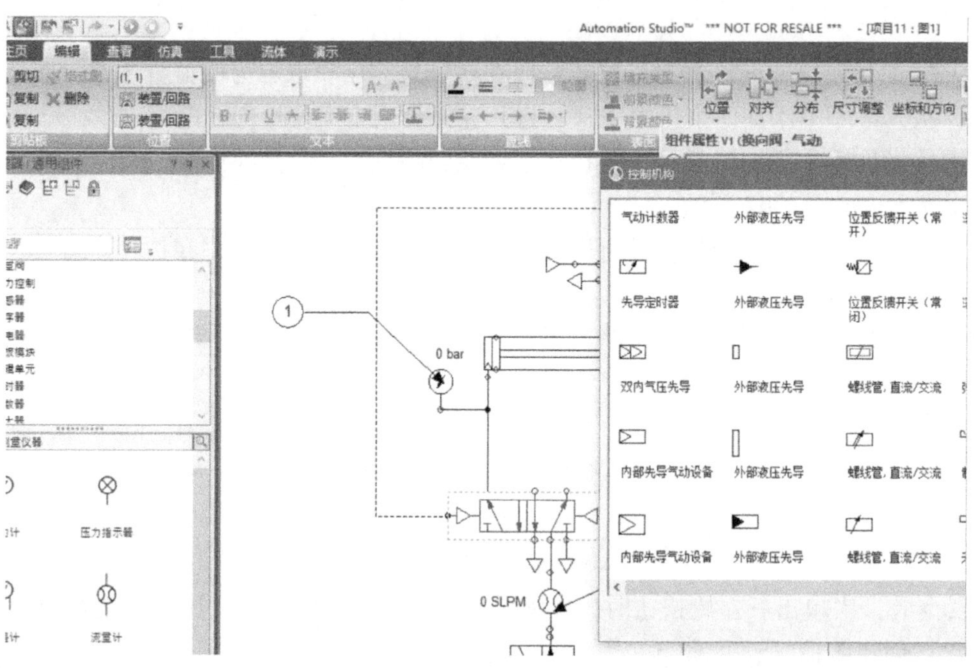

图 1-68　电磁换向阀设置

① 右击换向阀并从左侧页面访问“组件属性”；

② 选择换向阀 2 并从左侧页面访问“生成器”；

③ 双击左侧的外部气动先导命令项以打开命令选择窗口，选择“螺线管，直流/交流”命令项；

④ 将螺线管“？(ls)”移动到适当位置；

⑤ 重复步骤②与③修改右侧外部气动先导命令项；

⑥ 单击“确认”按钮，将修改应用到组件上。

2）添加位置传感器。在作用缸上使用传感器作为位置参考如图 1-69 所示，方法如下。

① 从气动库中“传感器”插入两个“磁性传感器”；

② 当作用缸伸出量为 0%时，将第一个传感器放在活塞上方；

③ 双击作用缸打开属性设置窗口，将“活塞位置”设置为 100%；

④ 将第二个传感器放在活塞上方；

⑤ 将“活塞位置”设置回 0%。

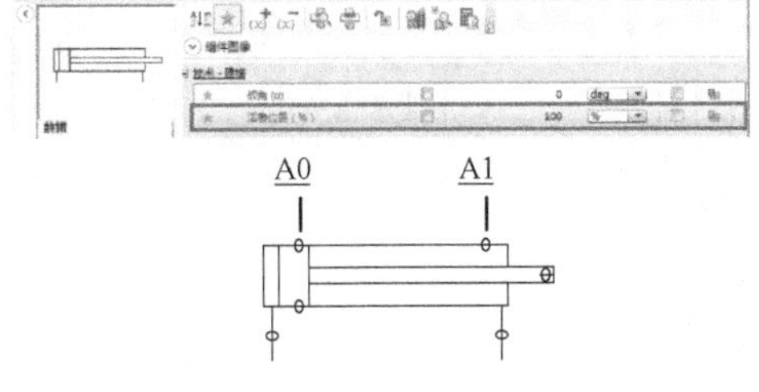

图 1-69　气缸传感器放置参考

3）创建电气控制电路。从电气控制库（IEC 标准）拖放以下组件以创建电气控制电路：

① 电源：电源 24V；

② 电源：公共节点（0V）；

③ 开关：常开按钮；

④ 传感器开关：2 个常开接近开关；

⑤ 输出组件：2 个螺线管，直流/交流 *；

⑥ 输出组件：线圈，线圈 *；

⑦ 接点：常开接点。

* 表示在图面上插入电气控制组件时，会弹出一个别名设置窗口。该别名为在原理图面上显示的标签，将用于链接组件的参考。将常开按钮命名为 PB1，螺线管命名为 A+和 A-，线圈命名为 C1。

创建好的电气控制电路如图 1-70 所示。

4）信号关联。将换向阀的电磁阀（螺线管）命令项与电气控制电路的电磁阀（螺线管）连接。气动换向阀的电磁阀（螺线管）命令项旁边有一个“？(ls)”，这意味着它没有与任何电路相连。双击换向阀以打开连接窗口，按照下述步骤进行电气控制电路信号与气动回路信号之间的关联。

① 单击左侧页面中的变量分配；

② 单击换向阀的电磁阀（螺线管）图标；

③ 使用“兼容仿真变量”中的过滤器对变量进行过滤，下方仅显示符合条件的

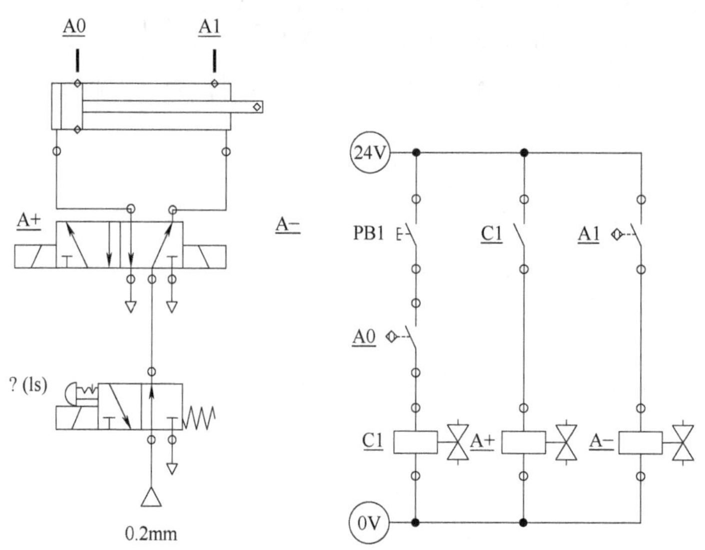

图 1-70　电气控制电路

变量；

④ 确定别名后，双击它以创建连接；

⑤ 此处“？(ls)”将被“A+”替换，确认连接已创建；

⑥ 页面显示了两个组件之间的关联。

上述关联步骤如图 1-71 所示。重复上述步骤，将第二个电磁阀（螺线管）连接到电路的 A-电磁阀（螺线管，直流/交流），并将常开触点（—⁀—）连接到线圈 C1。

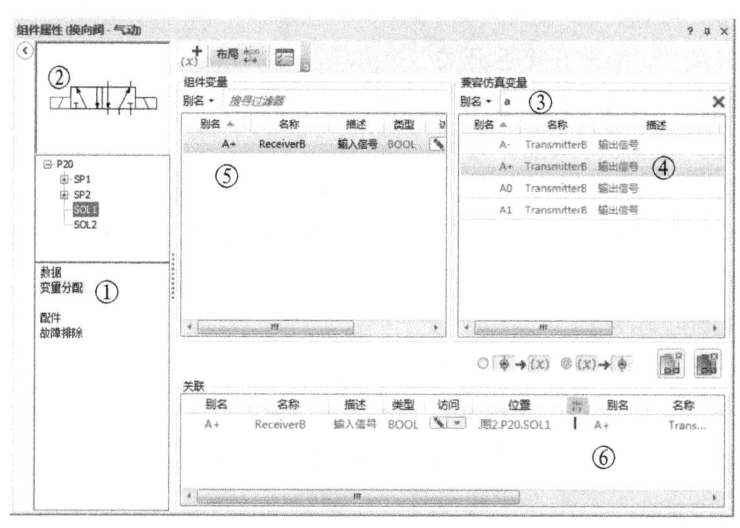

图 1-71　电磁换向阀信号关联说明

5）仿真电控气动回路。在气动和电气组件之间建立了有效连接后，气动和电气组件之间已经具有相同别名，可以对电路同时使用两种技术进行仿真。单击“PB1”激活

按钮并激活电磁阀 A+，即启动运行，气缸循环伸出和缩回，仿真效果如图 1-72 所示。

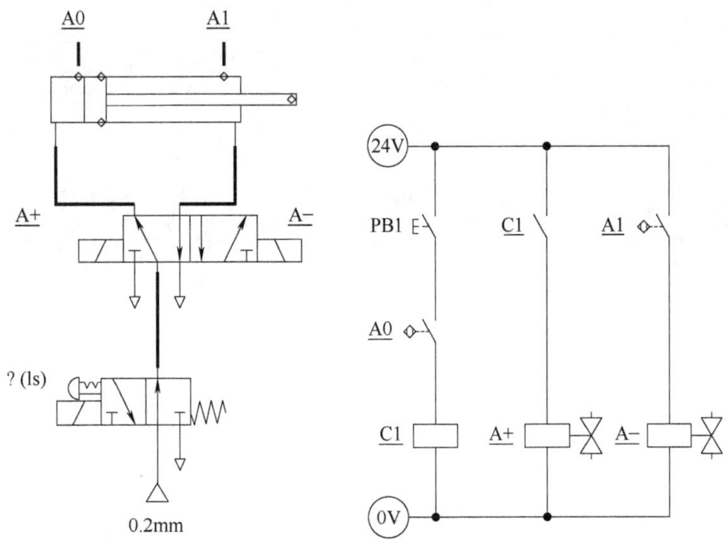

图 1-72　仿真效果

项目二

三相异步电动机典型控制电路的设计与仿真

任务一　三相异步电动机正反转控制电路的设计与仿真

（一）具有过载保护的接触器自锁正转控制电路设计与仿真

学习目标

1）掌握具有过载保护的接触器自锁正转控制电路的构成和工作原理。

2）学会使用 Automation Studio 6. 3 Educational 软件设计具有过载保护的接触器自锁正转控制电路，并完成仿真。

任务引入

在生产实践中，由于各种生产机械的工作性质和加工工艺的不同，使得它们对电动机的控制要求不同，需要的电器类型不同，构成的控制电路也不同，有的比较简单，有的则相当复杂。电动机常见的基本控制电路有：正转控制电路、正反转控制电路、位置控制电路、减压起动控制电路、制动控制电路和调速控制电路等。本任务将完成具有过载保护的接触器自锁正转控制电路的设计与仿真。

相关知识

（1）自锁

松开起动按钮后，接触器通过自身的辅助常开触头使其线圈保持得电称为自锁。与起动按钮并联起自锁作用的辅助常开触头称为自锁触头。

（2）电动机进行过载保护的原因

过载保护是指当电动机出现过载时，能自动切断电动机的电源，使电动机停转的一种保护。电动机在运行的过程中，如果长期负载过大、起动操作频繁或断相运行，都有

可能使电动机定子绕组电流增大，超过其额定值。在这种情况下，熔断器往往并不熔断，从而引起定子绕组温度持续升高。若温度长时间过高，就会造成绝缘损坏，缩短电动机的使用寿命，严重时甚至会烧毁电动机的定子绕组。因此，对电动机必须采取过载保护的措施。

（3）具有过载保护的接触器自锁正转控制电路的原理图

图 2-1 所示为具有过载保护的接触器自锁正转控制电路的原理图。熔断器 FU1 和 FU2 分别用作主电路和控制电路的短路保护，接触器 KM 除了控制电动机的起、停外，还用作欠电压和失电压保护，热继电器 FR 用作过载保护。

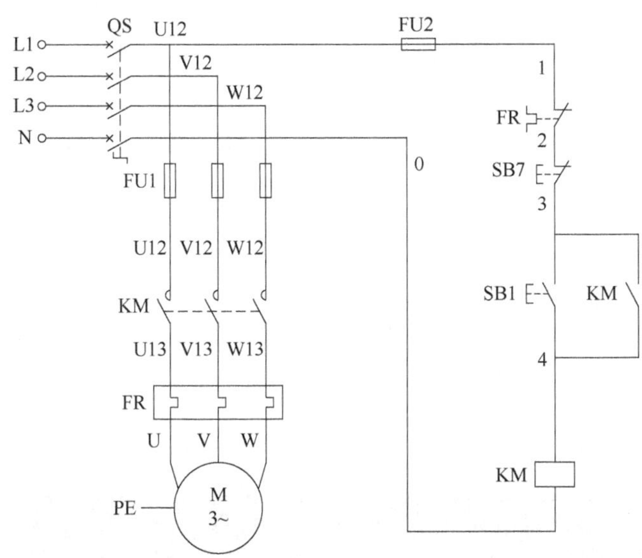

图 2-1　具有过载保护的接触器自锁正转控制电路原理图

任务要求

1）按下正转起动按钮 SB1，接触器 KM 主触点闭合，电动机正转起动后连续运行。

2）按下停止按钮 SB7，电动机停止运行。

3）正转电路具有自锁功能。

4）电路应具有失电压、欠电压、过载保护的功能。

任务分析

在该控制电路中，FR 的热元件串接在三相主电路中，常闭触头串接在控制电路中。若电动机在运行过程中，由于过载或其他原因使电流超过其额定值，那么经过一定时间后，串接在主电路中的热元件因受热发生弯曲，通过传动机构使串接在控制电路中的常闭触头断开，切断控制电路，接触器 KM 线圈失电，其主触头和自锁触头分断，电动机 M 失电停转，达到过载保护的目的。

电路的工作原理如下：接通电源，合上电源开关 QS。

起动：

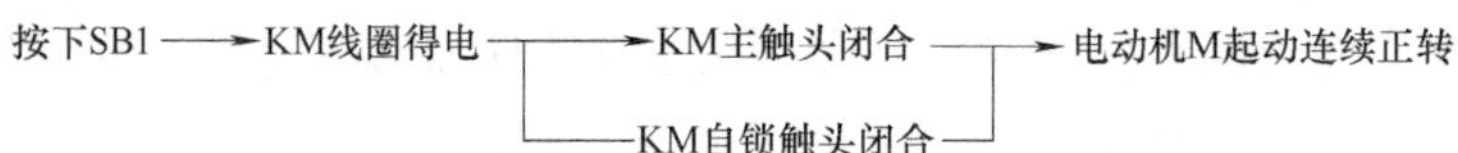

停止：

按下SB7→KM线圈失电→KM主触头分断→电动机M失电停转

→KM自锁触头分断

思考：熔断器和热继电器都是保护电器，两者能否互相代替使用，为什么？

在照明、电加热等电路中，熔断器 FU 既可以作为短路保护用，也可以作为过载保护用。但是对三相异步电动机控制电路来说，熔断器只能用作短路保护。这是因为三相异步电动机的起动电流很大（全压起动时的起动电流能达到额定电流的 4~7 倍），若用熔断器作过载保护，电动机起动电流大大超过了熔断器的额定电流，使熔断器在很短的时间内熔断，造成电动机无法起动。所以熔断器只能用作短路保护，熔体的额定电流应取电动机额定电流的 1.5~2.5 倍。

任务实施

使用发密科智能设计软件——Automation Studio 6.3 Educational 软件设计具有过载保护的接触器自锁正转控制电路的步骤如下。

（1）新建一个项目

在桌面上双击 Automation Studio 6.3 Educational 的图标，如图 2-2 所示。

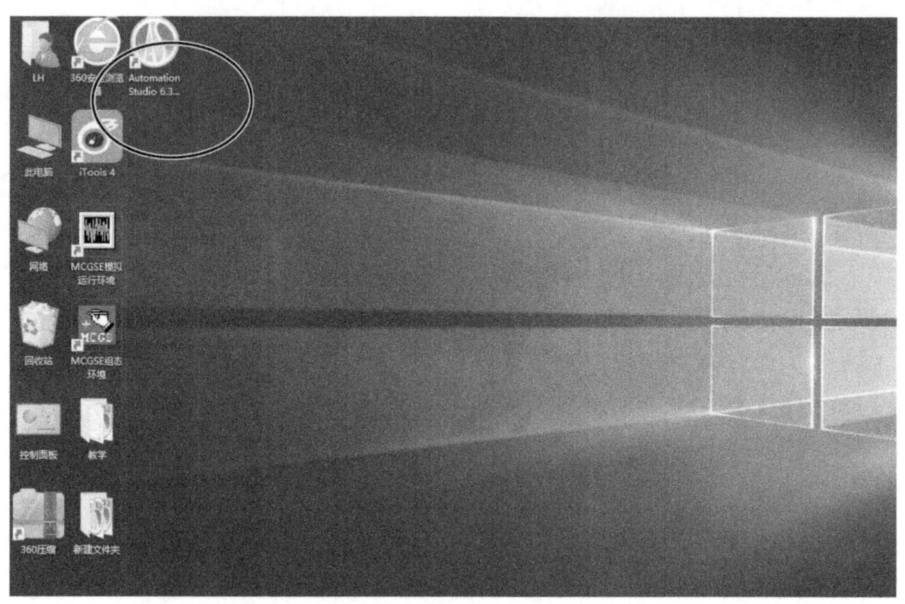

图 2-2　启动 Automation Studio 6.3 Educational 软件

打开 Automation Studio 6.3 Educational 软件，单击左上角，在下拉菜单中单击“新建项目”，如图 2-3 所示。

打开“项目模板”界面，选择“无”，如图 2-4 所示。在项目名称上右击，在出现的下拉菜单中选择“保存项目”，如图 2-5 所示。此处将项目名称改为“具有过载保护的接触器自锁正转控制电路”，保存类型选择“＊. prx”。单击“保存”即可，如图 2-6 所示。

图 2-3　新建项目

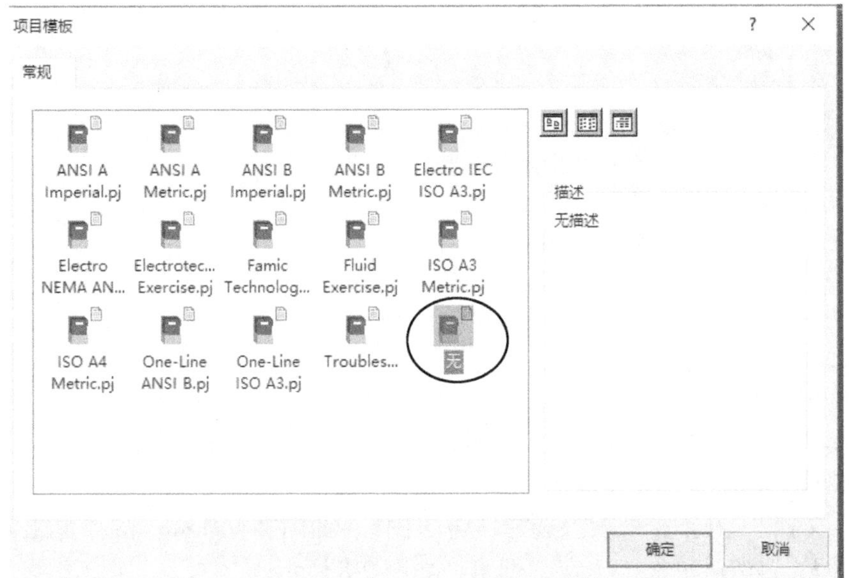

图 2-4　“项目模板”界面

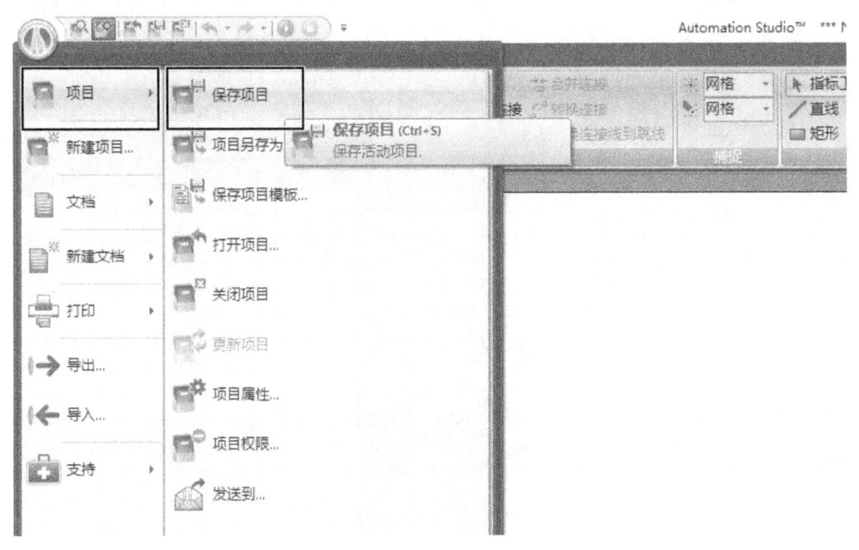

图 2-5　保存项目

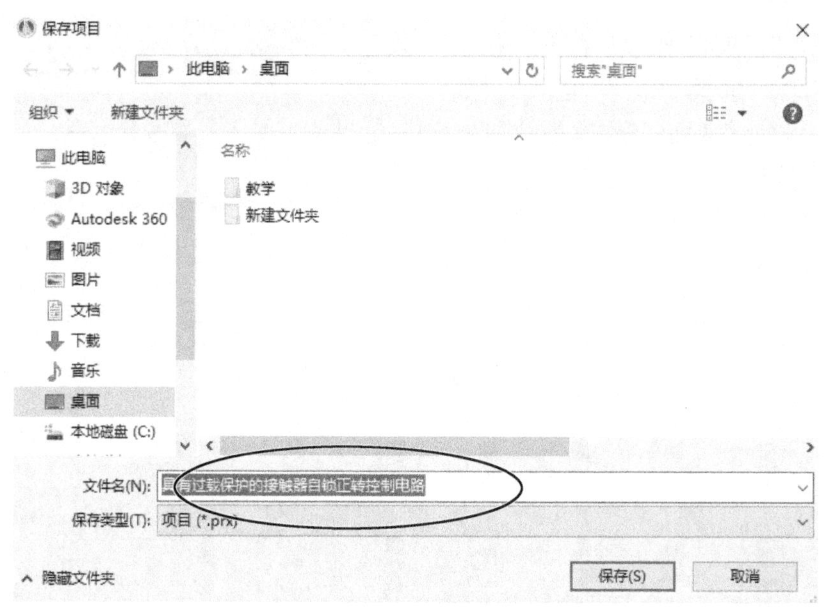

图 2-6　修改项目名称

（2）新建一个电工图

在新建的项目“具有过载保护的接触器自锁正转控制电路”下新建一个电工图，为绘制电气原理图做准备。步骤如下：

单击“文档”，在下拉列表里选择“电工图”，如图 2-7 所示。在“电工简图模板”界面选择“无”，然后单击“确定”即可，如图 2-8 所示。

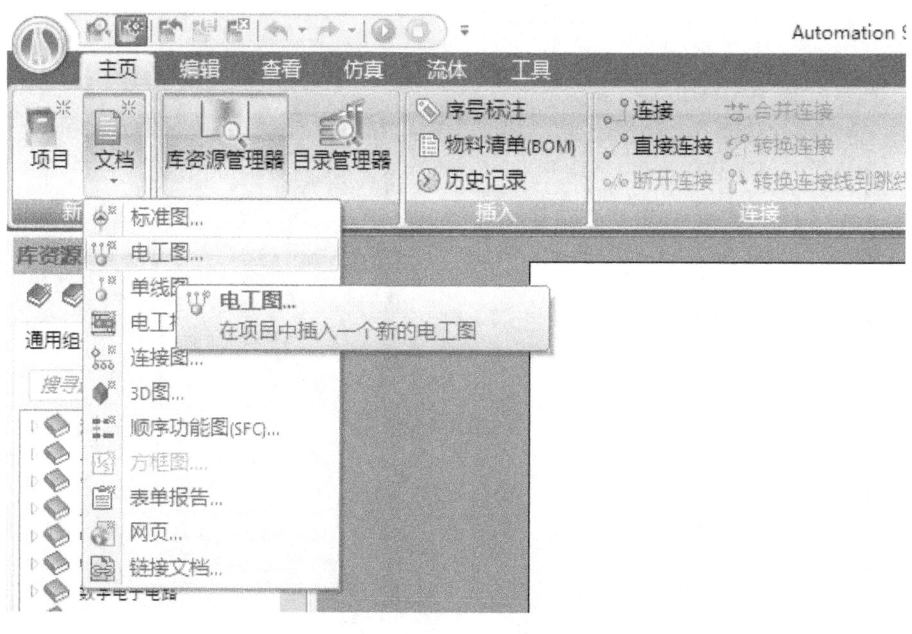

图 2-7　新建电工图

图 2-8　电工模板选择

（3）设计电气控制原理图

绘制主电路。在界面左侧的“通用组件”中选择“电气工程（IEC 标准）”，单击“主电路组件”，在展开的菜单中选择“电源”中的“三相”。按住鼠标左键将“带中性线的三相电源”拖到图面中间，如图 2-9 所示。

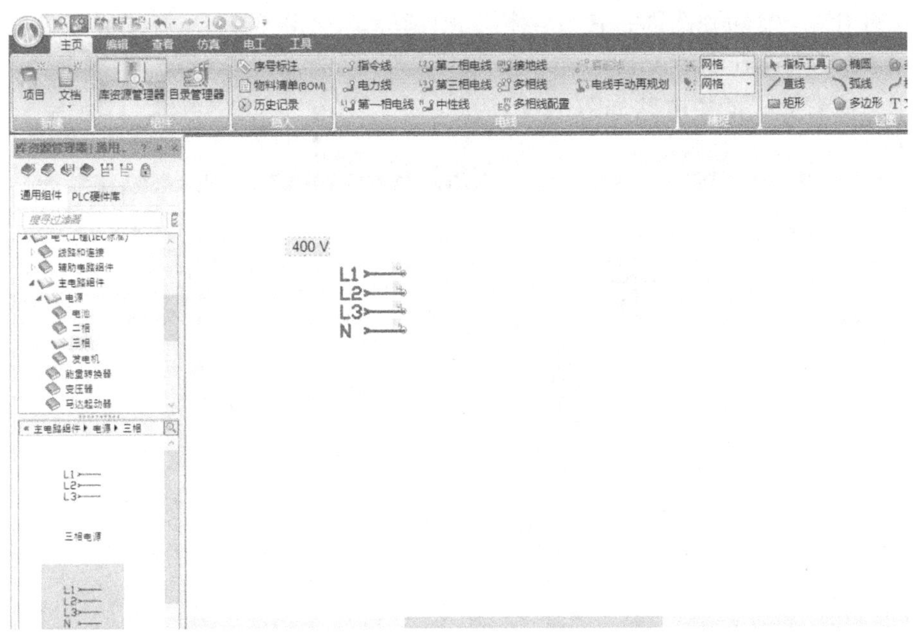

图 2-9　绘制三相电源

用同样的方法，在“主电路组件”下的“保护”选项中拖出“断路器-3 极+右侧中性”到图面，并在元件上右击，选择“转换”中的“右旋转”，调整元件到水平位置，如图 2-10 所示。

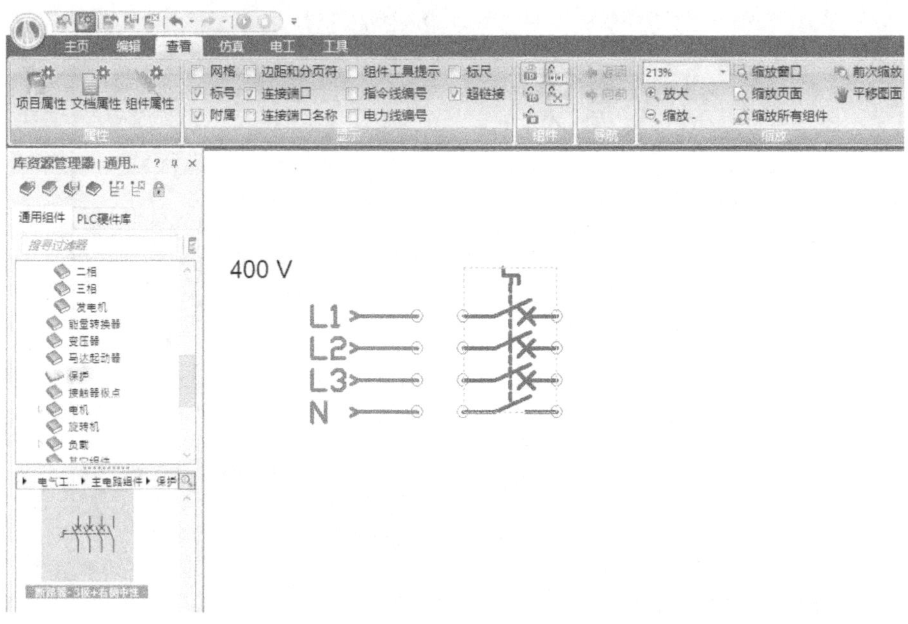

图 2-10　放置断路器

用同样的方法放置熔断器和热继电器的热元件。然后放置接触器 KM 的主触头。在“主电路组件”下“接触器极点”中选择“接触器-三极点，接触器的主接通点（在非操作位置打开）”拖动到图面；在“电机”中选择“三相异步”，将“异步电机，鼠笼式，三相 AC”拖动到图面。最后在“线路连接”中选择“参考点”，拖动“接地点”到电路中。放置完成的主电路如图 2-11 所示。

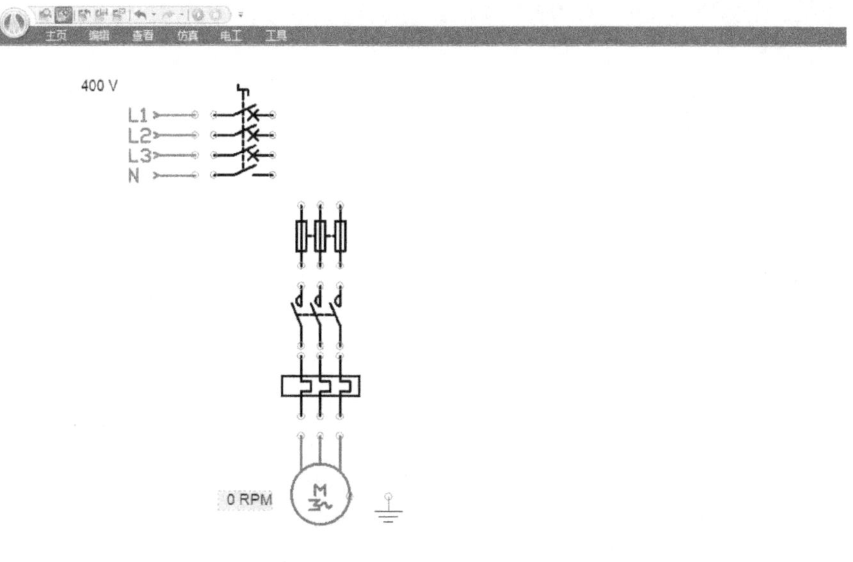

图 2-11　元件放置完成的主电路

(4) 主电路的连接

主电路中的连线采用的是“电力线”，如图 2-12 所示。单击选择“电力线”即可进行电路连接。连接好的主电路如图 2-13 所示。

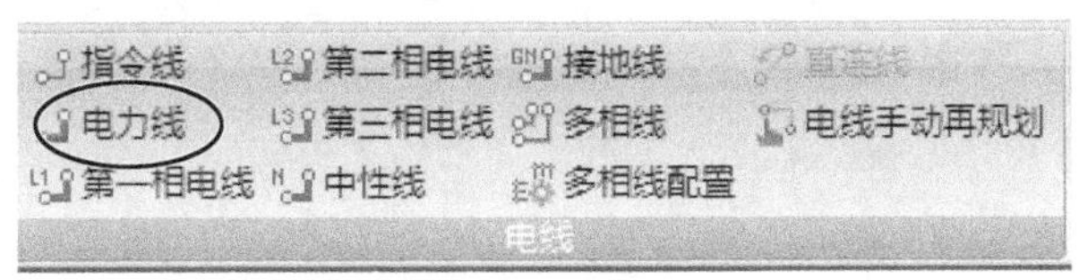

图 2-12　主电路连接线选择

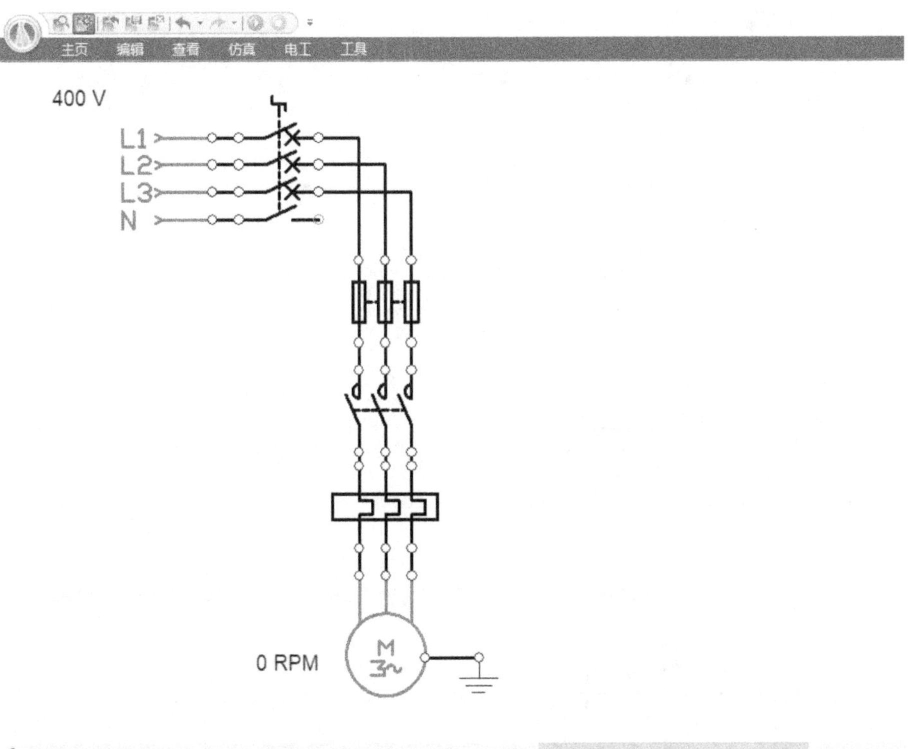

图 2-13　主电路的连接

(5) 主电路元器件的标注

主电路连接好之后，对断路器、熔断器和热继电器进行标注。以“熔断器”为例，双击“熔断器”，打开“组件属性”，选择“数据”，如图 2-14 所示。在打开的对话框中，选择“组件名称”，在方框中打钩，并输入“FU”，如图 2-15 所示。除此之外，还可以设置熔断器“跳闸倒计时”的时间等参数信息。

按照同样的方法，将断路器、热继电器标注完成即可。此处接触器 KM 先不要标注。标注完成后的主电路如图 2-16 所示。

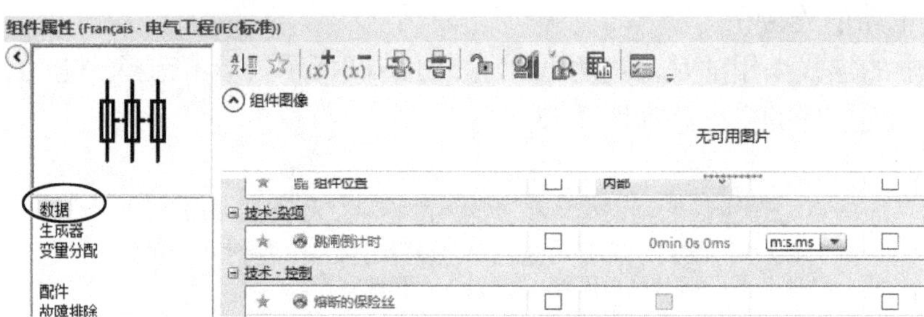

图 2-14　熔断器“组件属性”对话框 1

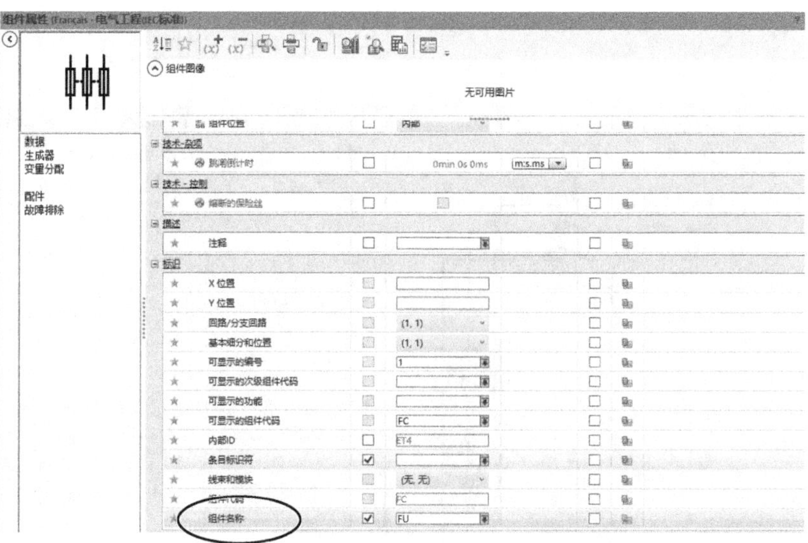

图 2-15　熔断器“组件属性”对话框 2

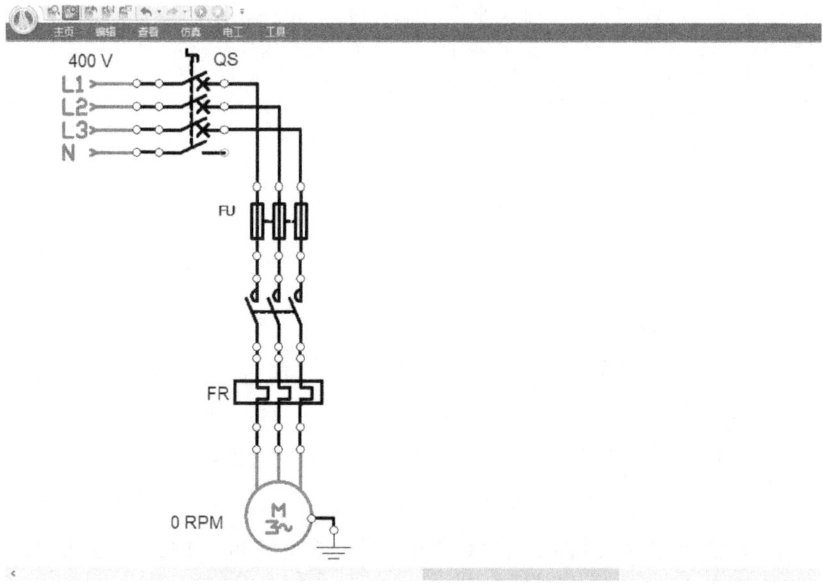

图 2-16　标注完成后的主电路图

(6) 绘制辅助电路（即控制电路）

如图 2-17 所示，在“辅助电路组件”中的“保护”选项下选择“带熔丝的熔架”；在“继电器接点”中选择“热过载继电器接点”；在“开关”中选择“接通接点按钮”和“断开接点按钮”；在“继电器接点”中选择“接通接点”；在“接触器线圈”中选择“AC/DC 接触器线圈”。放置完成的控制电路如图 2-18 所示。

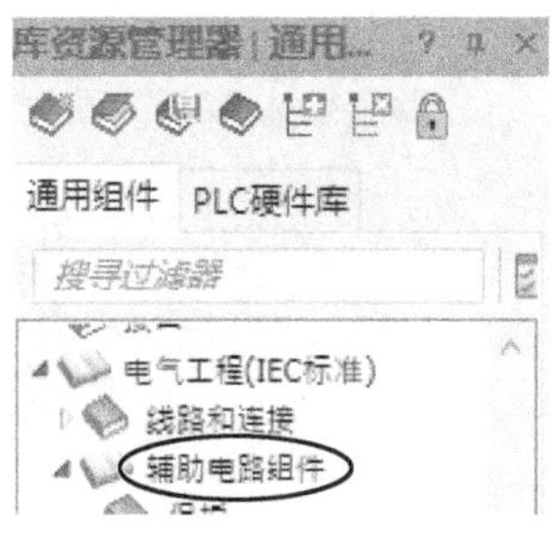

图 2-17　辅助电路组件选择

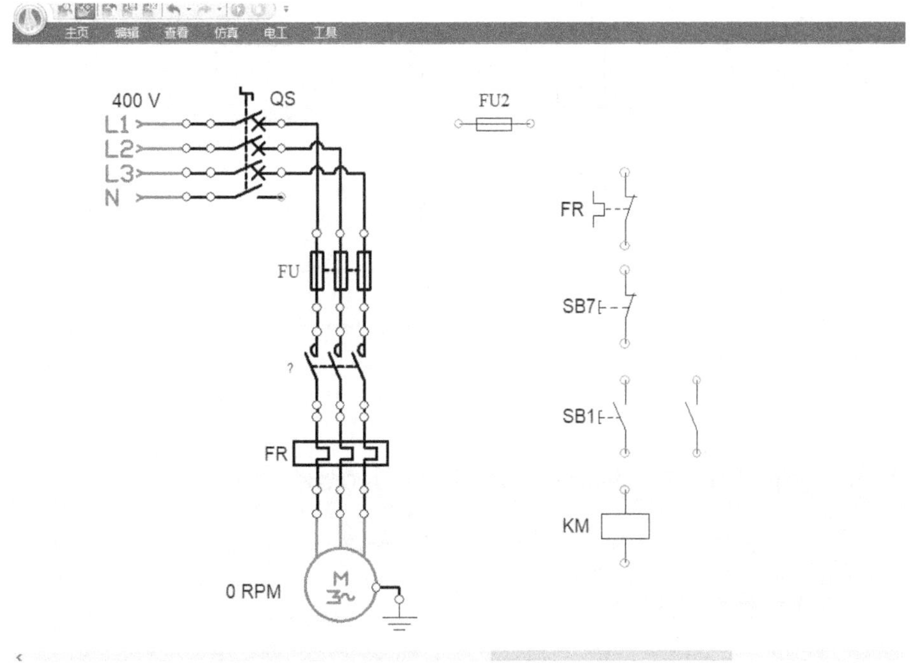

图 2-18　控制电路元器件放置图

(7) 连接辅助电路

连接控制电路采用“指令线”，选择“指令线”开始进行绘制，绘制完成的电路如图 2-19 所示。注意，中性线的连接采用的是“中性线”。

为了防止出现多交叉点，在“电工”菜单中选择 电工 图标，在电线的连接中选择“方向 & 桥”，如图 2-20 所示。连接好的电路图如图 2-21 所示。

(8) 电路变量之间的连接

在进行电路的仿真演示之前，必须对所涉及的变量进行连接。这里主要对接触器 KM 进行变量的关联。步骤如下：双击 KM 辅助常开触头，在打开的界面中选择“变量分配”，在“兼容仿真变量”中，双击下方的 KM，KM 会出现在关联一栏中，说明 KM 常开触头与 KM 线圈关联成功，如图 2-22 所示。用同样的方法关联 KM 的主触头。变量关联成功后，KM 线圈会变成蓝色，在其下方会出现一条蓝色线，如图 2-23 所示。

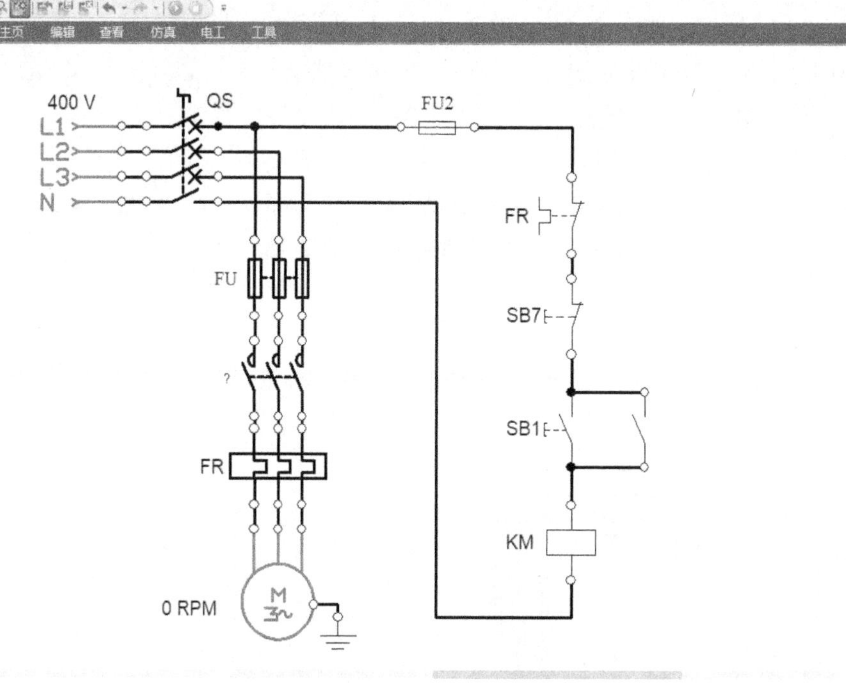

图 2-19　控制电路连接图

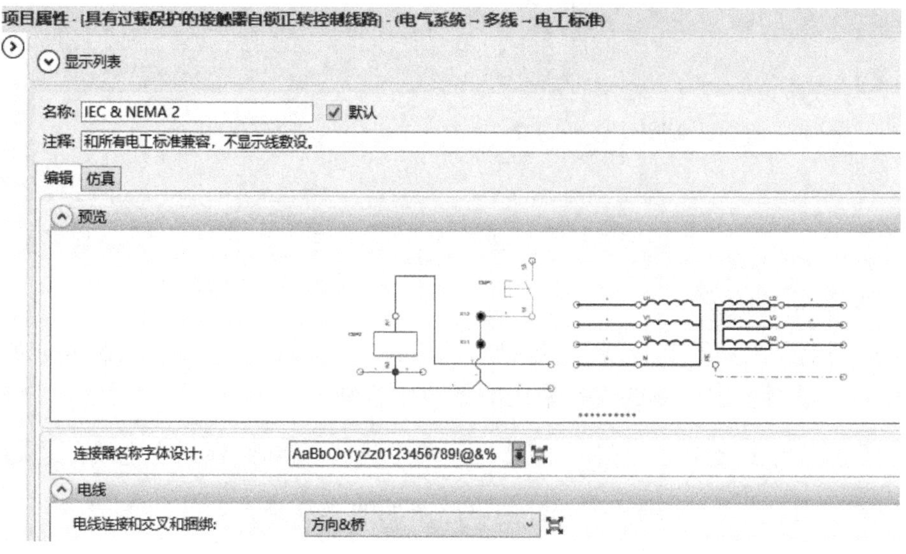

图 2-20　“项目属性”界面

（9）电路的仿真

在菜单栏选择“仿真”，单击“正常仿真”，如图 2-24 所示。

按照工作原理，首先合上 QS。然后按下起动按钮 SB1，会发现 KM 线圈得电，KM

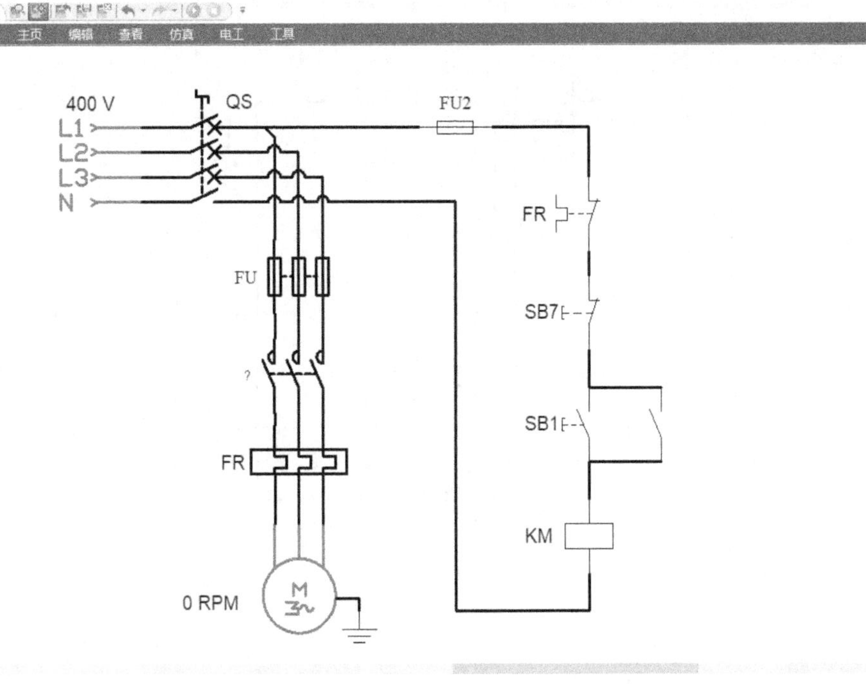

图 2-21　具有过载保护的接触器正转控制电路连接图

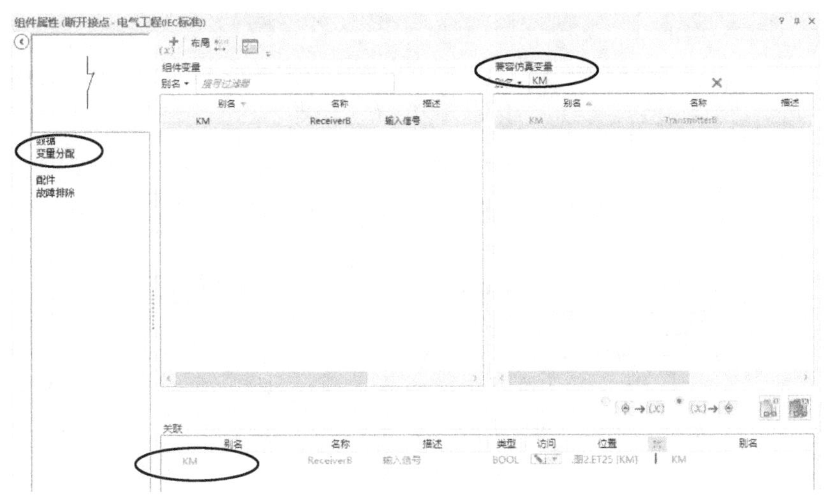

图 2-22　接触器 KM 的变量关联

自锁触头闭合，主触头闭合，电动机转速从 0r/min 开始，逐渐上升至 1458. 3r/min 并稳定下来，实现连续运转，如图 2-25 所示。

电动机停止：按下停止按钮 SB7，KM 线圈失电，KM 主触头断开，KM 自锁触头恢复到常开的状态，电动机速度开始从 1458. 3r/min 减速，最终停止，如图 2-26 所示。

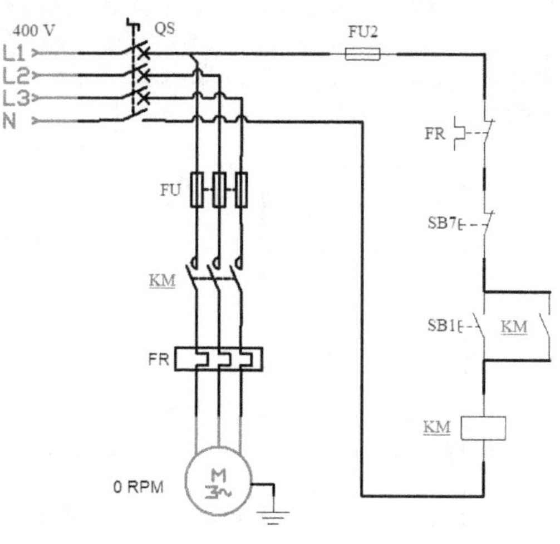

图 2-23　变量关联界面

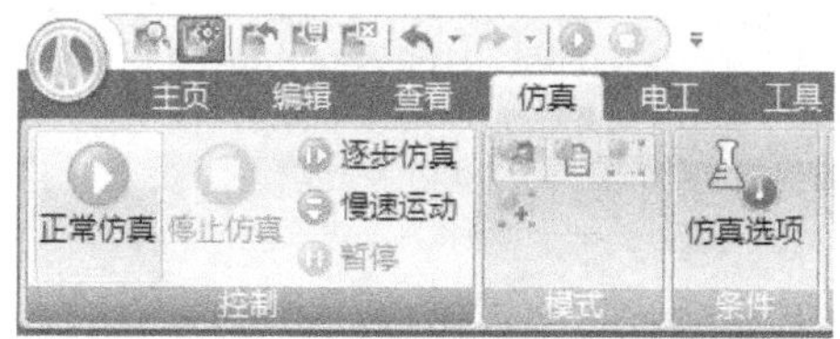

图 2-24　选择“正常仿真”

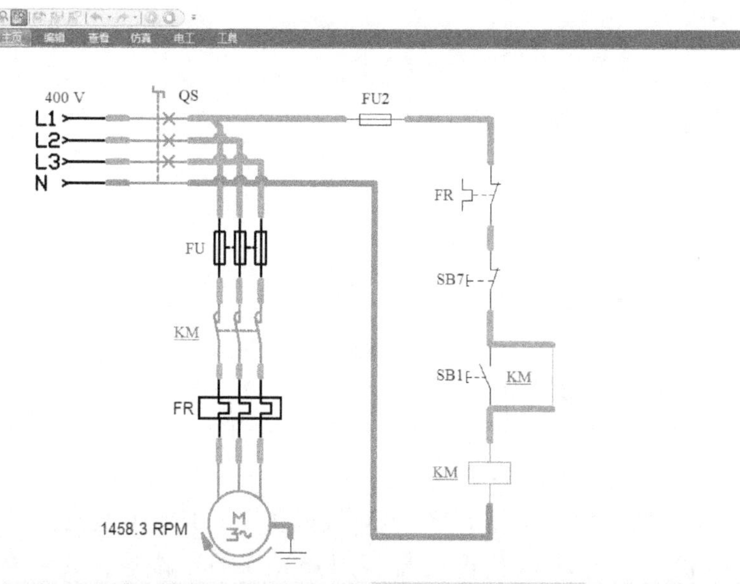

图 2-25　电动机连续运行界面

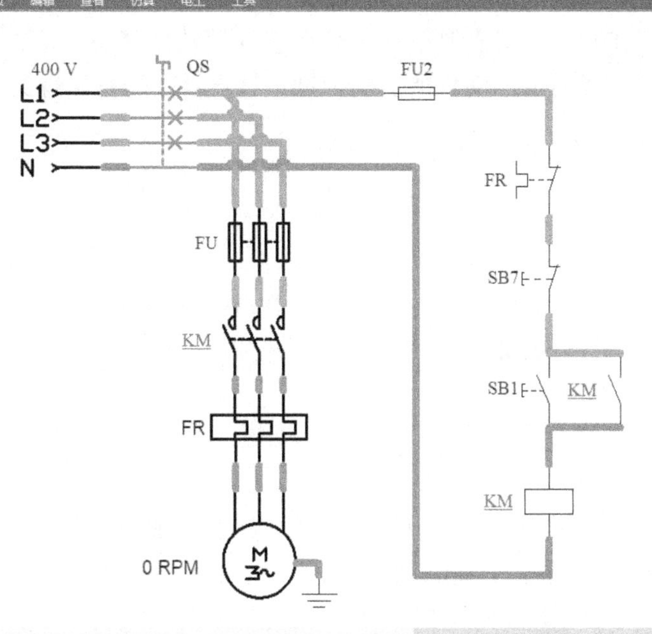

图 2-26　电动机停止运行操作

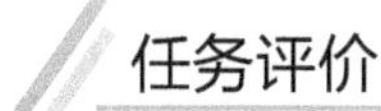

任务评价

任务评价见表 2-1。

表 2-1　任务评价

序号	评价指标	评 价 内 容	分值	学生自评	小组互评	教师点评
1	创建工程	模板选用正确	5			
2	原理图设计绘制	主电路元器件选型正确	5			
		主电路连接正确	10			
		控制电路元器件选型正确	5			
		控制电路连接正确	10			
		组件属性设置正确	15			
3	变量关联	各元器件变量关联正确	20			
4	电路仿真	电动机自锁运行仿真正确	20			
		电动机停止运行仿真正确	10			
总分			100			
问题记录和解决方法						

任务拓展

机床设备在正常工作时，一般需要电动机处在连续运转的状态。但在试车或调整刀具与工件的相对位置时，又需要电动机能点动控制，试设计并仿真实现此功能。

（二）接触器联锁正反转控制电路的设计与仿真

学习目标

1）掌握三相异步电动机接触器联锁正反转控制电路的构成和工作原理。

2）学会使用 Automation Studio 6.3 Educational 软件设计接触器联锁正反转控制电路，并完成仿真。

任务引入

在生产加工过程中，生产机械的运动部件往往要求实现正、反两个方向的运动。例如机床工作台的前进与后退、主轴电动机的正转与反转、电梯的升降，这就要求电气传动系统中的电动机可做正反向运转。为了使电动机能够安全、可靠地实现正反转，需要正确的互锁电路，本任务就来完成三相异步电动机正反转控制电路的安装与调试。

相关知识

（1）主电路正反转的实现

当改变通入电动机定子绕组三相电源的相序时，即把接入电动机三相电源进线中的任意两相对调接线位置，电动机就可以实现反转。

（2）联锁

利用分别连接在两个控制电路中的接触器常闭触头使一个电路工作，而另一个电路绝对不能工作的相互制约作用称为联锁（也称为互锁）。

（3）接触器联锁正反转控制的原理图

图 2-27 所示为接触器联锁正反转控制线路。线路中采用了两个接触器，即正转用的接触器 KM1 和反转用的接触器 KM2，它们分别由正转按钮 SB1 和反转按钮 SB2 控制。从主电路可以看出，这两个接触器的主触头所接通的电源相序不同，KM1 按 L1—L2—L3 相序接线，KM2 则按 L3—l2—L1 相序接线。相应的控制电路有两条，一条是由按钮 SB1 和接触器 KM1 线圈等组成的正转控制电路；另一条是由按钮 SB2 和接触器 KM2 线圈等组成的反转控制电路。

任务要求

1）按下正转起动按钮 SB1，接触器 KM1 得电，主触头闭合，电动机正转运行。

2）按下反转起动按钮 SB2，接触器 KM2 得电，主触头闭合，电动机反转运行。

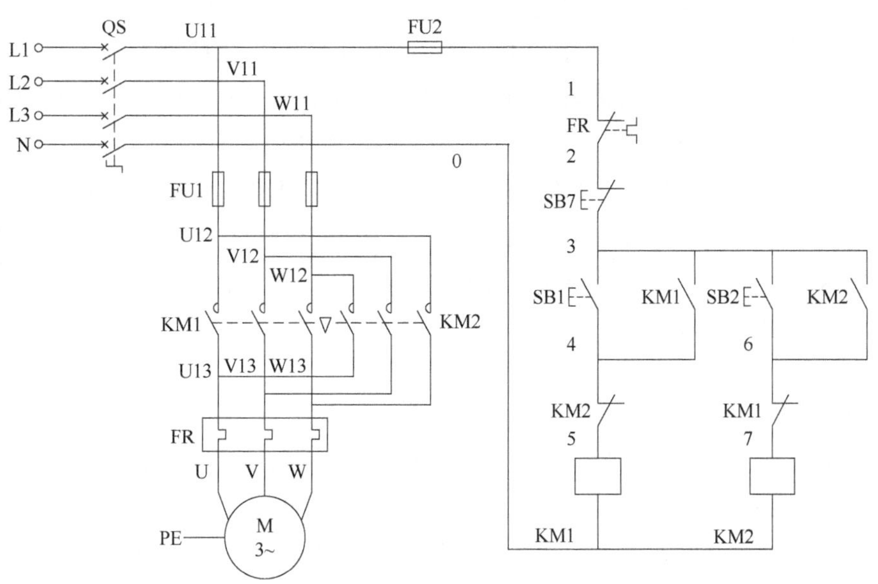

图 2-27　接触器联锁正反转控制电路

3）按下停止按钮 SB7，电动机停止运行。

4）正转和反转都具有自锁功能。

5）电路还具有联锁功能。

任务分析

电路的工作原理如下：接通电源，合上电源开关 QS。

正转控制：

反转控制：

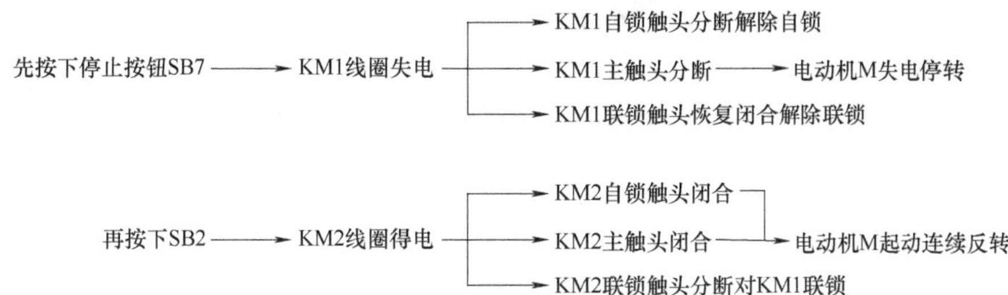

思考：若接触器 KM1 和 KM2 的主触头同时闭合，会造成什么后果？应采取什么样的措施避免？

必须指出，接触器 KM1 和 KM2 的主触头绝不允许同时闭合，否则将造成两相电源（L1 相和 L3 相）短路事故。为了避免两个接触器 KM1 和 KM2 同时得电动作，在正反转控制电路中分别串接了对方接触器的一对辅助常闭触头。

当一个接触器得电动作时，通过其辅助常闭触头使另一个接触器不能得电动作，接触器之间这种相互制约的作用称为接触器联锁（或互锁）。实现联锁作用的辅助常闭触头称为联锁触头（或互锁触头），联锁用符号“Δ”表示。

思考： 试分析接触器联锁正反转控制电路的工作原理。该电路有哪些优点和不足?

接触器联锁正反转控制电路中，电动机从正转变为反转时，必须先按下停止按钮后，才能按下反转起动按钮，否则由于接触器的联锁作用，不能实现反转。因此电路工作安全可靠，但操作不便。

任务实施

在桌面上打开 Automation Studio 6.3 Educational 软件，按照前面“具有过载保护的接触器自锁正转控制电路设计与仿真”的操作方法，新建一个项目，命名为“接触器联锁正反转控制电路”，并在该项目下，新建一个电工文档。主电路与控制电路的元器件放置方法与前面相同，可以重新放置元器件进行原理图的绘制，也可以在子任务一的基础上添加元器件，完成原理图。下面采用在前面任务基础上添加元器件的方式完成电路绘制，如图 2-28 所示。

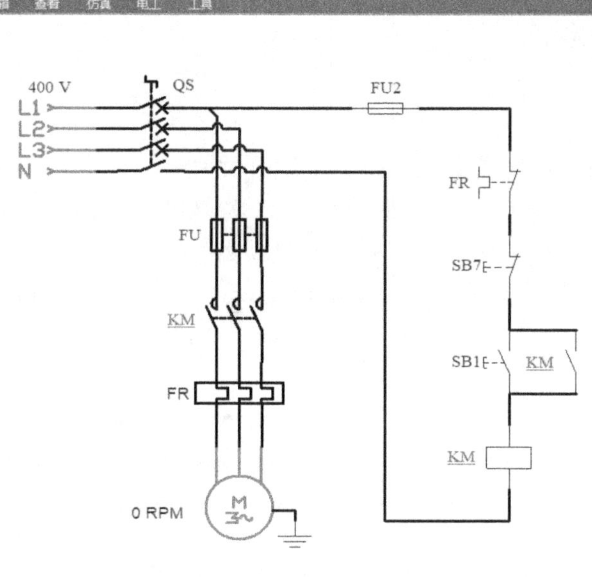

图 2-28　具有过载保护的接触器自锁控制电路

（1）放置主电路所需电气元器件

从图中可以知道，接触器联锁控制电路需要两个接触器，因此需要再放置一个接触器的主触头，并对两个接触器的主触头重新进行文字标注，正转接触器标注为 KM1，反转接触器标注为 KM2，如图 2-29 所示。

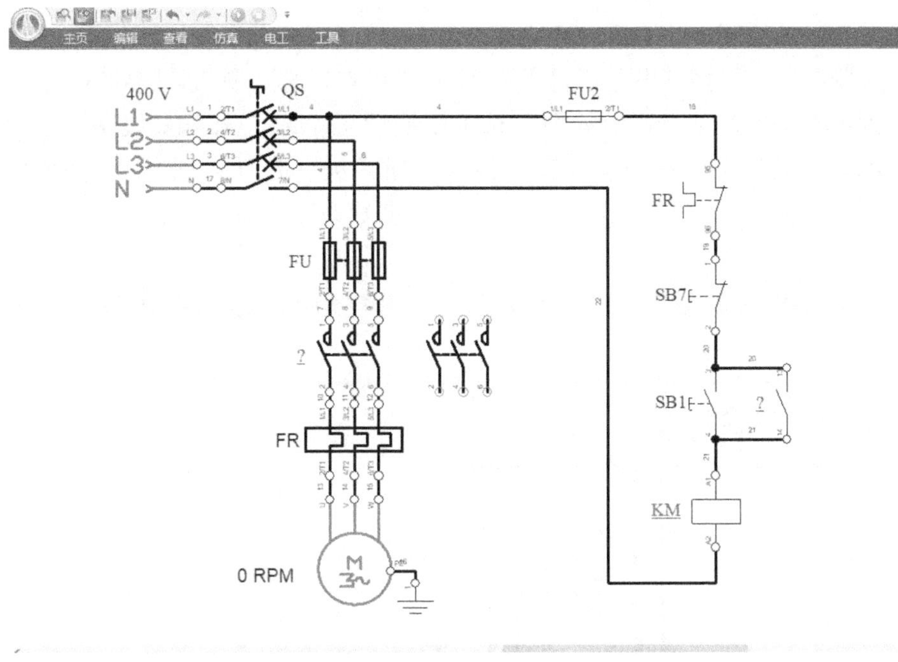

图 2-29　放置主电路 KM 元器件

（2）主电路的连接

主电路正反转控制的实现，是通过调换三相中任意两相来实现的，注意连接时使用“电力线”。此电路调换的是第一相和第三相。连接好的主电路如图 2-30 所示。

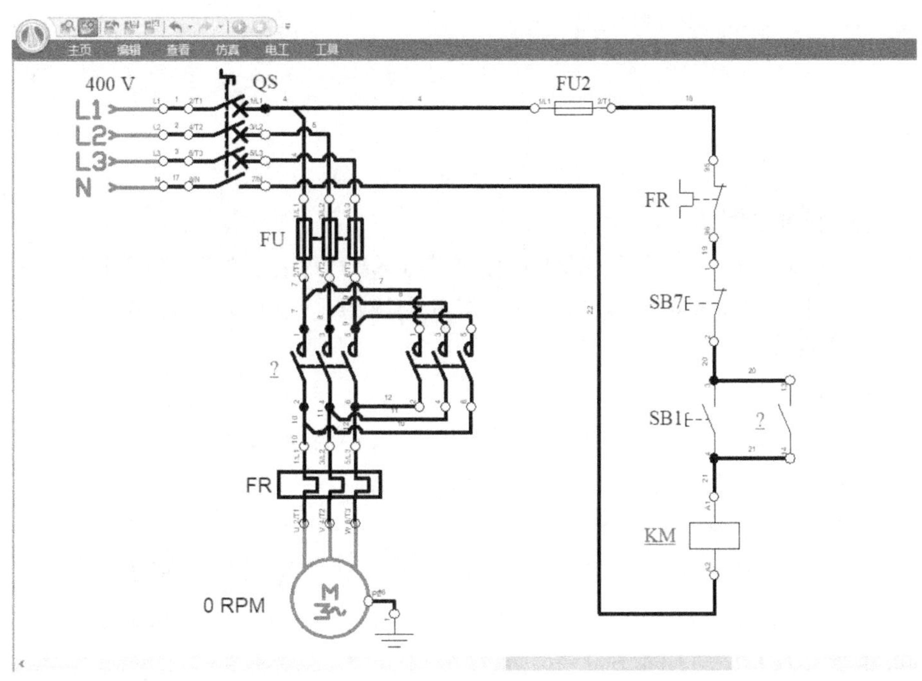

图 2-30　主电路的连接

（3）控制电路电气元器件的放置与连接

从子任务一的控制电路来看，还需要放置一个反转按钮，一个反转接触器线圈和两个互锁接触器触头。从控制电路组件的“继电器接点”中，拖动“接通接点”和“断开接点”到电路中；从“接触器线圈”选项中拖动“AC/DC 接触器线圈”到电路中并标注为 KM2；在“开关”中拖动“接通接点按钮开关（自动返回）”标注为反转按钮 SB2。然后用“指令线”进行控制电路的连接，如图 2-31 所示。

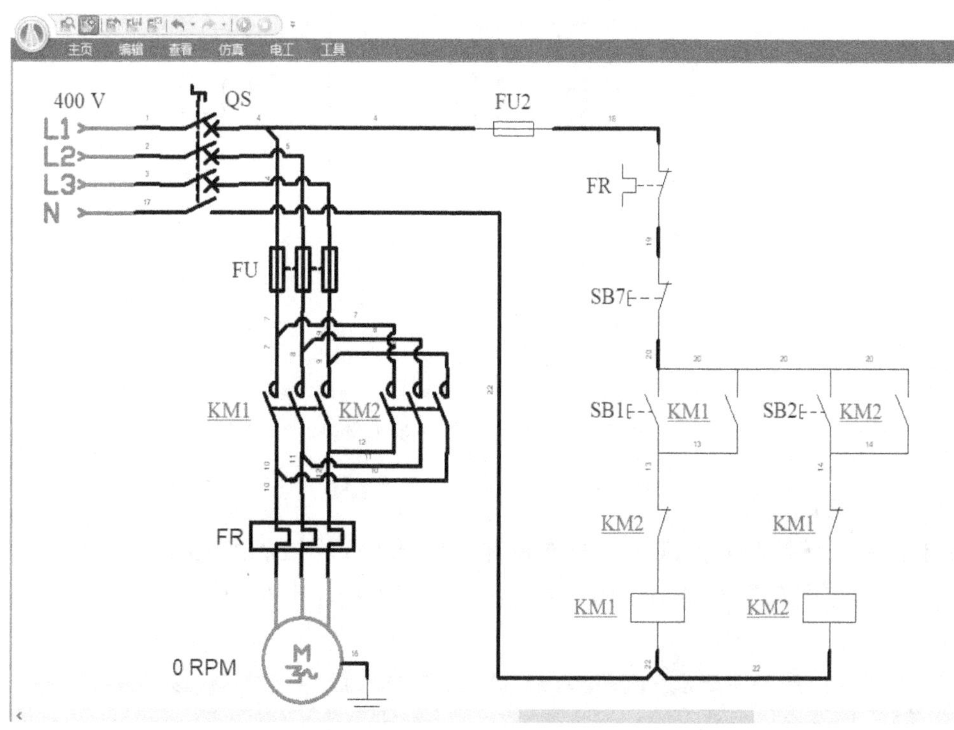

图 2-31　控制电路的连接与标注

（4）电路变量之间的关联

该处变量主要指 KM1 线圈与 KM1 自锁触头、KM1 互锁触头以及 KM1 主触头之间的关联，以及 KM2 线圈与 KM2 自锁触头、KM2 互锁触头以及 KM2 主触头之间的关联，方法与子任务一的相同。

（5）电路的仿真

电动机正转：按下 SB1，KM1 主触头闭合，自锁触头闭合，常闭触头断开，电动机连续正转运行，如图 2-32 所示。电动机转速从 0r/min 开始上升，最后稳定在 1458. 5r/min。

电动机反转：首先按下停止按钮 SB7，电动机停止。然后按下 SB2，KM2 主触头闭合，自锁触头闭合，常闭触头断开，电动机连续反转运行，如图 2-33 所示。电动机速度从 0r/min 开始上升，最后稳定在 1458. 5r/min。

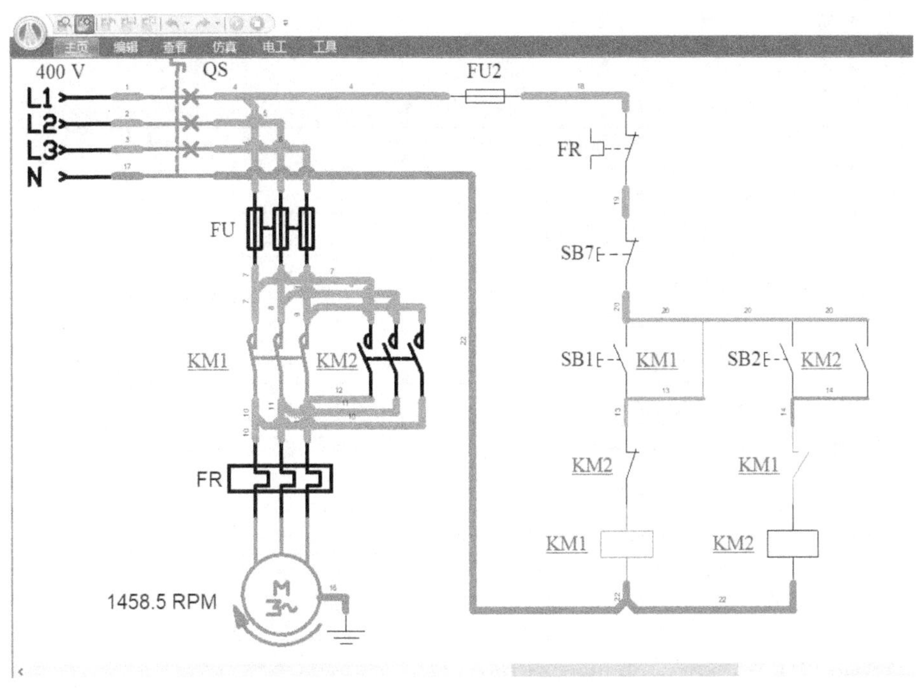

图 2-32　电动机正转仿真界面

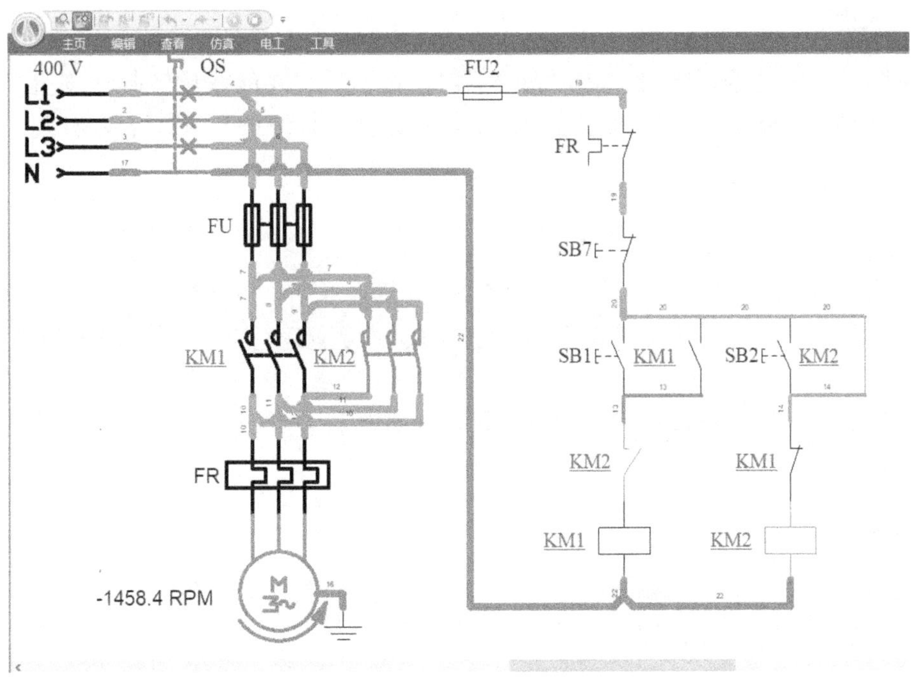

图 2-33　电动机反转仿真界面

任务评价

任务评价见表 2-2。

表 2-2 任务评价

序号	评价指标	评 价 内 容	分值	学生自评	小组互评	教师点评
1	创建工程	模板选用正确	5			
2	原理图设计绘制	主电路元器件选型正确	5			
		主电路连接正确	10			
		控制电路元器件选型正确	5			
		控制电路连接正确	10			
		组件属性设置正确	15			
3	变量关联	各元器件变量关联正确	20			
4	电路仿真	电动机正转运行仿真正确	10			
		电动机反转运行仿真正确	10			
		电动机停止运行仿真正确	10			
总分			100			
问题记录和解决方法						

任务拓展

电动机从正转变为反转时，必须先按下停止按钮后，才能按反转起动按钮，怎样克服接触器联锁正反转控制电路操作不便的缺点？试设计电路并仿真实现该功能。

（三）可逆运行的 PLC 控制电路的设计与仿真

学习目标

1）掌握三相异步电动机接触器联锁正反转（可逆运行）控制电路的组成和工作原理。

2）学会使用 Automation Studio 6.3 Educational 软件设计三相异步电动机可逆运行的 PLC 控制电路，并完成仿真。

任务引入

根据三相异步电动机接触器联锁正反转控制电路的原理图，利用 PLC 进行三相异步电动机的正反转起动和停止控制。

相关知识

PLC 基本逻辑指令介绍如下。

（1）LD/LDI 指令

LD 指令，称为“取指令”；LDI 指令，称为“取反指令”。LD/LDI 指令用于软元件的常开/常闭触点与母线、临时母线、分支起点的连接；或者说表示母线运算开始的触点。LD/LDI 指令可用的软元件有：X、Y、M、S、T、C。

（2）OUT 指令

OUT 指令称为“输出指令”，也叫线圈驱动指令，根据逻辑运算结果去驱动一个指定的线圈。

1）OUT 指令不能用于驱动输入继电器，因为输入继电器的状态由输入信号决定。

2）OUT 指令可以连续使用，相当于线圈的并联，且不受使用次数的限制。

3）定时器（T）及计数器（C）使用 OUT 指令后，必须有常数设定值语句。

OUT 指令可用的软元件有 Y、M、S、T、C。LD/LDI/OUT 指令的应用示例如图 2-34 所示。

图 2-34　LD/LDI/OUT 指令的语句表编程应用示例

（3）AND/ANI（与/与非）指令

AND/ANI 指令用于一个常开/常闭触点与其前面电路的串联连接（作“逻辑与”运算），串联触点的数量不限，该指令可多次使用。AND/ANI 指令可用的软元件有 X、Y、M、S、T、C 等。应用示例如图 2-35 所示。

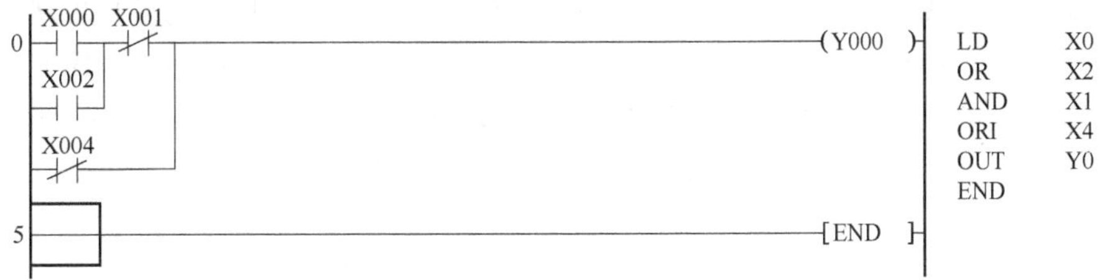

图 2-35　AND/ANI 指令应用示例

（4）OR/ORI（或/或非）指令

OR/ORI 指令用于一个常开/常闭触点与其前面电路的并联连接（作逻辑或运算），并联触点数量不限，该指令可多次使用。OR/ORI 指令可使用的软元件有 X、Y、M、S、

T、C 等。应用示例如图 2-36 所示。

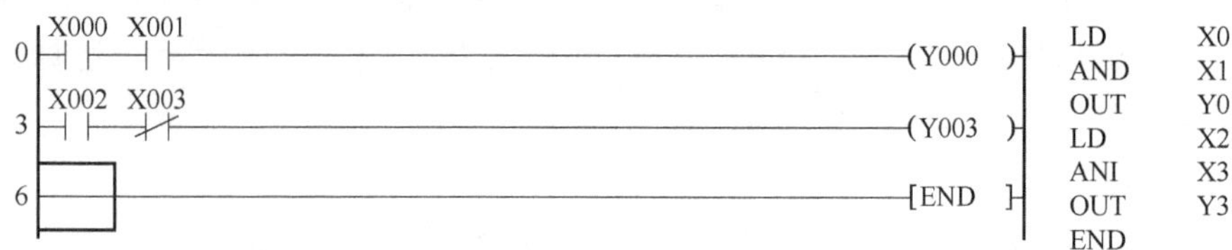

图 2-36 OR/ORI 指令应用示例

（5）END（程序结束）指令

END 指令用于程序的结束，指令后没有软元件。PLC 以扫描方式执行程序，执行到 END 指令时，扫描周期结束，再进行下一个扫描周期的扫描。END 指令后面的程序不执行。调试程序时，常常在程序中插入 END 指令，将程序进行分段调试。应用示例如图 2-37 所示。

图 2-37 END 指令应用示例

任务要求

电动机 M 由接触器 KM1 控制其正转，由接触器 KM2 控制其反转，SB1 为正转起动按钮，SB2 为反转起动按钮，SB7 为停止按钮。必须保证在任何情况下，正、反转接触器不能同时接通。电路上采取将正反转起动按钮 SB1、SB2 互锁及接触器 KM1、KM2 联锁的措施。

任务分析

电动机可逆运行方向的切换是通过两个接触器 KM1、KM2 的切换来实现的。切换时需要改变电源的相序。在设计程序时，必须防止由于电源换相所引起的短路事故。例如，在由正向运转切换到反向运转时。当正向接触器 KM1 断开时，由于其主触头内瞬时产生的电弧，使这个触头仍处于接通状态，如果这时使反转接触器 KM2 闭合，就会造成电源短路。因此，必须在完全没有电弧的情况下才能使反转接触器闭合。

可逆运行控制，是互以对方不工作作为自身工作的前提条件的，即无论先接通哪一个输出继电器，另外一个输出继电器都将不能接通，也就是说两者中任何一个回路起动之后都会把另一个起动回路断开，从而保证任何时候两者都不能同时通电。因此，在控制环节中，该电路可实现信号联锁。

任务实施

1）确定 PLC 输入/输出地址分配表。三相异步电动机正反转控制的 PLC 输入/输出地址分配表见表 2-3。

表 2-3　三相异步电动机正反转控制的 PLC 输入/输出地址分配表

输入继电器	输入点	输出继电器	输出点
正转起动按钮 SB1	X0	正转接触器 KM1	Y4
反转起动按钮 SB2	X1	反转接触器 KM2	Y5
停止按钮 SB7（常开）	X2		
热继电器触头 FR（常开）	X3		

2）使用 Automation Studio 6. 3 Educational 软件绘制三相异步电动机可逆运行主电路与 PLC 输入/输出控制电路的接线图如图 2-38 所示。

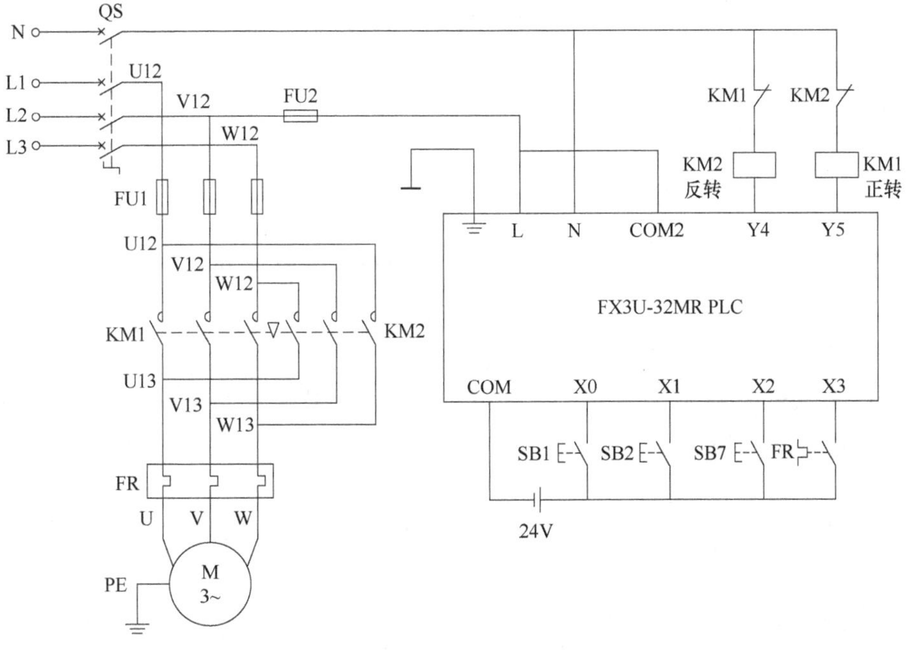

图 2-38　三相异步电动机可逆运行主电路与 PLC 输入/输出控制电路接线图

操作步骤如下：从图 2-38 可以看出，三相异步电动机可逆运行的主电路部分在子任务二已经绘制过，若要完成该电路，只要在软件中完成 PLC 部分的连接即可。

① 放置 PLC 控制电路的元器件。在桌面上打开 Automation Studio 6. 3 Educational 软件，按照“接触器联锁正反转控制电路的设计与仿真”的操作方法，新建一个项目，命名为“三相异步电动机可逆运行的 PLC 控制”，并在该项目下，新建一个电工文档。主电路元器件放置方法与前面相同，下面我们来放置 PLC 控制电路的元器件。

首先从库资源管理器的“MTSUBISHI FX3U 库”中拖出“FX3U-32MR”型号的 PLC，如图 2-39 所示。

在库资源管理器中，“电气工程（IEC 标准）”下的“辅助电路组件”中放置“接通接点按钮”，并标注为 SB1、SB2 与 SB7，放置“继电器接点”中的“热过载继电器，

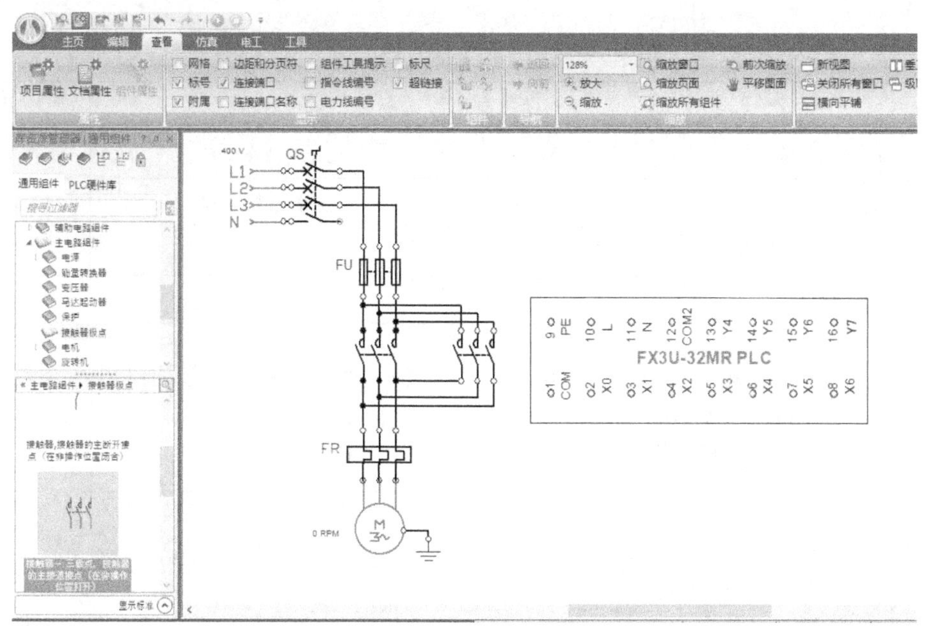

图 2-39 放置 FX3U-32MR 型号的 PLC 元件

闭锁装置，接通接点”并标注为 FR；在主电路组件中选择“电源”中的“原电池，二次电池组”为输入端提供 24V 电源；选择“电源”中的“交流电源”放置在输出端，为接触器线圈提供 220V 交流电源；在“辅助电路组件”中选择“AC/DC 接触器线圈”标注为 KM1 和 KM2；在“线路和连接”中选择“参考连接”放置接地点 PE。放置好元器件的界面如图 2-40 所示。

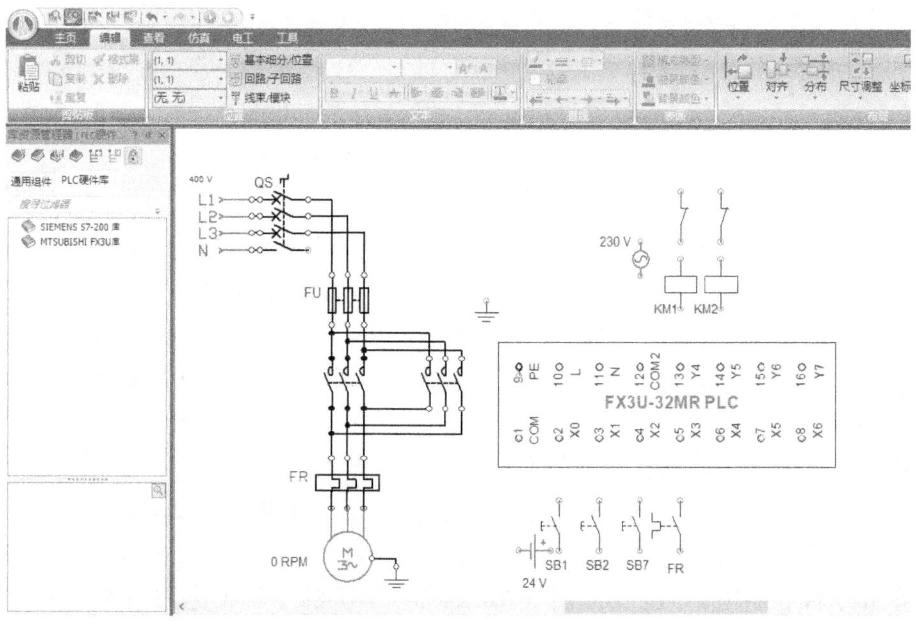

图 2-40 放置好元器件的界面

② PLC 控制电路的连接。PLC 控制电路的连接采用的是“指令线”，连接好的电路如图 2-41 所示。注意 PLC 侧 L 与 N 取自主电路部分，主电路的元器件放置以及电路连接不再赘述。连接好的原理图如图 2-42 所示。

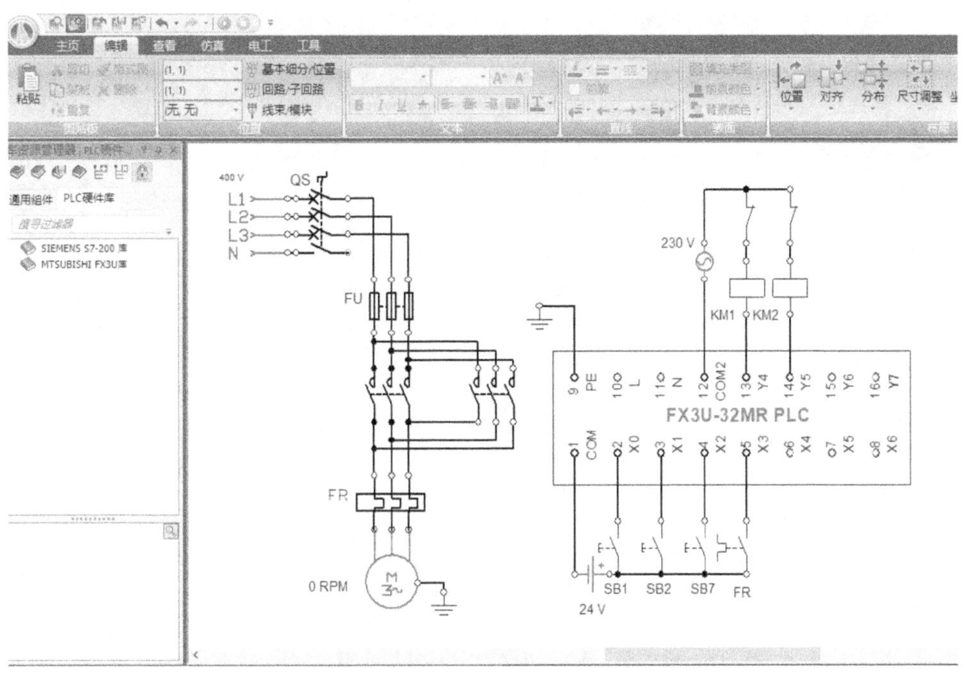

图 2-41　PLC 控制电路指令线的连接

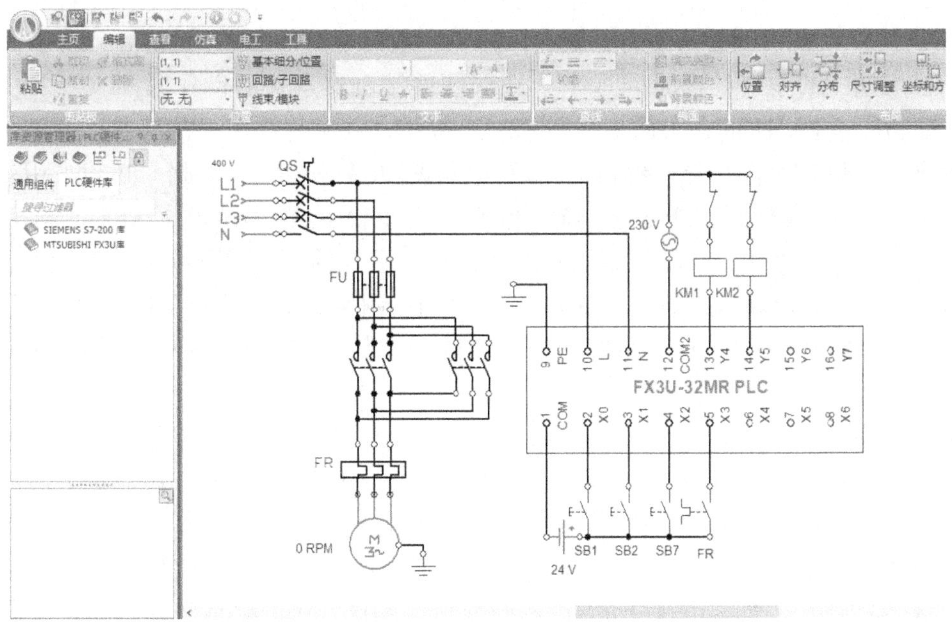

图 2-42　三相异步电动机可逆运行的原理图

③ 电路变量连接。电路图中的变量连接主要有 KM1 接触器线圈与 KM1 主触头、KM1 自锁触头以及 KM1 互锁触头；KM2 接触器线圈与 KM2 主触头、KM2 自锁触头以及 KM2 互锁触头。关联好的主电路的变量如图 2-43 所示。

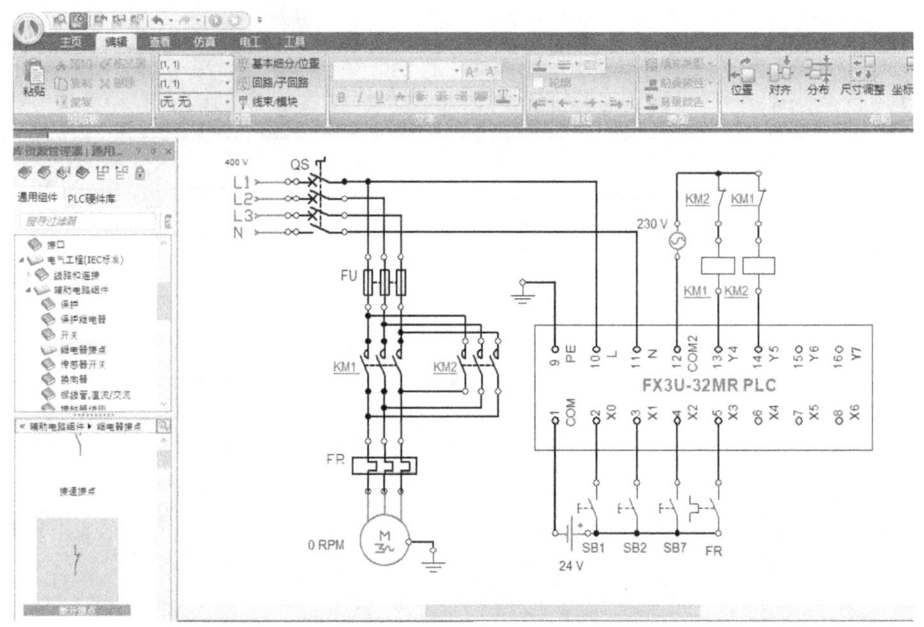

图 2-43　原理图中的变量关联

④ 编写梯形图的控制程序。根据三相异步电动机可逆运行的控制要求，需要注意的是，虽然在梯形图中已经有了软继电器的互锁触头，但在外部的硬件输出电路中还必须使用 KM1、KM2 的常闭触头进行互锁，以避免主电路短路造成的 FU 熔断。由于 PLC 的循环扫描周期中的输出处理时间远小于外部硬件接触器触头的动作时间（例如，虽然 Y4 迅速断开，但 KM1 的触头尚未断开或由于断开时电弧的存在，在没有外部硬件互锁的情况下，KM2 的触头可能已经接通，从而引起主电路短路），因此，必须采用软硬件双重互锁，同时也避免了因接触器 KM1 和 KM2 的主触头熔焊引起电动机主电路短路。

在互锁控制程序中，几组控制元件的优先权是平等的，它们可以相互封锁，先动作的具有优先权。两个输入控制信号 X0 和 X1 分别控制两路输出信号 Y4 和 Y5。当 X0 和 X1 中的某一个先按下时，这一路控制信号就取得了优先权，另外一个即使按下，这路信号也不会动作。

下面使用 Automation Studio 6. 3 Educational 软件来编写 PLC 的梯形图。单击“文档”新建一个“标准图”，然后在“梯形图（IEC 标准）”组件中分别拖放“梯级”“接点”和“线圈”，绘制好的梯形图如图 2-44 所示。

⑤ 梯形图与原理图之间的变量连接。双击第一个常开触头，打开“组件属性”对话框，双击右侧的“兼容仿真变量”，选择变量“X0”，双击之后将在下方的关联窗口中出现如图 2-45 所示的对话框。

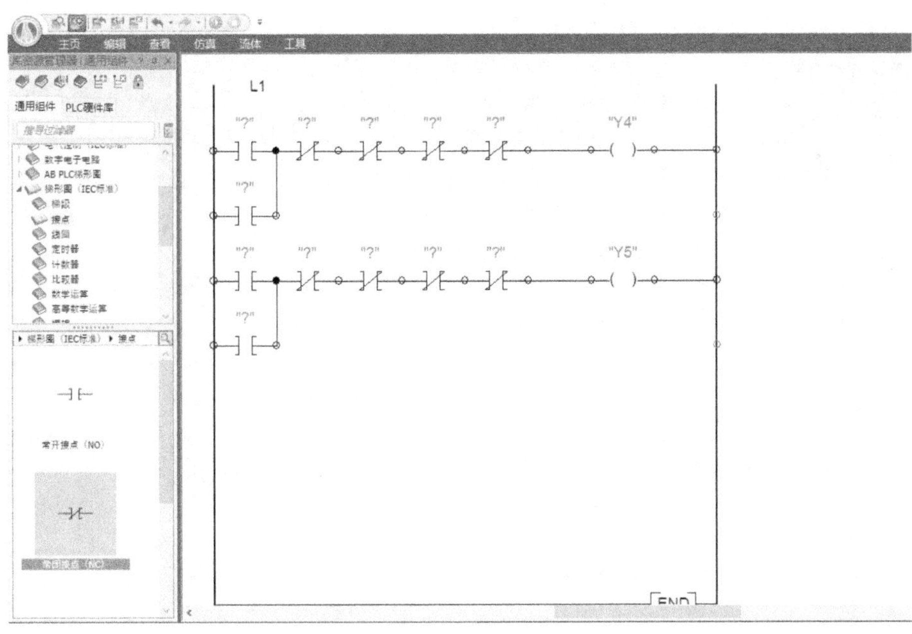

图 2-44　PLC 编程的梯形图

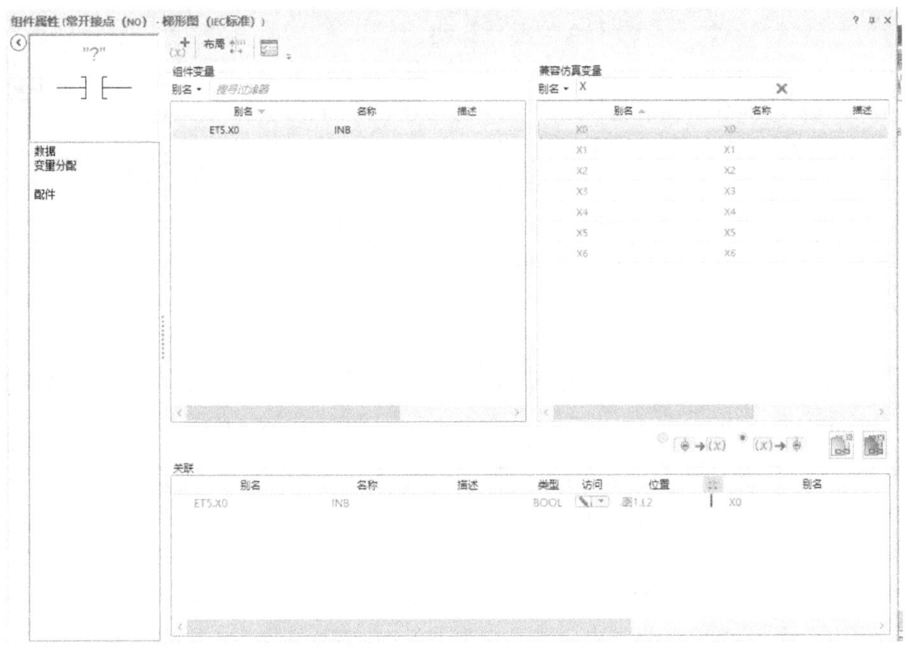

图 2-45　在“组件属性”对话框关联“X0”变量

依据同样的方式关联所需的各个变量，关联好的 PLC 梯形图如图 2-46 所示。

3）主电路与控制电路的电路仿真。在“查看”菜单栏中选择“垂直平铺”，将电路与梯形图显示在同一个平面上，如图 2-47 所示。然后选择“仿真”菜单中的“正常仿真”，如图 2-48 所示。

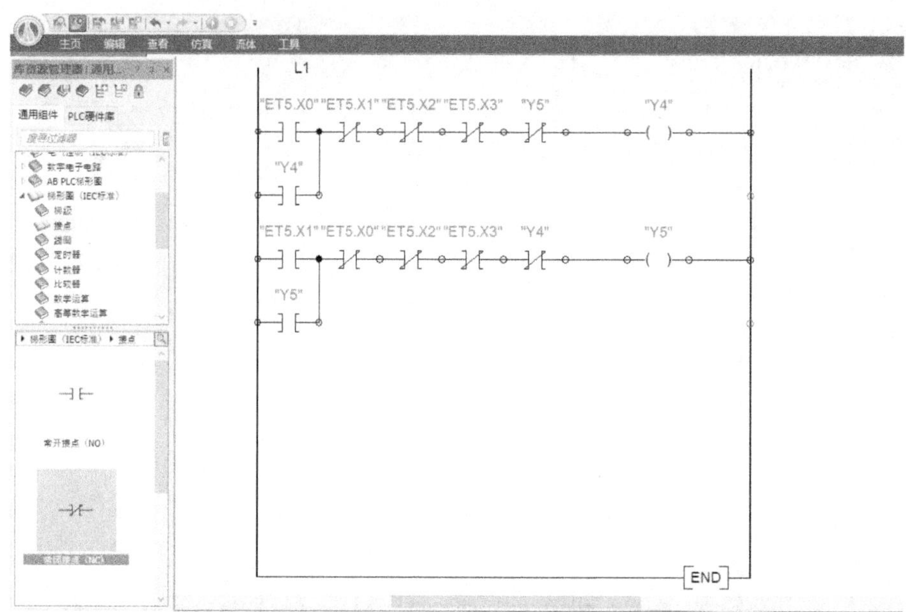

图 2-46　三相异步电动机可逆运行的 PLC 梯形图

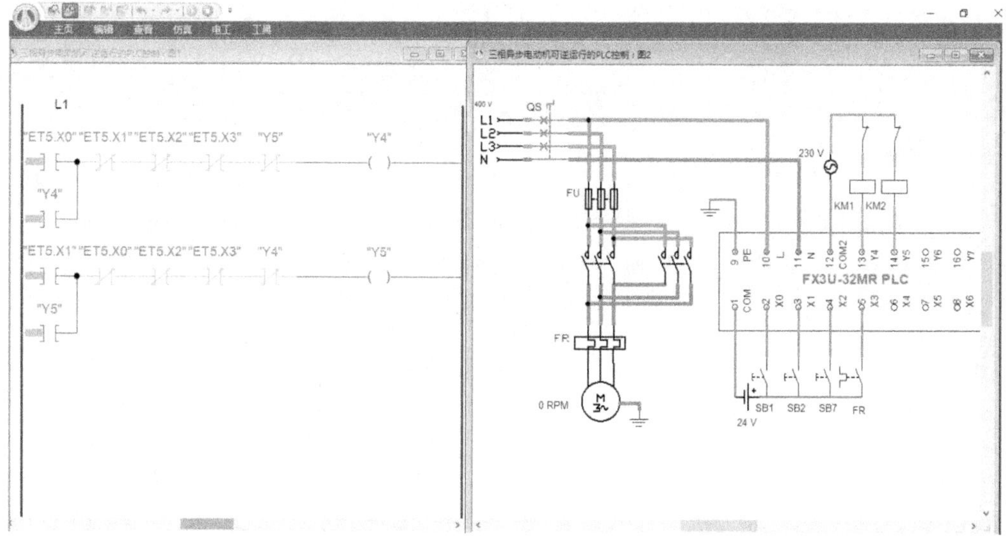

图 2-47　电路原理图与 PLC 梯形图垂直平铺界面

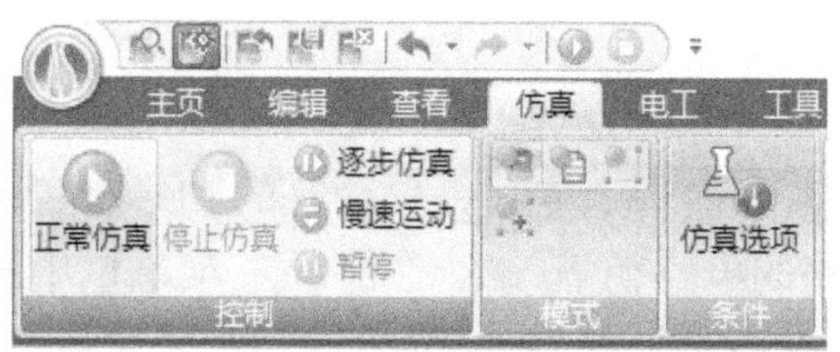

图 2-48　正常仿真界面

仿真步骤如下：

电动机正转：首先合上 QS，按下 SB1，接触器 KM1 得电，主触头闭合，电动机连续正转，如图 2-49 所示。我们在左边的梯形图中可以看到与 KM1 关联的变量 Y4 得电，自锁，同时断开 Y5 支路，使反转控制不能进行，如图 2-50 所示。

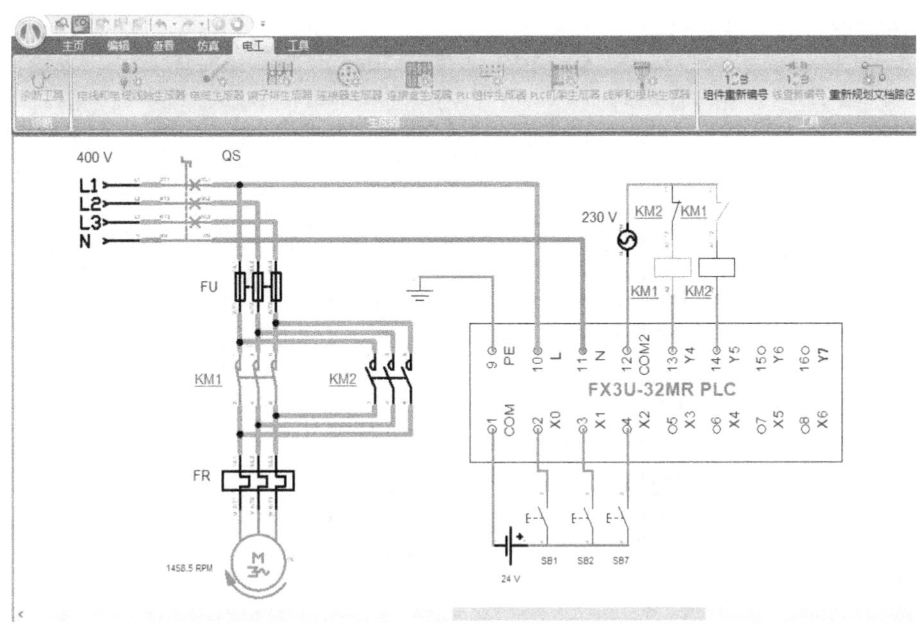

图 2-49　电动机正转控制仿真界面

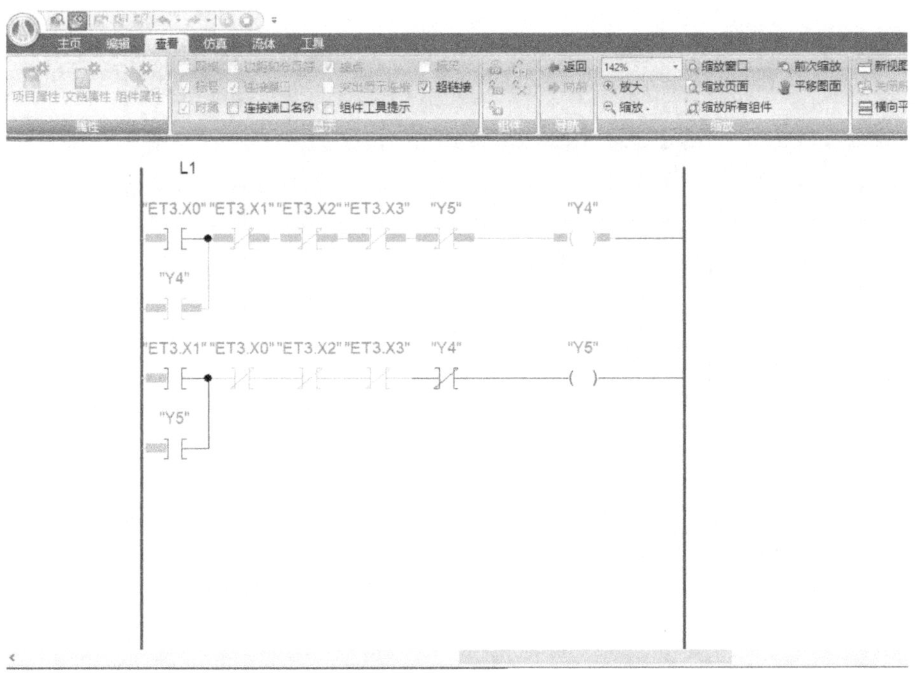

图 2-50　电动机正转控制梯形图仿真界面

电动机反转：先按下停止按钮 SB7，然后按下反转起动按钮 SB2，接触器 KM2 得电，主触头闭合，电动机连续反转，如图 2-51 所示。我们在左边的梯形图中可以看到与 KM2 关联的变量 Y5 得电，自锁，同时断开 Y4 支路，使反转控制不能进行，如图 2-52 所示。

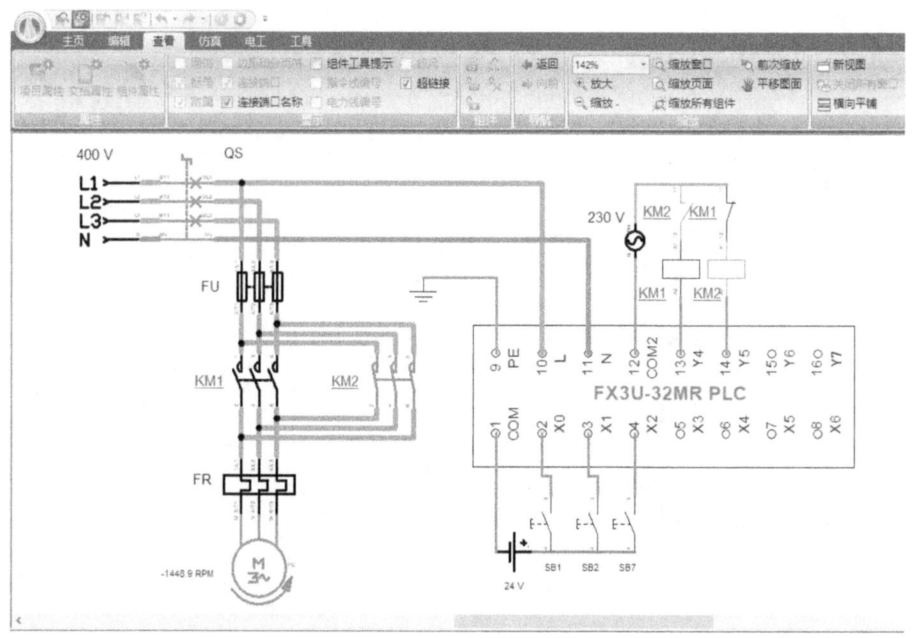

图 2-51　电动机反转控制仿真界面

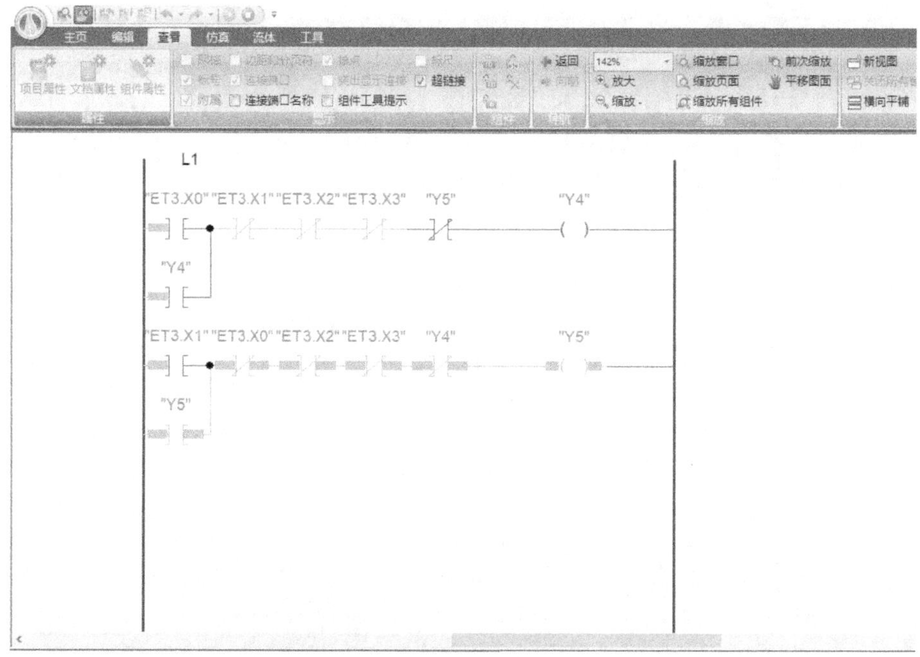

图 2-52　电动机反转控制梯形图仿真界面

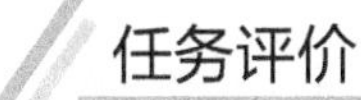

任务评价

任务评价见表 2-4。

表 2-4　任务评价

序号	评价指标	评 价 内 容	分值	学生自评	小组互评	教师点评
1	创建工程	模板选用正确	5			
2	原理图设计绘制	电路元器件选型正确	10			
		电路连接正确	10			
		组件属性设置正确	5			
3	PLC 梯形图绘制	PLC 梯形图模板选用正确	10			
		梯形图触点与线圈放置正确	10			
4	变量关联	原理图各元器件变量关联正确	10			
		原理图与梯形图变量关联正确	10			
5	电路仿真	电动机正转运行仿真正确	15			
		电动机反转运行仿真正确	15			
总分			100			
问题记录和解决方法						

任务拓展

假设用两个按钮控制起停，按下起动按钮后电动机开始正转。正转 5s 之后，停 3s，然后开始反转；反转 5s 后，停 5s 再正转，依此循环，如果按下停止按钮，电动机不管处于哪种状态，都要停止运行。请设计并仿真实现该电路。

任务二　三相异步电动机自动往返循环控制电路的设计与仿真

（一）工作台自动往返循环控制电路的设计与仿真

学习目标

1）掌握工作台自动往返循环控制电路的构成和工作原理。

2）学会使用 Automation Studio 6. 3 Educational 软件设计工作台自动往返循环控制电路，并完成仿真。

任务引入

在生产实际中，有些生产机械的工作台要求在一定的行程内自动往返运动，以便实现对工件的连续加工，如龙门刨床、导轨磨床等，提高生产效率。

为此常利用直接测量位置信号的元件——行程开关作为控制元件来控制电动机的正反转，这种控制方式称为行程原则的自动控制。

相关知识

（1）位置控制（又称行程控制或限位控制）的概念

1）行程开关，又称限位开关，是一种利用生产机械运动部件的碰撞发出指令的主令电器，用于控制生产机械的运动方向、行程大小或作为限位保护。行程开关的结构形式很多，但基本上是以某种位置开关元件作为基础，通过不同的操作从而得到不同的形式，如图 2-53 所示。

图 2-53　行程开关的外形结构

行程开关按运动形式的不同分为直动式和转动式；按结构不同分为直动式、滚动式和微动式；按触头性质的不同分为有触头式和无触头式。行程开关的文字符号和图形符号如图 2-54 所示。

① 直动式行程开关。图 2-55 所示为 JLXK1 型直动式行程开关的结构。其动作形式与控制按钮类似，只是它用运动部件上的撞块来碰撞行程开关的推杆。其优点是结构简单、成本较低；缺点是触头的分合速度取决于撞块的移动速度。若撞块移动太慢，则触头就不能瞬时切断电路，使电弧在触头上停留时间较长，易于烧蚀触头。

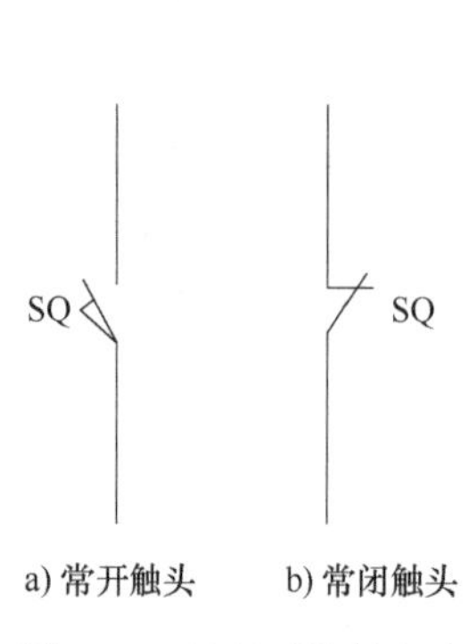

图 2-54　行程开关的文字符号和图形符号

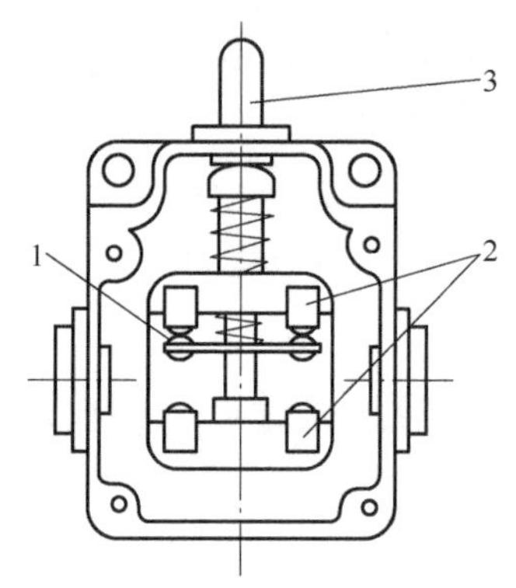

图 2-55　JLXK1 型直动式行程开关的结构
1—动触头　2—静触头　3—推杆

② 微动开关。为了克服直动式结构的缺点，可采用具有弯片状弹簧的瞬动结构。如图 2-56 所示为 LX31 型微动开关，当推杆被压下时，弹簧片发生变形，存储能量并产生位移，当达到预定的临界点时，弹簧片连同触头产生瞬时跳跃，从而导致电路的接通、

分断或转换；同样减小操作力时，弹簧片会向相反方向跳跃。微动开关体积小、动作灵敏，适合在小型机构中使用。

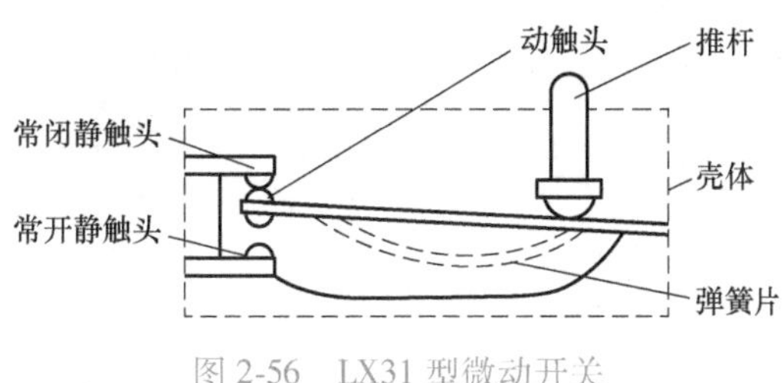

图 2-56　LX31 型微动开关

2）接近开关，是电子式、无触头的行程开关，它是由运动部件上的金属片与之接近到一定距离时发出的接近信号来实现控制的。接近开关的使用寿命长、操作频率高，动作迅速、可靠，其用途已远远超出一般的行程控制和限位保护，还可以用于高速计数、测速、液面控制、金属体检测等，其常用的型号有 LJ2、LJ5、LXJ6 等系列。

3）位置控制，就是利用生产机械运动部件上的挡铁与位置开关碰撞，使其触头动作来接通或断开电路，达到控制生产机械运动部件的位置或行程的自动控制。

4）位置控制线路，在生产过程中，一些生产机械运动部件的行程或位置要受到限制，如在摇臂钻床、万能铣床、镗床、桥式起重机及各种自动或半自动控制的机床设备中就经常遇到这种控制要求。

图 2-57 所示为行车运动示意图，图 2-58 所示为工厂车间里的行车常采用的位置控制电路图。在行车运行路线的两头终点处各安装一个行程开关 SQ1 和 SQ2，它们的常闭触头分别串接在正转控制电路和反转控制电路中。当安装在行车前后的挡铁 1 或挡铁 2 撞击行程开关的滚轮时，行程开关的常闭触头分断，切断控制电路，使行车自动停止。

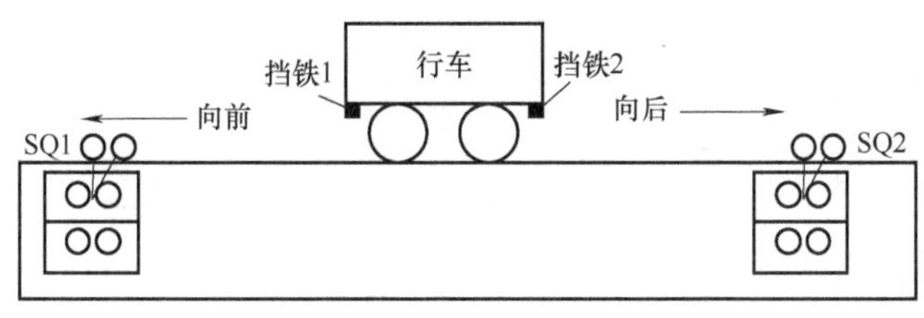

图 2-57　行车运动示意图

图 2-58 所示位置控制电路的工作原理请参照接触器联锁正反转控制电路自行分析。行车的行程和位置可以通过移动行程开关的安装位置来调节。

思考：当图 2-57 中行车上的挡铁撞击行程开关使其停止向前运动后，再次按下起动按钮 SB1，电路会不会接通行车继续前进？为什么？

注意：SQ1、SQ2 是用来作终端保护，以防止行车超过两端的极限位置而造成事故。

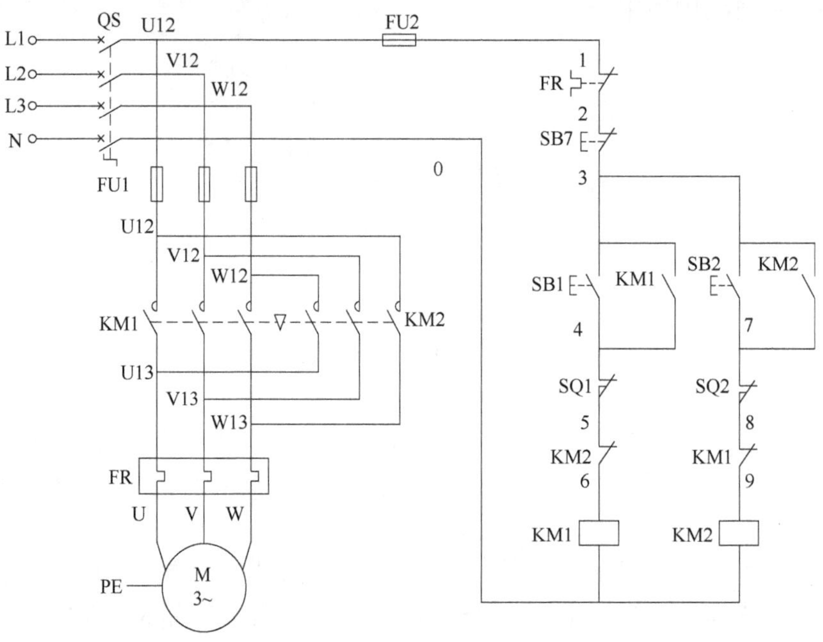

图 2-58 位置控制电路图

(2) 自动往返循环控制电路

由行程开关控制的工作台自动往返控制电路如图 2-59 所示。图 2-60 是工作台自动

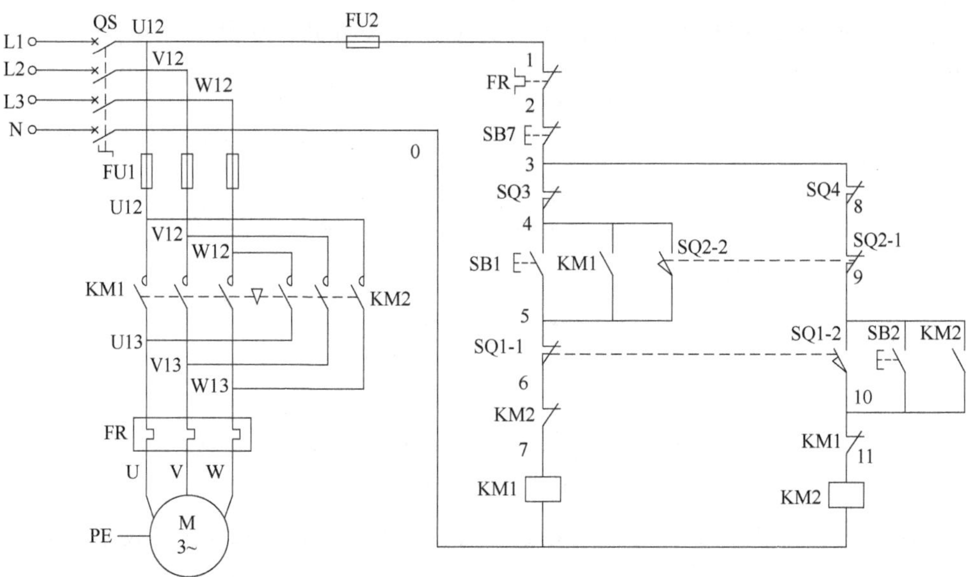

图 2-59 工作台自动往返控制电路图

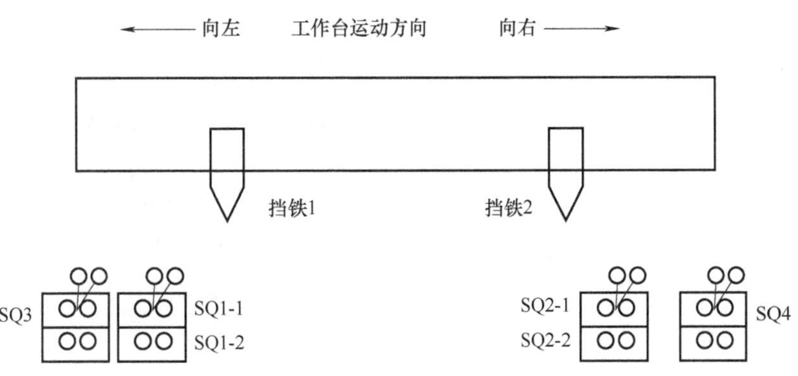

图 2-60　工作台自动往返控制示意图

往返控制示意图。

为了使电动机的正反转控制与工作台的左右运动相配合，在控制电路中设置了4个行程开关SQ1、SQ2、SQ3和SQ4，并把它们安装在工作台需要限位的地方。其中SQ1、SQ2用来自动换接电动机的正反转控制电路，实现工作台的自动往返；SQ3和SQ4用作终端保护，以防止SQ1、SQ2失灵，工作台越过限定位置而造成事故。在工作台的T型槽中装有两块挡铁，挡铁1只能和SQ1、SQ3相碰撞，挡铁2只能和SQ2、SQ4相碰撞。当工作台运动到所限位置时，挡铁碰撞行程开关，使其触头动作，自动换接电动机正反转控制电路，通过机械传动机构使工作台自动往返运动。工作台行程可通过移动挡铁位置来调节，拉开两块挡铁间的距离，行程变短，反之则变长。

任务要求

1）按下正转起动按钮SB1，接触器KM1得电，主触头闭合，电动机正转运行，工作台左移，移至位置开关SQ1处，停止左移，电动机开始反转，工作台右移，碰到SQ2时停止右移，开始左移。

2）按下反转起动按钮SB2，接触器KM2得电，主触头闭合，电动机反转运行，工作台右移，移至位置开关SQ2处，停止右移，电动机开始正转，工作台左移，碰到SQ1时停止左移，开始右移。

3）按下停止按钮SB7，工作台停止运动。

任务分析

电路的工作原理如下：接通电源，合上电源开关QS。

自动往返运动：

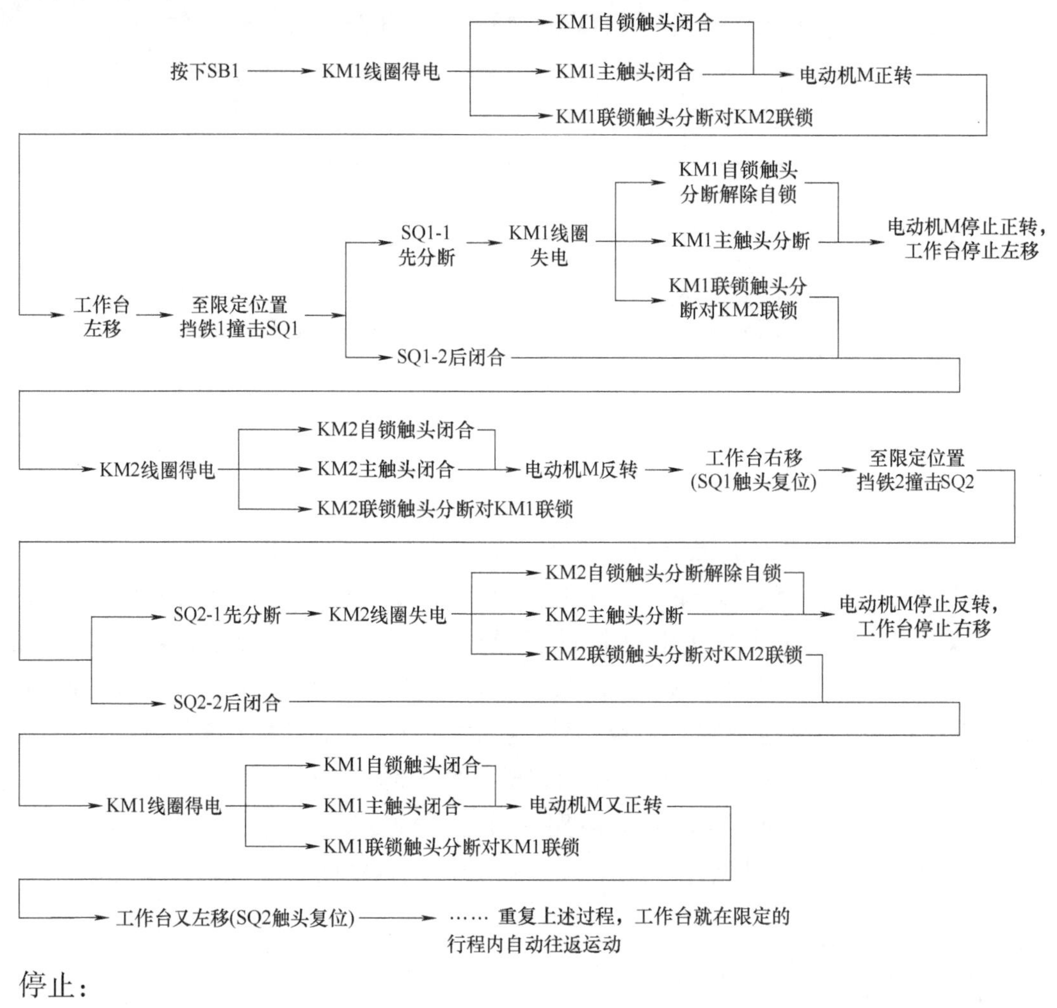

停止：

先按下停止按钮SB7 → 整个控制电路失电 → KM1(或KM2)主触头分断 → 电动机M失电停转

这里 SB1、SB2 分别作为正转起动按钮和反转起动按钮，若起动时工作台在左端，则应按下 SB2 进行起动。

注意：

1）SQ1、SQ2 是用来自动接换电动机正反转控制电路，实现工作台的自动往返行程控制。

2）SQ3、SQ4 用作终端保护，以防止 SQ1、SQ2 失灵，工作台超过两端的极限位置而造成事故。

思考 1：位置开关是如何接入电路中的？

思考 2：位置开关的两对触头分别被接入电路的什么位置？

分析电路图，总结出自动循环控制电路中位置开关的接线原则：将行程开关的常闭触头串入相对应的接触器线圈回路中，将常开触头并联在相反方向的起动按钮两端。未到限位时，限位开关不动作，只有碰撞限位开关时，常闭触头使电动机停转，常开触头

使电动机反向起动。

三种电路之间的联系：

这三种电路的主电路完全相同，控制电路联系密切，具体关系如下所示：

接触器联锁正反转控制电路 —（位置开关的常闭触头串入相对应的接触器线圈回路中）→ 位置控制电路 —（位置开关的常开触头并联在相反方向的起动按钮两端）→ 自动循环控制电路

任务实施

（1）放置主电路元件和控制电路元件

在桌面上打开 Automation Studio 6.3 Educational 软件，按照任务一的操作方法，新建一个项目，命名为“工作台自动往返控制电路”，并在该项目下，新建一个电工文档。主电路与控制电路的元器件放置方法与任务一的相同。下面重点讲解位置开关 SQ 元件的放置与连接。在该控制电路中用到了复合按钮，我们用普通的按钮以及“继电器接点”中的“按钮或开关的辅助接点，接通接点”以及“按钮或开关的辅助触头，断开接点”代替位置开关中的复合开关，放置好元器件的电路如图 2-61 所示。

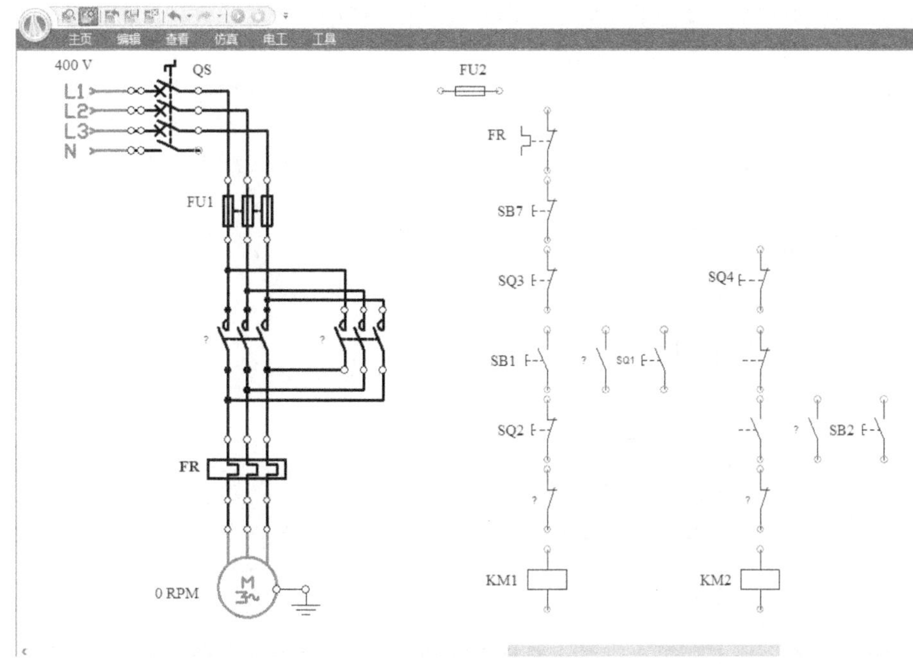

图 2-61　放置主电路与控制电路的元器件

（2）主电路与控制电路的连接

主电路采用“电力线”连接，控制电路采用“指令线”连接，中性线采用“中性线”连接。SQ1 的复合按钮之间的虚线，选择“绘图”中的“直线”，然后在“编辑”中修改为虚线，如图 2-62 所示。连接好的电路如图 2-63 所示。

（3）变量之间的关联

该处变量有 KM1 线圈与 KM1 自锁触头、KM1 互锁触头以及 KM1 主触头之间的关

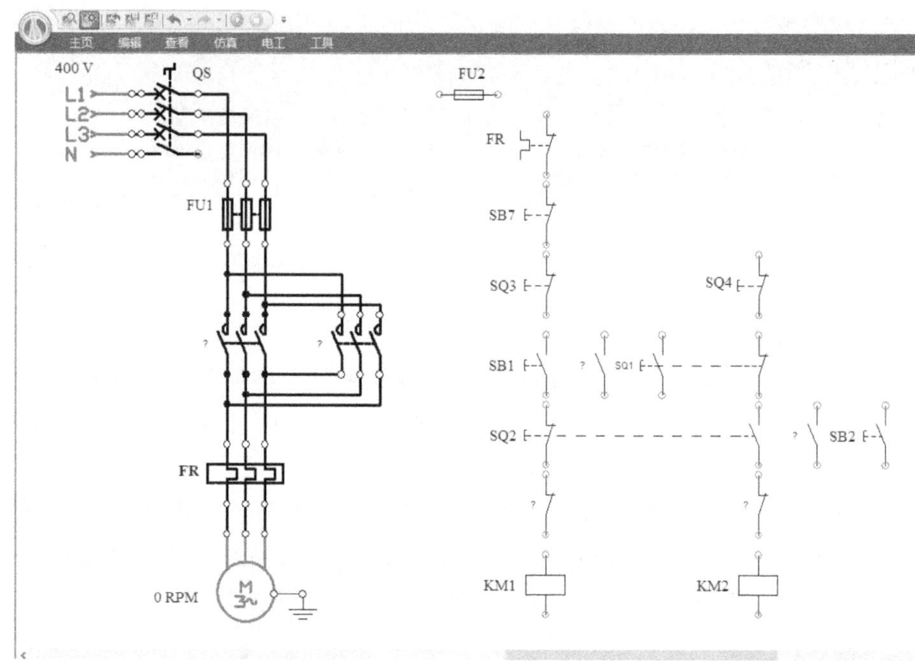

图 2-62　放置主电路与控制电路的元器件

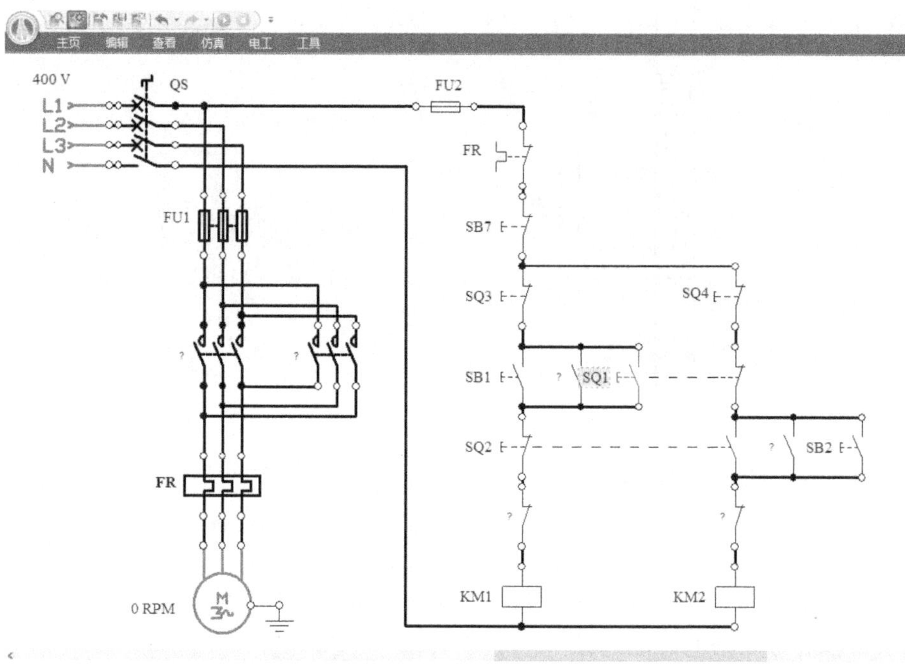

图 2-63　主电路与控制电路的连接图

联；KM2 线圈与 KM2 自锁触头、KM2 互锁触点以及 KM2 主触点之间的关联；还有 SQ1 的常闭触头与 SQ1 常开触头的关联；SQ2 的常闭触头与 SQ2 常开触头的关联，方法与任务一的相同。关联好的电路图如图 2-64 所示。

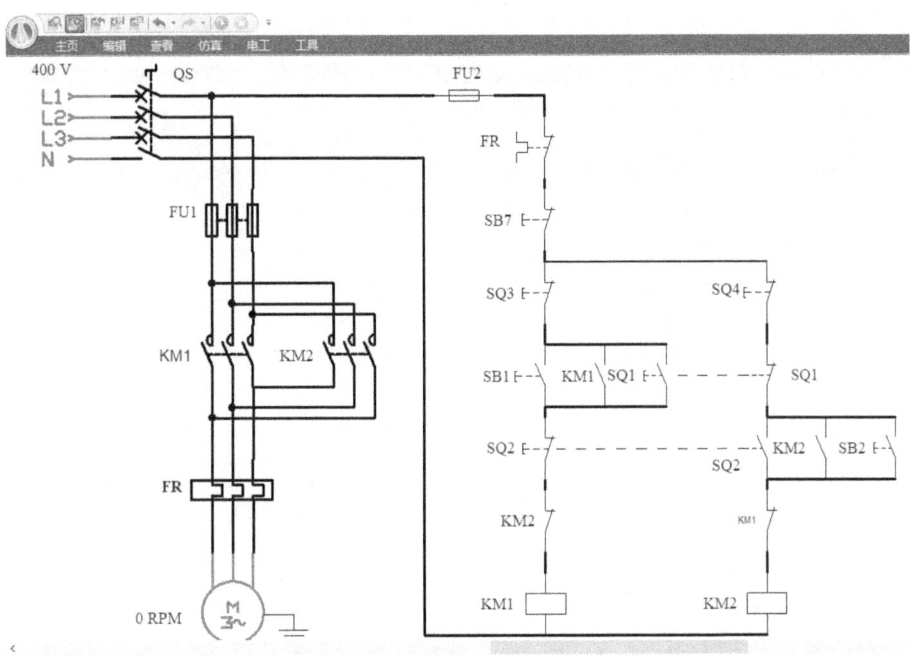

图 2-64　自动往返循环控制电路图

（4）电路的仿真

工作台右行（电动机正转），按下 SB1，KM1 主触头闭合，自锁触头闭合，常闭触头断开，电动机连续正转运行（工作台右行），如图 2-65 所示。右行到位后，触碰限位开关 SQ2，电动机反转控制电路接通（工作台左行），如图 2-66 所示。

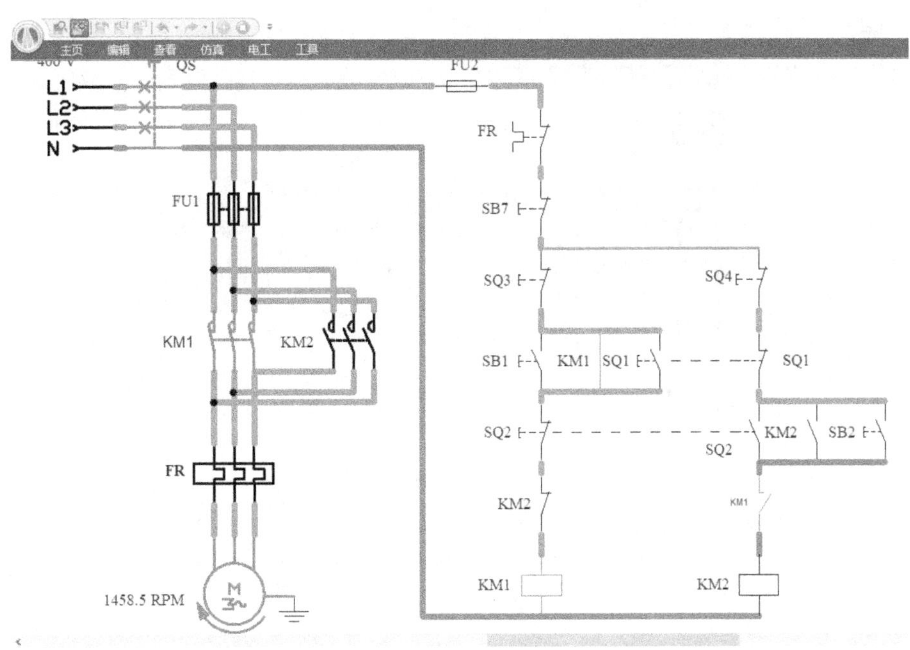

图 2-65　电动机正转（工作台右行）

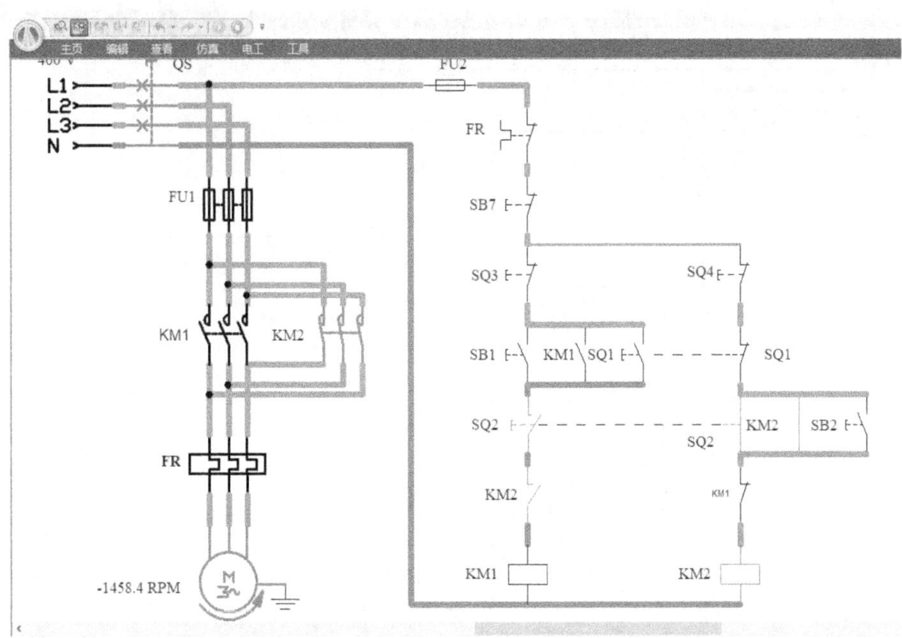

图 2-66 电动机反转（工作台左行）

左行到位后，触碰限位开关 SQ1，接通电动机正转电路（工作台右行），如此循环下去，实现工作台的自动往返循环控制，如图 2-67 所示。

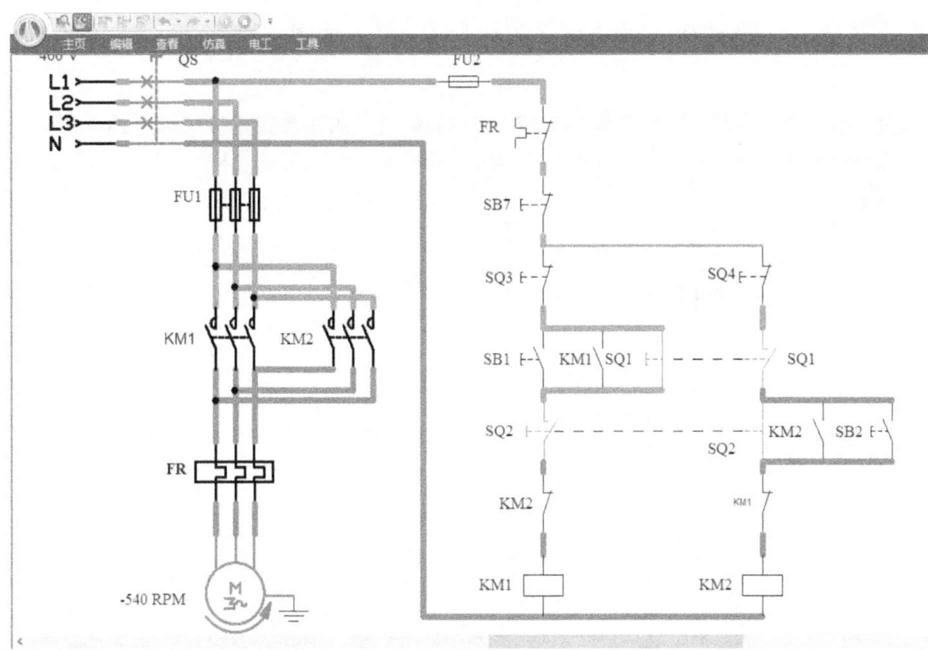

图 2-67 电动机正转（工作台右行）

当 SQ1 或 SQ2 失灵时，工作台超过两端的极限位置容易造成事故。工作台 SQ3、

SQ4 作为终端保护，使工作台快速停下来（电动机停转），如图 2-68 所示。

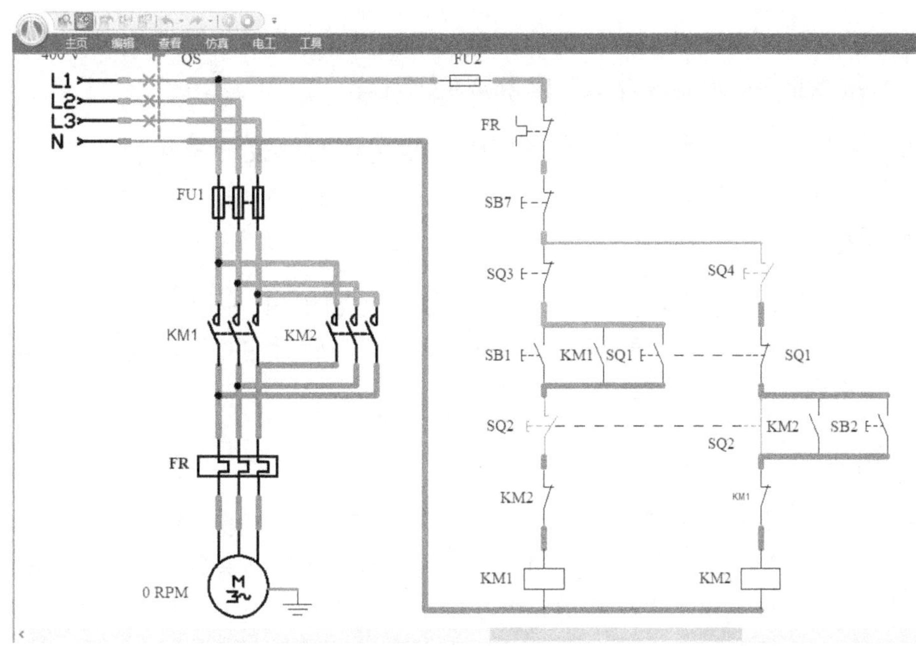

图 2-68　电动机停转仿真界面

任务评价

任务评价见表 2-5。

表 2-5　任务评价

序号	评价指标	评 价 内 容	分值	学生自评	小组互评	教师点评
1	创建工程	模板选用正确	5			
2	原理图设计绘制	主电路元器件选型正确	5			
		主电路电路连接正确	10			
		控制电路元器件选型正确	5			
		控制电路电路连接正确	10			
		组件属性设置正确	15			
3	变量关联	各元器件变量关联正确	20			
4	电路仿真	工作台左行仿真正确	10			
		工作台右行仿真正确	10			
		工作台停止运行正确	10			
总分			100			
问题记录和解决方法						

任务拓展

通电校验时，在电动机正转（工作台向左运动）时，触碰行程开关 SQ1 后，电动机不反转，且继续正转，原因是什么？应当如何处理？

（二）单处卸料运料小车自动往返 PLC 控制电路的设计与仿真

学习目标

1）掌握单处卸料运料小车自动往返 PLC 控制电路的工作原理。

2）学会使用 Automation Studio 6. 3 Educational 软件设计单处卸料运料小车自动往返的 PLC 控制电路，并完成仿真。

任务引入

运料小车是工业送料的主要设备之一，广泛应用于自动生产线、冶金、有色金属、煤矿、港口、码头等场合。各工序之间的物品常用有轨工作台来转运，工作台通常采用电动机驱动，电动机正转工作台前进，电动机反转工作台后退。我们将实际生产过程中送料工作台的自动控制过程进行简化，归纳出本次的任务描述。

任务描述

图 2-69 所示为运料工作台运行示意图。运料工作台起动运行后，首先左行，在左行至限位开关 SQ2 处，停下来装料，6s 后装料结束，工作台开始右行；工作台右行至行限位开关 SQ1 处，停下来卸料，6s 后卸料结束，再左行；左行至限位开关 SQ2 处再装料。这样循环工作，直至按下停止按钮。

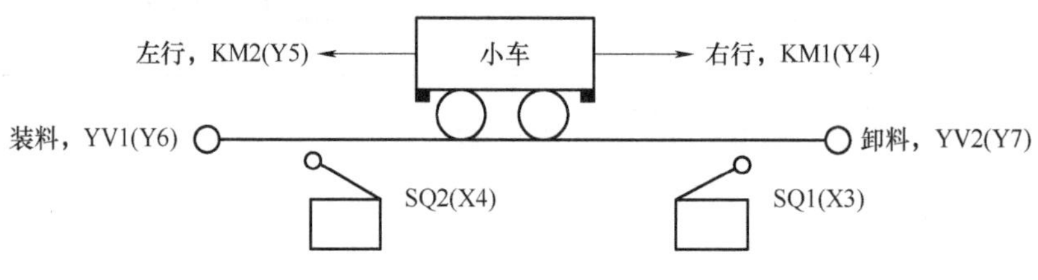

图 2-69　运料小车运行示意图

相关知识

（1）定时器 T 简介

除线圈和触点之外，PLC 最常使用的编程元件就是定时器。PLC 内拥有许多的定时器，属于字元件，定时器的地址编号用十进制表示。定时器的作用相当于一个时间继电器，有设定值和当前值，有无数个常开/常闭触点供用户编程时使用。当定时器的线圈被驱动时，定时器以增计数方式对 PLC 内的时钟脉冲（1ms、10ms、100ms）进行累积，当累积时间达到设定值时，其触点动作。定时器的元件编号见表 2-6。

表 2-6　定时器元件编号

分　类	时　基	FX3U 定时器元件编号
通用定时器	100ms	T0～T199，共 200 点
	10ms	T200～T245，共 46 点
	1ms	—
积算定时器	1ms	T246～T249，共 4 点
	10ms	T250～T255，共 6 点

（2）定时器的基本原理

定时器通过对一定周期时钟脉冲累计实现定时。当累积时间等于设定值时，定时器触点动作。

（3）当前值与设定值

定时器当前累计的时间称为当前值，根据编程需要事先设定的时间称为设定值；设定值可用常数 K 和数据寄存器 D 的内容来设置，如图 2-70 所示。

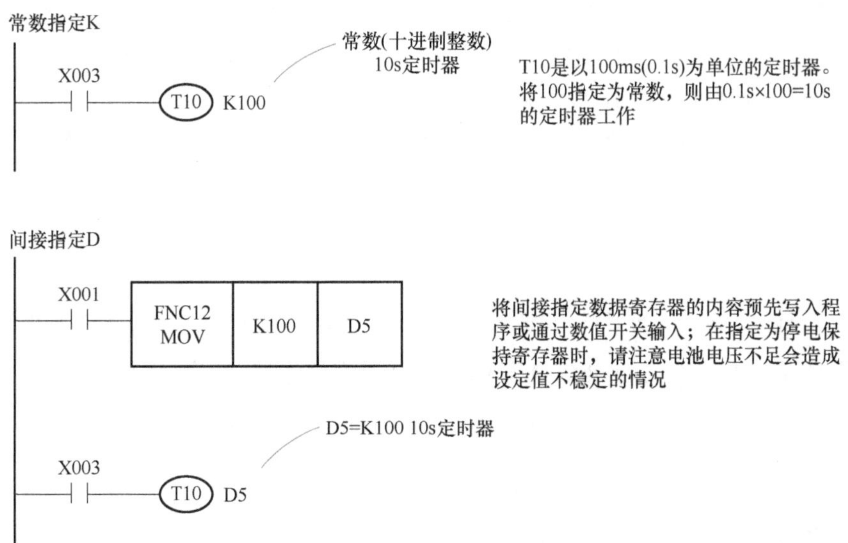

图 2-70　当前值与设定值设置方法

（4）定时器应用举例

1）通用定时器。通用定时器的梯形图与波形图如图 2-71 所示。

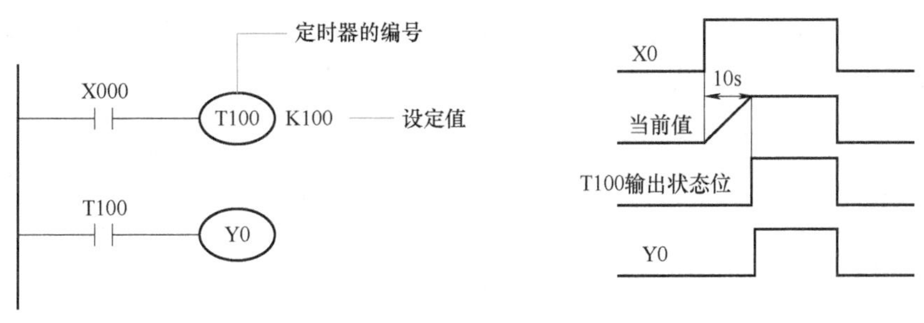

图 2-71　通用定时器的梯形图与波形图

2）积算定时器。积算定时器的梯形图与波形图如图 2-72 所示。

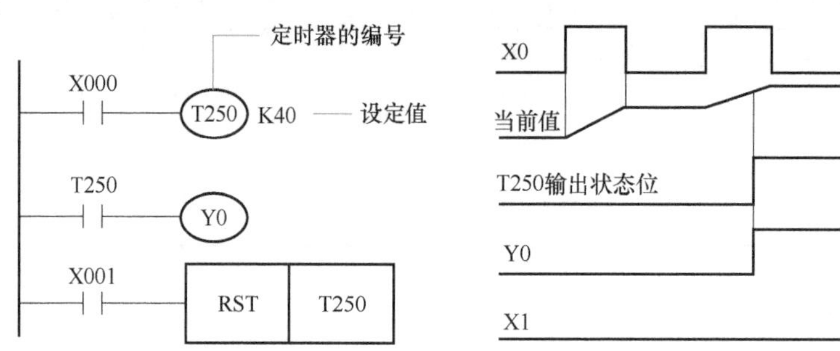

图 2-72　积算定时器的梯形图与波形图

任务要求

本任务以实际自动化生产车间工作台自动装卸料为背景来设计。先了解一下实际生产过程中送料工作台的自动装卸料过程：当生产工位需要物料时，用料工位的工人按下起动按钮，发出呼车信号，此时工作台前行，当到达指定地点的限位开关时工作台停车，PLC 控制装料侧的扳机开始推料，计时 6s 后装料完成，然后工作台返回，到达呼车工位的限位开关时工作台停止，并开始卸料，6s 后卸料完成。之后工作台进入下一个循环……

任务分析

根据前一任务学习过的 PLC 控制三相异步电动机的正反转运行的过程进行思考：

思考 1：工作台的自动往返与电动机正反转的关系？

思考 2：在 PLC 控制中，限位开关要实现几个动作？根据控制要求，分析当工作台右行至限位开关 SQ2 处时，限位开关有几个动作？

思考 3：定时器 T 如何动作？

在本任务中使用定时器 T37 和 T38 分别完成装料和卸料的计时。为了使工作台能够自动起动，将控制装料、卸料计时的计时器 T37 和 T38 的延时闭合常开触点分别与手动起动的正转和反转起动按钮 SB1、SB2 以及右行、左行输入继电器 X0、X1 的常开触点相并联。

用两个限位开关 SQ1、SQ2 控制输入继电器 X3、X4 的常开触点分别控制卸料、装料电磁阀及其计数器。为了使工作台能够自动停止，将停止按钮 SB7 的输入继电器 X2 的常开触点分别串入 Y4 和 Y5 的线圈回路。

任务实施

1）确定 PLC 输入/输出地址分配表。单处卸料运料小车自动往返控制的 PLC 输入/输出地址分配表见表 2-7。

表 2-7　单处卸料运料小车自动往返控制的 PLC 输入/输出地址分配表

输入继电器	输入点	输出继电器	输出点
正转起动按钮 SB1	X0	正转接触器 KM1	Y4
反转起动按钮 SB2	X1	反转接触器 KM2	Y5
停止按钮 SB7（常开）	X2	装料电磁阀 YV1	Y6
限位开关 SQ1	X3	卸料电磁阀 YV2	Y7
限位开关 SQ2	X4		

2）使用 Automation Studio 6. 3 Educational 软件绘制电动机可逆运行主电路和 PLC 输入/输出控制电路的接线图，如图 2-73 所示。

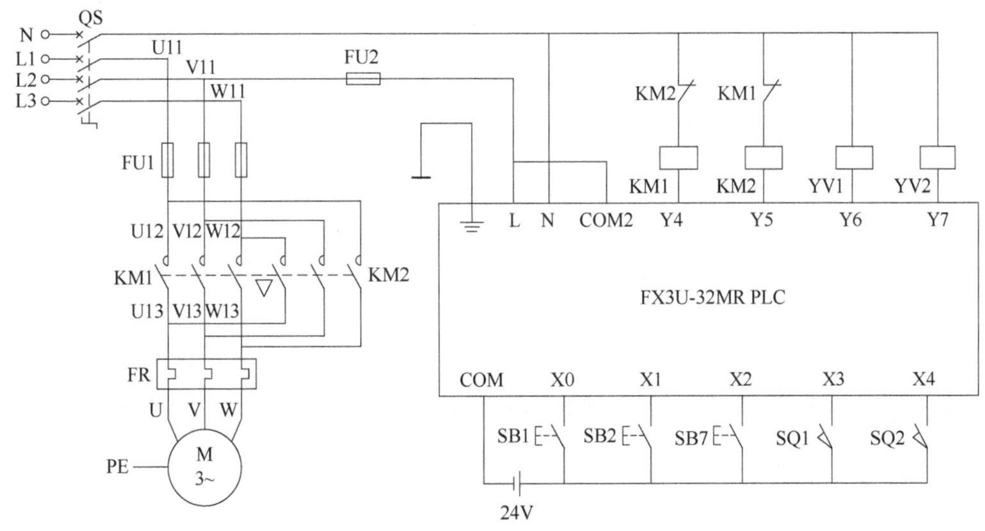

图 2-73　工作台自动往返控制电路

从图 2-73 可以看出，工作台自动往返控制电路主电路部分在任务二已经绘制过，若要完成该电路，只要在软件中完成 PLC 控制电路部分的连接即可。

① 放置 PLC 控制电路的元器件。在桌面上打开 Automation Studio 6. 3 Educational 软件，新建一个项目，命名为“单处卸料运料小车自动往返的 PLC 控制”，并在该项目下，新建一个电工文档。主电路元件放置方法与前述任务相同，下面我们来放置 PLC 控制电路的元件。首先从库资源管理器的“MTSUBISHI FX2N”中拖出“FX3U-32MR”型号的 PLC，如图 2-74 所示。

然后在库资源管理器中“电气工程（IEC 标准）”中的“辅助电路组件”中放置“接通接点按钮”SB1、SB2 与 SB7，放置 SQ1、SQ2 限位开关（用按钮代替）；在主电路组件中选择“电源”中的“原电池，二次电池组”，为输入端提供 24V 电源；选择“电源”中的“交流电源”放置在输出端，为接触器线圈提供 220V 交流电源；在“辅助电路组件”中选择“AC/DC 接触器线圈”标注为 KM1 和 KM2；在“信号设备”中选

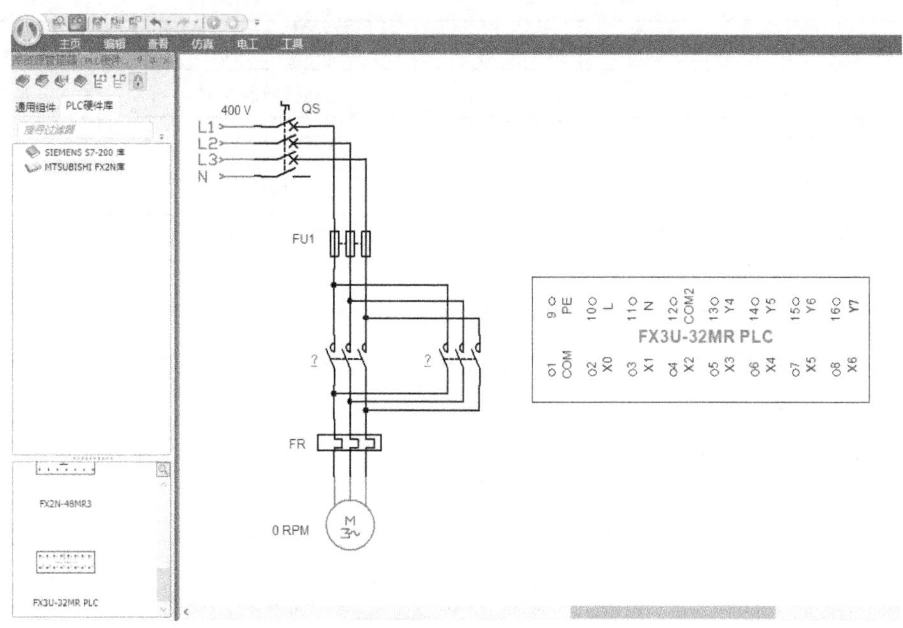

图 2-74　放置 FX3U-32MR 型号的 PLC 元器件

择“灯”，标注为“YV1”与“YV2”；在“线路和连接”中选择“参考连接”放置接地点 PE。放置好元器件的界面如图 2-75 所示。

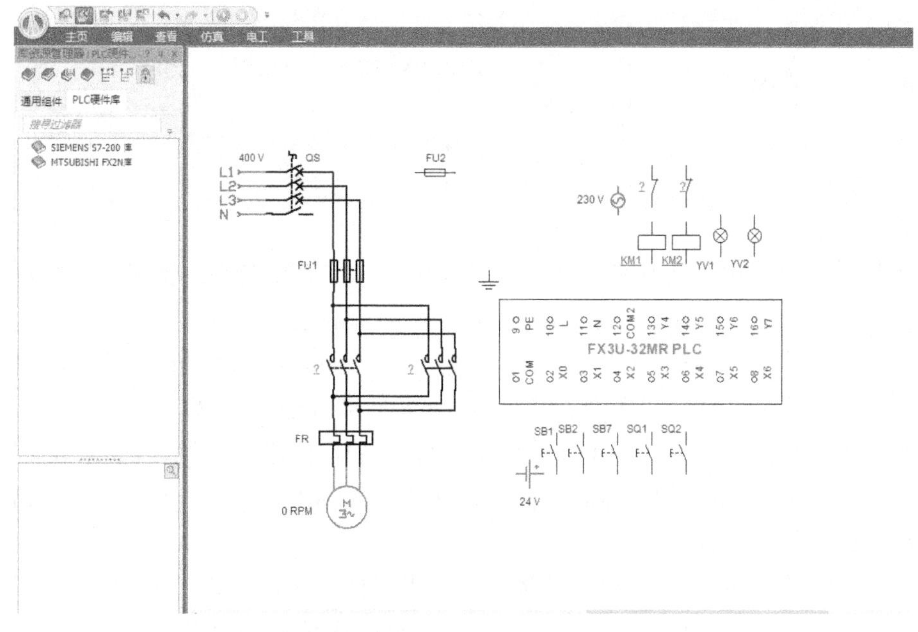

图 2-75　放置 PLC 侧的元器件界面

② PLC 控制电路的连接与变量关联。元器件放置以及电路连接在此不再赘述。连接好的电路如图 2-76 所示。

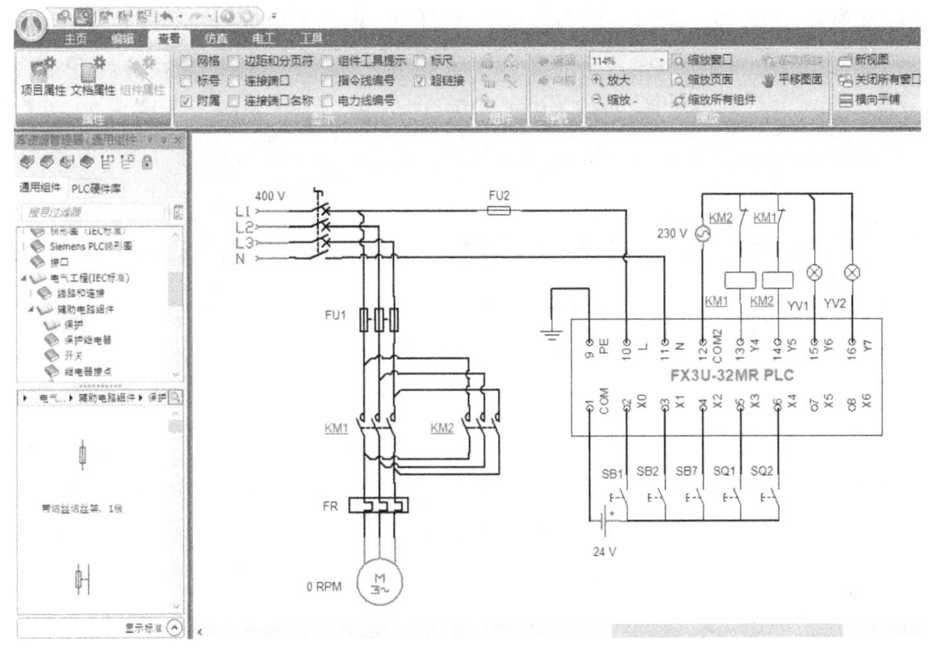

图 2-76　单处卸料运料小车自动往返的 PLC 的连接图

PLC 控制电路的连接采用的是“指令线”。注意 PLC 侧 L 与 N 取自主电路部分。

下面使用 Automation Studio 6.3 Educational 软件来编写 PLC 的梯形图。单击“文档”新建一个“标准图”，然后在“梯形图（IEC 标准）”组件中分别拖放“梯级”“接点”和“线圈”如图 2-77 所示。在“梯形图（IEC 标准）”组件中选择“定时器”，拖动“打开延时定时器（TON）”放置到梯形图中。将定时器的计时时间改为 6s，双击定时器，打开“组件属性”对话框，在“时基”中选择“1s”；在“技术-控制”中，将 PT 的值改为“6”即可。

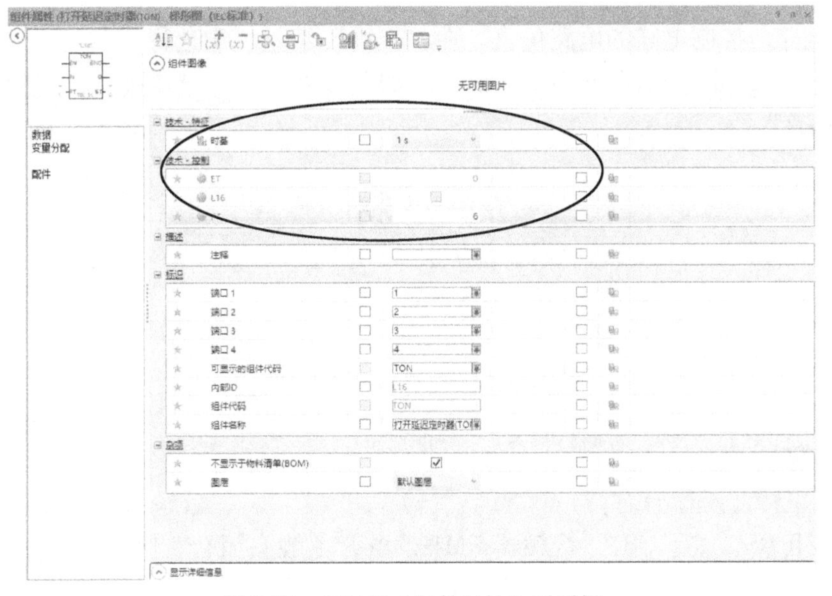

图 2-77　定时器“组件属性”对话框

③ 梯形图与原理图之间的变量连接。本任务变量之间的关联与“接触器正反转PLC控制”方法相同，都是在“组件属性”对话框中双击右侧的兼容仿真变量，将其添加到下方的关联窗口中。依据同样的方式，关联所需的各个变量，关联好的PLC梯形图如图2-78所示。

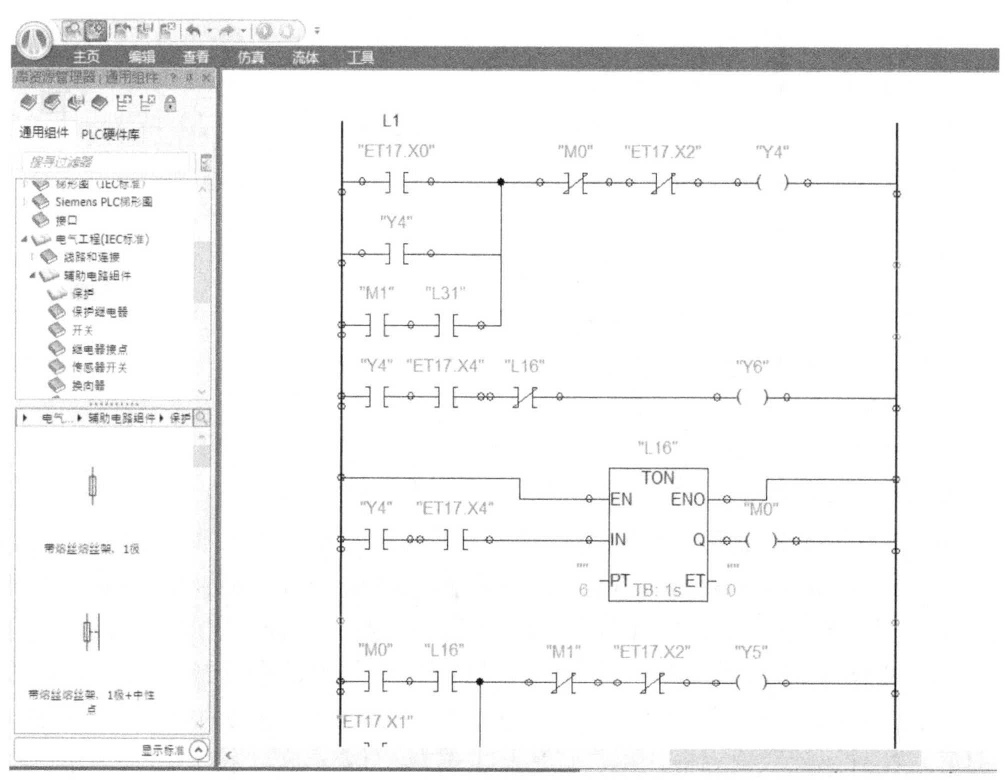

图2-78　单处卸料运料小车自动往返的PLC梯形图

④ 主电路与控制电路的电路仿真。在“查看”菜单栏中选择“垂直平铺”，将电路原理图与PLC梯形图显示在同一个平面上，如图2-79所示。然后选择“仿真”菜单中的“正常仿真”。

图2-79　电路原理图与PLC梯形图垂直平铺

仿真步骤如下：

电动机正转（工作台右行）：

首先合上QS，按下SB1，接触器KM1得电，主触头闭合，电动机正转运行，直至右行到位，工作台右行仿真界面如图2-80所示，梯形图仿真界面如图2-81所示。

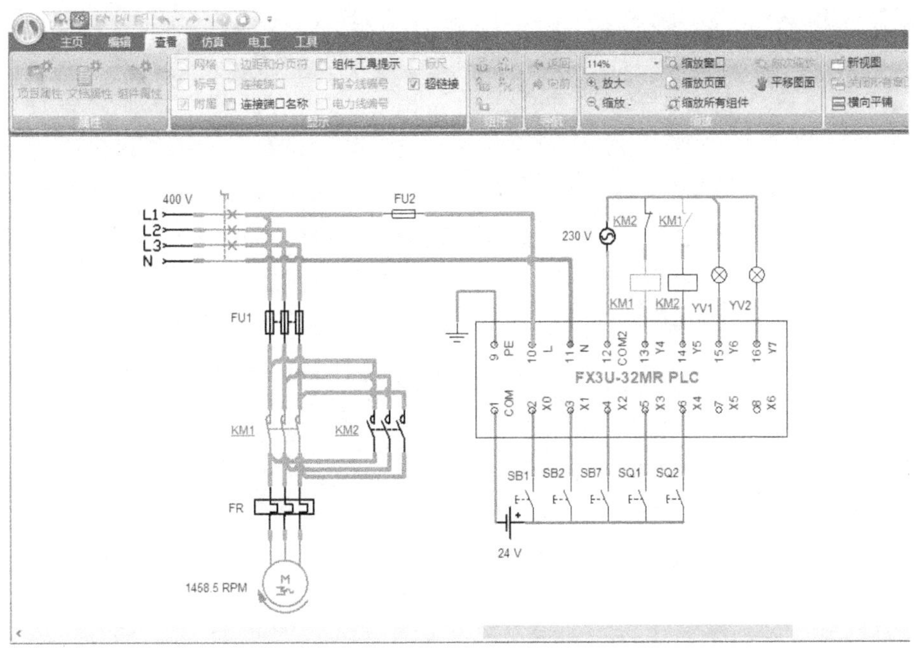

图 2-80　工作台右行仿真界面

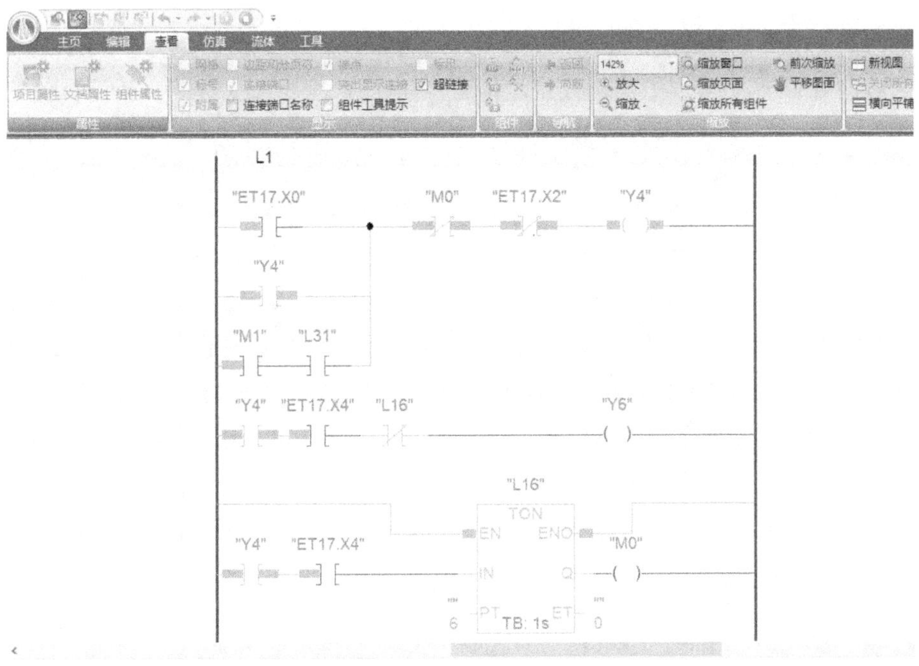

图 2-81　工作台右行梯形图仿真界面

碰到限位开关 SQ2 后，YV1 指示灯亮，并且定时器 L16 计时 6s，工作台装料计时仿真界面如图 2-82 所示，梯形图仿真界面如图 2-83 所示。

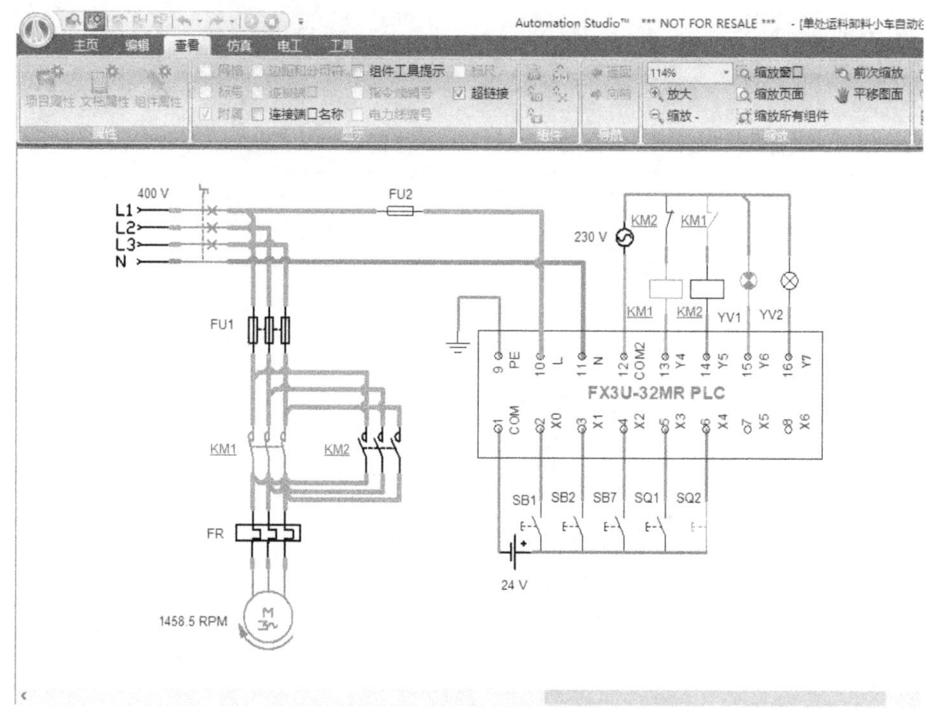

图 2-82　工作台装料计时仿真界面

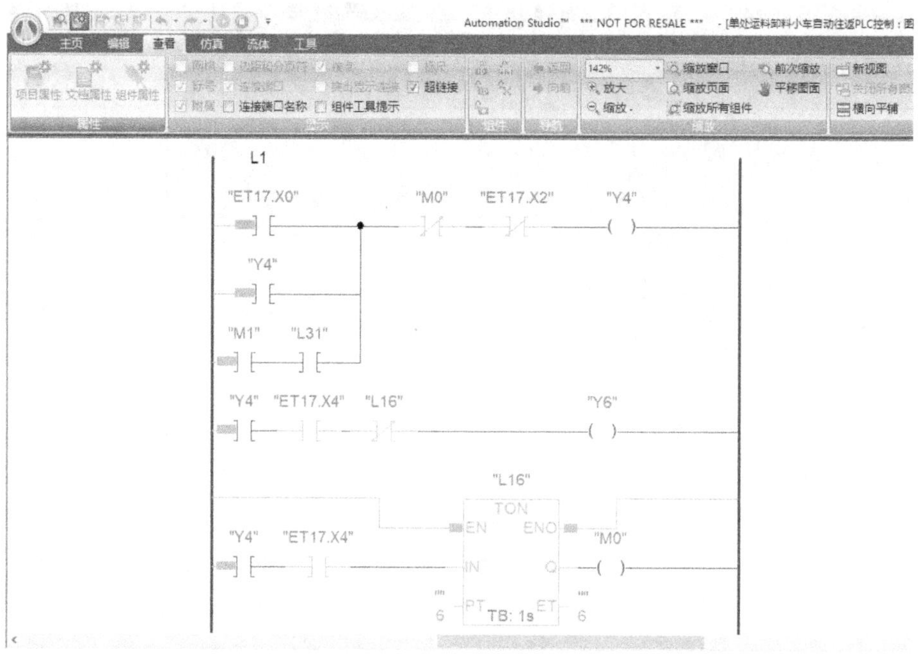

图 2-83　工作台装料计时梯形图仿真界面

定时器计时 6s 后，断开 YV1，同时接通反转控制电路，工作台开始左行，工作台左行仿真界面如图 2-84 所示，梯形图仿真界面如图 2-85 所示。

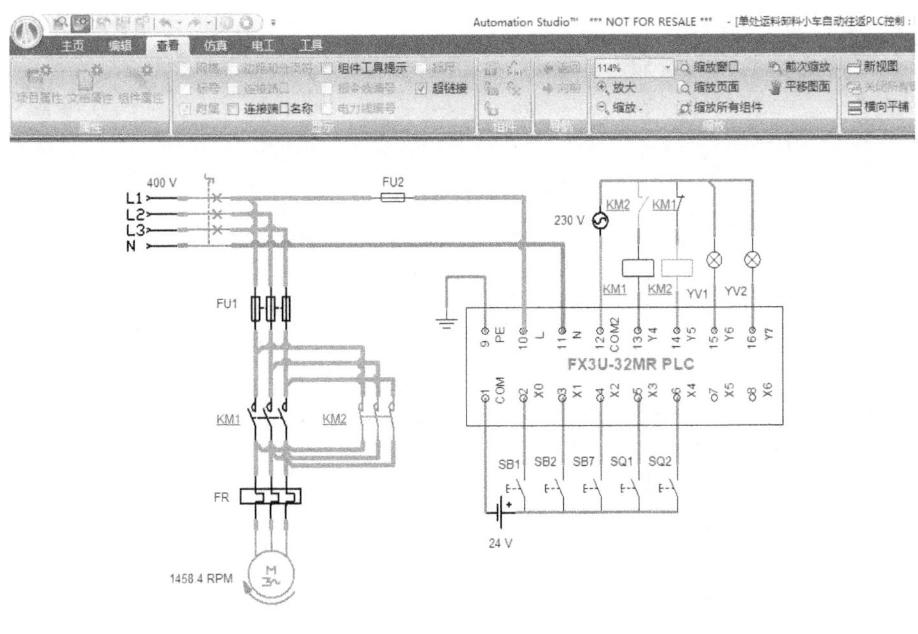

图 2-84　工作台左行仿真界面

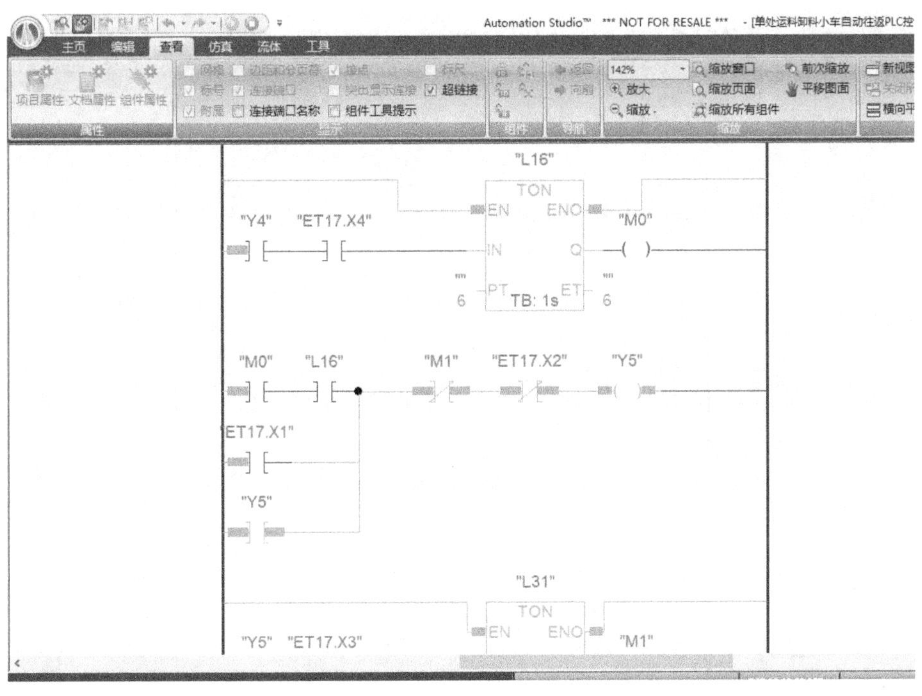

图 2-85　工作台左行梯形图仿真界面

左行到位碰到限位开关 SQ1 后，YV2 指示灯亮，同时开始计时 6s 后，又开始循环左行。工作台卸料计时仿真界面如图 2-86 所示，梯形图仿真界面如图 2-87 所示。

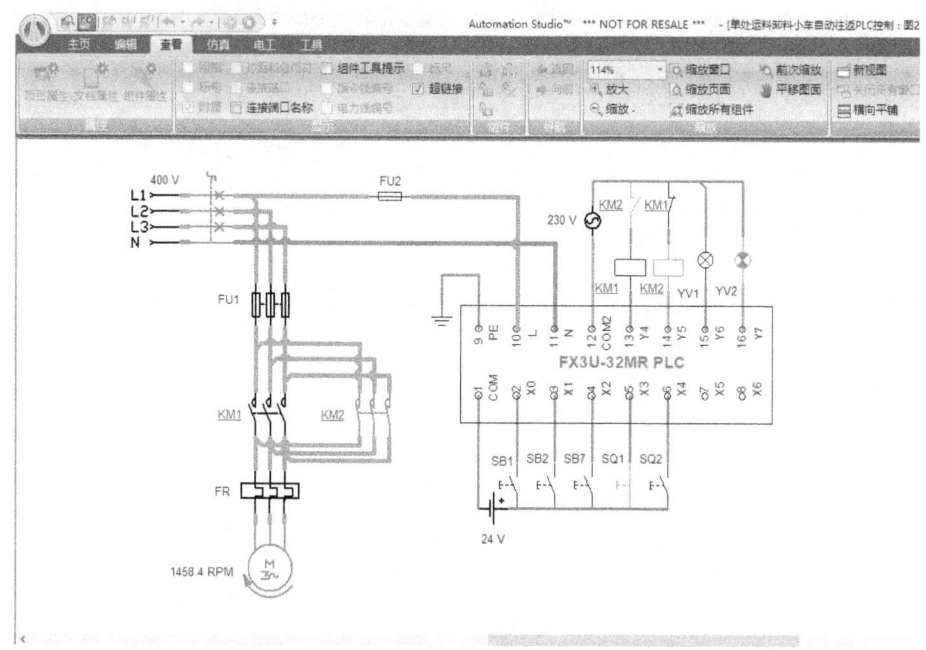

图 2-86　工作台卸料计时仿真界面

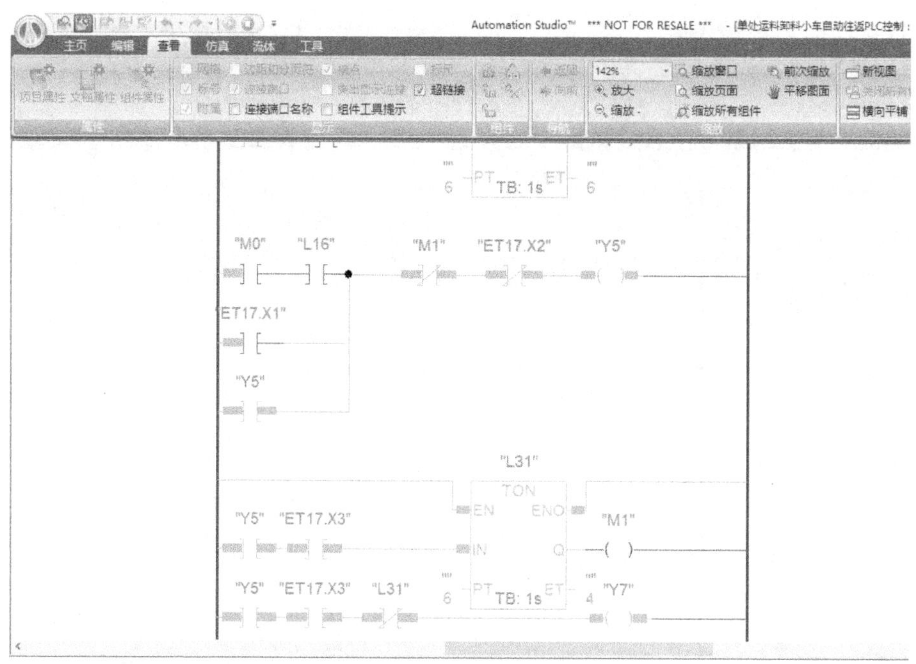

图 2-87　工作台卸料计时梯形图仿真界面

电动机停止：

按下停止按钮 SB7，工作台左行或右行接触器 KM1、KM2 全部失电，各自的主触点恢复到原来的常开状态，电动机停止运行，如图 2-88 所示。最后断开断路器 QS 即可。

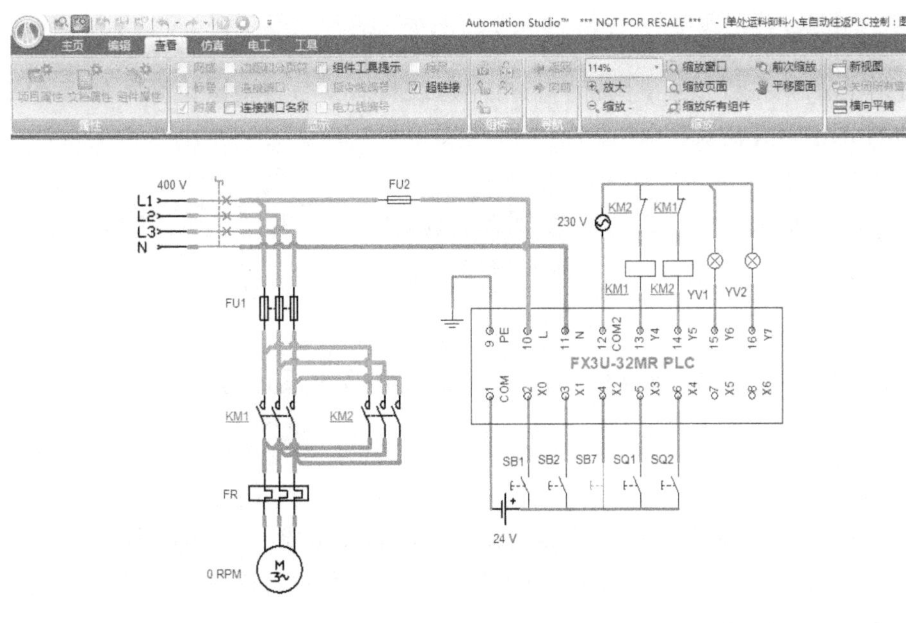

图 2-88　电动机停止运行仿真界

任务评价

任务评价见表 2-8。

表 2-8　任务评价

序号	评价指标	评 价 内 容	分值	学生自评	小组互评	教师点评
1	创建工程	模板选用正确	5			
2	原理图设计绘制	电路元器件选型正确	10			
		电路连接正确	10			
		组件属性设置正确	5			
3	PLC 梯形图绘制	PLC 梯形图模板选用正确	10			
		梯形图触点与线圈放置正确	10			
4	变量关联	原理图各元器件变量关联正确	10			
		原理图与梯形图变量关联正确	10			
5	电路仿真	小车左行装料运行仿真正确	15			
		小车右行卸料运行仿真正确	15			
总分			100			
问题记录和解决方法						

任务拓展

两处卸料运料工作台的 PLC 控制：在单处卸料系统的基础上，增加一处中间卸料，即起动工作台后，右行先到中间卸料，再左行装料后，右行至限位开关处卸料，如此反复。试设计该电路并仿真实现。

任务三　三相异步电动机减压起动控制电路的设计与仿真

（一）时间继电器自动控制Y-△减压起动电路的设计与仿真

学习目标

1）掌握时间继电器自动控制Y-△减压起动电路的组成与工作原理。

2）学会使用 Automation Studio 6.3 Educational 软件设计时间继电器自动控制Y-△减压起动电路，并完成仿真。

任务引入

仔细回顾一下，前面学习的各种控制电路在起动时，加在电动机定子绕组上的电压是否等于电动机的额定电压？

起动时加在电动机定子绕组上的电压为电动机的额定电压，属于全压起动，也叫直接起动。直接起动的优点是所用电气设备少、电路简单、维修量较小。但是直接起动电流较大，一般为额定电流的 4~7 倍。在电源变压器容量不够大，而电动机功率较大的情况下，直接起动将导致电源变压器输出电压下降，不仅会减小电动机本身的起动转矩，而且会影响同一供电电路中其他电气设备的正常工作。因此较大容量的电动机起动时，需要采用减压起动的方法。

通常规定：电源容量在 180kV · A 以上，电动机容量在 7kW 以下的三相异步电动机可采用直接起动。

判断一台电动机能否直接起动，还可以用下面的经验公式来确定：

$$\frac{I_{st}}{I_N} \ll \frac{3}{4} + \frac{S}{4P}$$

式中　I_{st}——电动机全压起动电流（A）；

I_N——电动机额定电流（A）；

S——电源变压器容量（kV · A）；

P——电动机功率（kW）。

凡不满足直接起动条件的，均须采用减压起动。

相关知识

（1）减压起动

减压起动是指利用起动设备将电压适当降低后，加到电动机定子绕组上进行起动，待电动机起动运转后，再使其电压恢复到额定电压正常运转。

由于电流随电压的降低而减小，所以减压起动达到了减小起动电流的目的。但是，由于电动机的转矩与电压的平方成正比，所以减压起动也将导致电动机的起动转矩大为降低。因此，减压起动需要在空载或轻载下进行。

常见的减压起动的方法有定子绕组串接电阻减压起动、自耦变压器减压起动、Y-△减压起动、延边三角形减压起动等。

（2）时间继电器自动控制Y-△减压起动控制电路

Y-△减压起动是指电动机起动时，定子绕组采用Y联结，运行时，绕组采用△联结，由于△联结时加在每个绕组上的电压是Y联结的 3 倍，所以采用Y-△起动方式可以减小起动电流。Y-△起动控制有多种方式，其中时间原则控制电路结构简单、容易实现、实际使用效果也好、应用比较广泛。按时间原则实现的控制电路如图 2-89 所示。起动时通过 KM 和 KM_Y将电动机定子绕组接成星联结，加在电动机每相绕组上的电压为额定电压的 $1/\sqrt{3}$，起动电流为△联结的 1/3，起动转矩也只有△联结的 1/3，从而减小了起动电流。待起动后按预先整定的时间将 KM_Y断开，$KM_\triangle$闭合，电动机定子绕组换成△联结，使电动机在额定电压下运行。

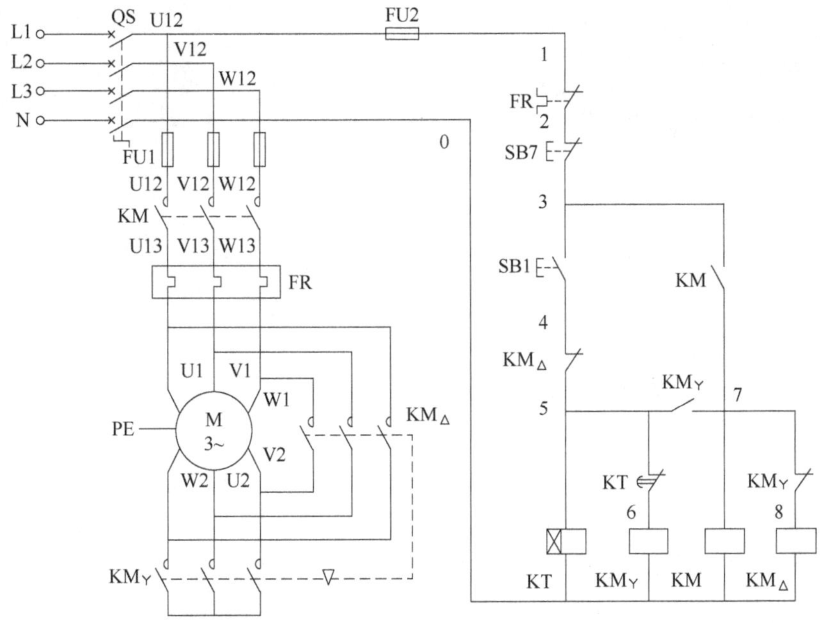

图 2-89　时间继电器自动控制Y-△减压起动电路图

该电路由三个接触器、一个热继电器、一个时间继电器和两个按钮组成。接触器

KM 用作电源引入，接触器 KM_{Y}和 $KM_{\triangle}$分别用作Y联结减压起动和△联结运行，时间继电器 KT 用作Y联结减压起动时间和完成Y-△自动切换，SB1 是起动按钮，SB7 是停止按钮，FU1 用作主电路的短路保护，FU2 用作控制电路的短路保护，FR 用作过载保护。

（3）电动机定子绕组Y、△联结的实现

电动机定子绕组端子排Y、△联结如图 2-90 所示。

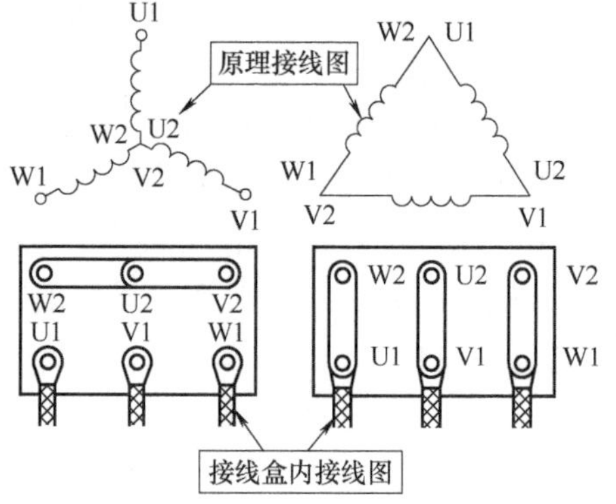

a) 绕组Y联结　　b) 绕组△联结

图 2-90　电动机接线排

（4）时间继电器

当感测机构接收到外界动作信号，经过一段时间延时后触头才动作的继电器，称为时间继电器。时间继电器是一种利用电磁原理或机械动作原理实现触头延时接通和断开的自动控制电器。用于需要按时间顺序进行控制的电气控制电路中。时间继电器的外形如图 2-91 所示。

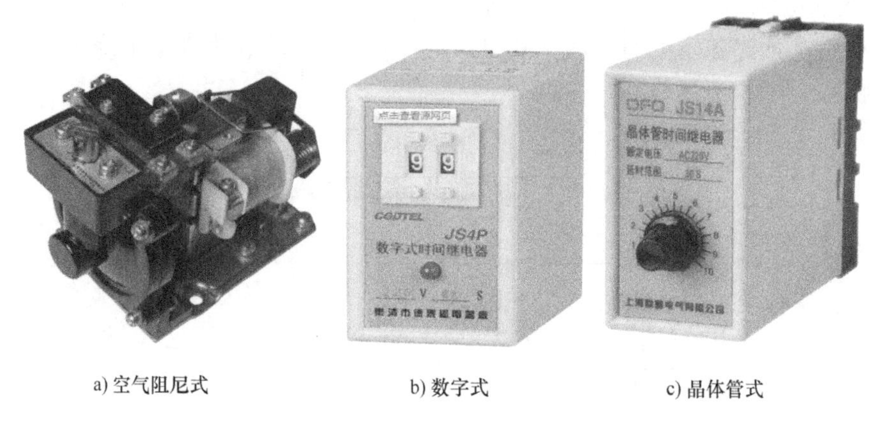

a) 空气阻尼式　　b) 数字式　　c) 晶体管式

图 2-91　时间继电器的外形图

时间继电器按动作原理可分为电磁式、空气阻尼式、电动式和电子式；按延时方式可分为通电延时和断电延时两种。

电磁式时间继电器结构简单、价格低廉、单体积和重量较大、延时较短，它利用电磁阻尼来产生延时，只能用于直流断电延时，主要用于配电系统。电动式时间继电器精度高、延时可调范围大，但结构复杂、价格贵。空气阻尼式时间继电器延时精度不高、价格便宜、整定方便。晶体管式时间继电器结构简单、延时长、精度高、消耗功率小、调整方便及寿命长。时间继电器的文字符号为 KT，各种常开触头、常闭触头的符号比较复杂，如图 2-92 所示。线圈的符号也分为通电延时和断电延时两种。

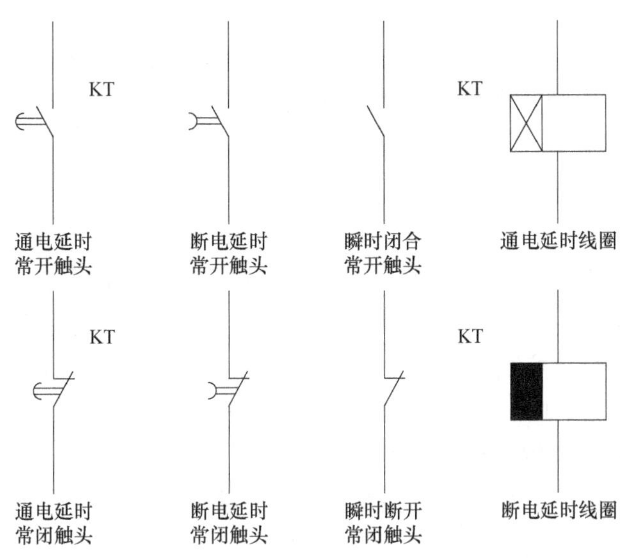

图 2-92　时间继电器触头和线圈的符号

任务要求

按下起动按钮 SB1，电动机以Y联结起动，延时 3s 后解除，以△联结运行，按下停止按钮 SB7 后，电动机停止。

任务分析

电路的工作原理如下：接通电源，合上电源开关 QS。

减压起动：

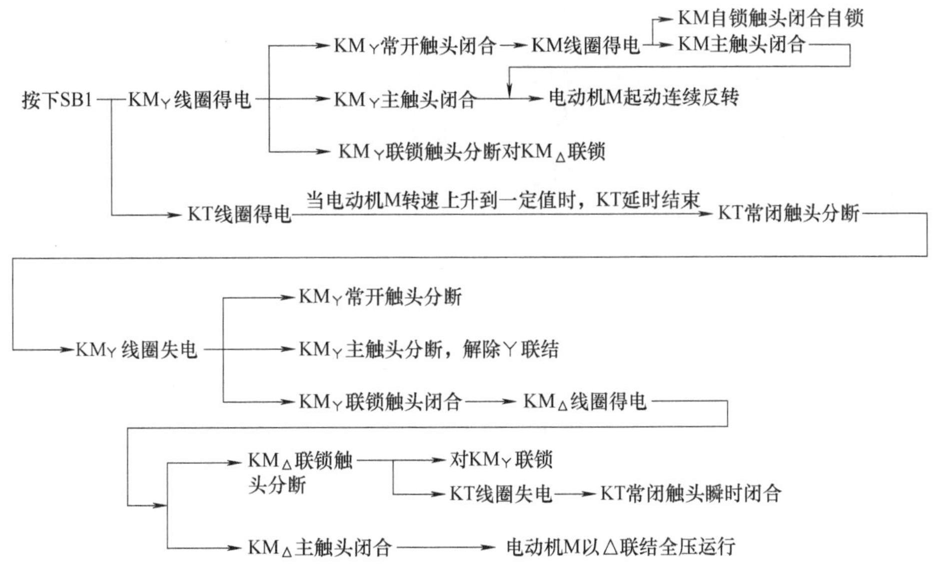

停止时，按下停止按钮 SB7 即可。

该电路中，接触器 $\mathrm{KM_Y}$得电以后，通过 $\mathrm{KM_Y}$的辅助常开触头使接触器 KM 得电动作，这样 $\mathrm{KM_Y}$的主触头是在无负载的条件下进行闭合的，故可以延长接触器 $\mathrm{KM_Y}$主触头的使用寿命。

任务实施

在桌面上打开 Automation Studio 6.3 Educational 软件，按照任务一的操作方法，新建一个项目，命名为“时间继电器自动控制Y-△减压起动电路”，并在该项目下，新建一个电工文档。主电路与控制电路的部分元器件的放置方法与前面任务相同，本任务增添了时间继电器 KT 以及 KT 的延时闭合接点。下面在控制电路中放置 KT。

（1）在控制电路中放置 KT 线圈及其延时触头。

在“电气工程（IEC 标准）”下选择“辅助电路组件”中的“继电器线圈”，选择“缓慢运行继电器 AC/DC 的继电器线圈”，如图 2-93 所示。将其拖动到电工图中，在弹出的“修改变量”对话框中，将别名修改为“KT”，如图 2-94 所示。然后单击右下角的“√”，即将线圈名称修改为“KT”。双击 KT 线圈，打开“组件属性”对话框，如图 2-95 所示。在左侧选择“数据”，在“技术-特征”中“操作延迟”后的方框中打“√”，选择“ms”。此处 KT 的延时时间为 30ms，然后关闭对话框即可。然后选择“辅助电路组件”中的“继电器接点”，选择“断开接点，当装置饱和的接点闭合时延时”，如图 2-96 所示。

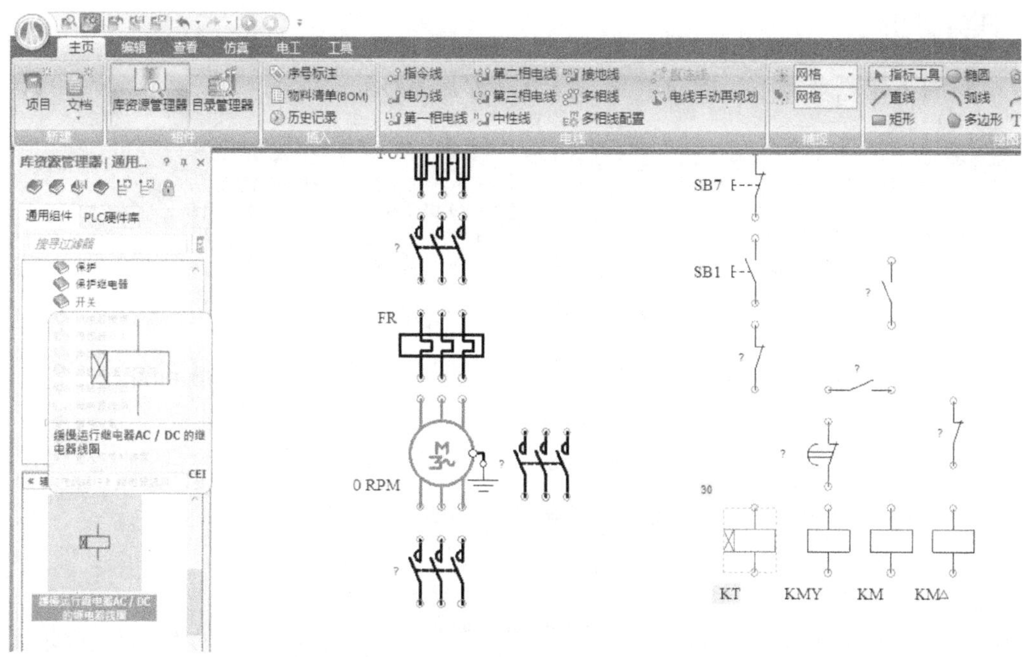

图 2-93　控制电路 KT 线圈放置界面

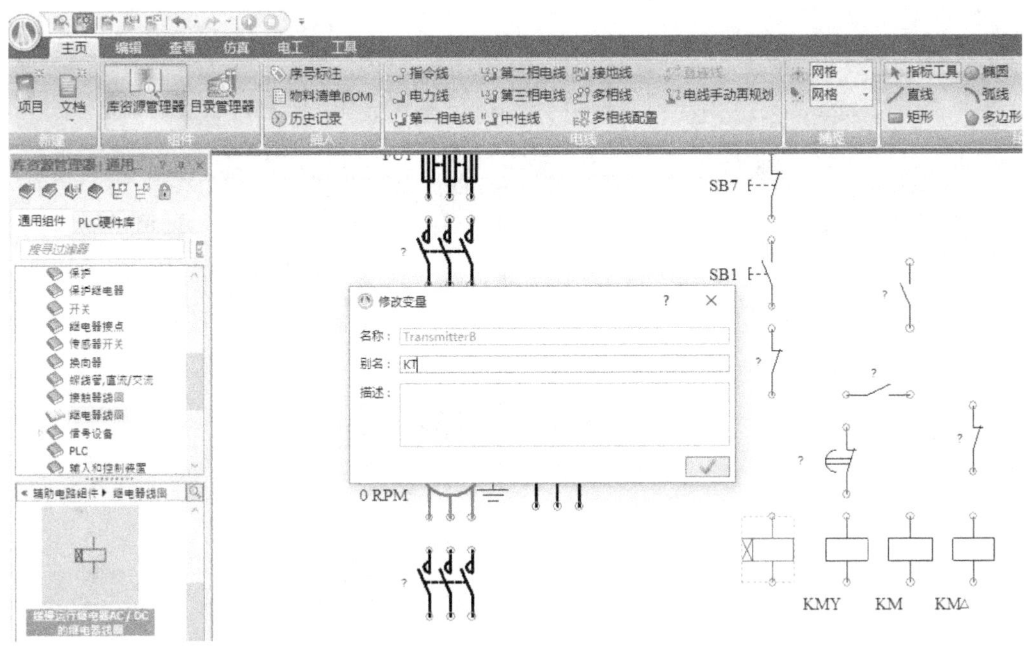

图 2-94　KT 变量修改界面

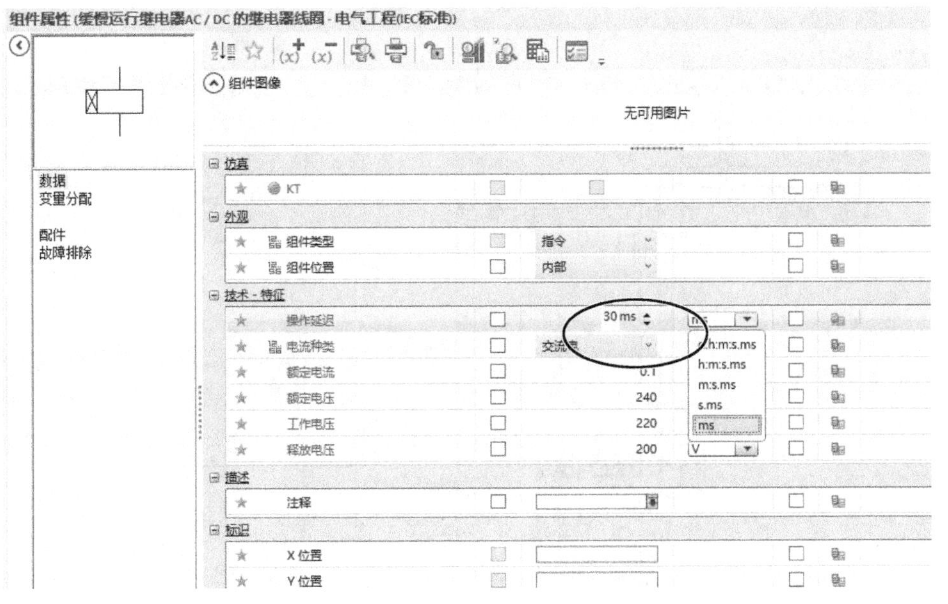

图 2-95　KT“组件属性”设置窗口

（2）主电路与控制电路的连接

连接主电路时使用“电力线”，控制电路的连接使用“指令线”，“N”即中性线的连接使用“中性线”。需要注意的是，当电动机采用△联结时，接触器 $KM_{\triangle}$ 需要首尾相接，即 U1 与 W2 相连，V1 与 U2 相连，W1 与 V2 相连。连接好的电路如图 2-97 所示。

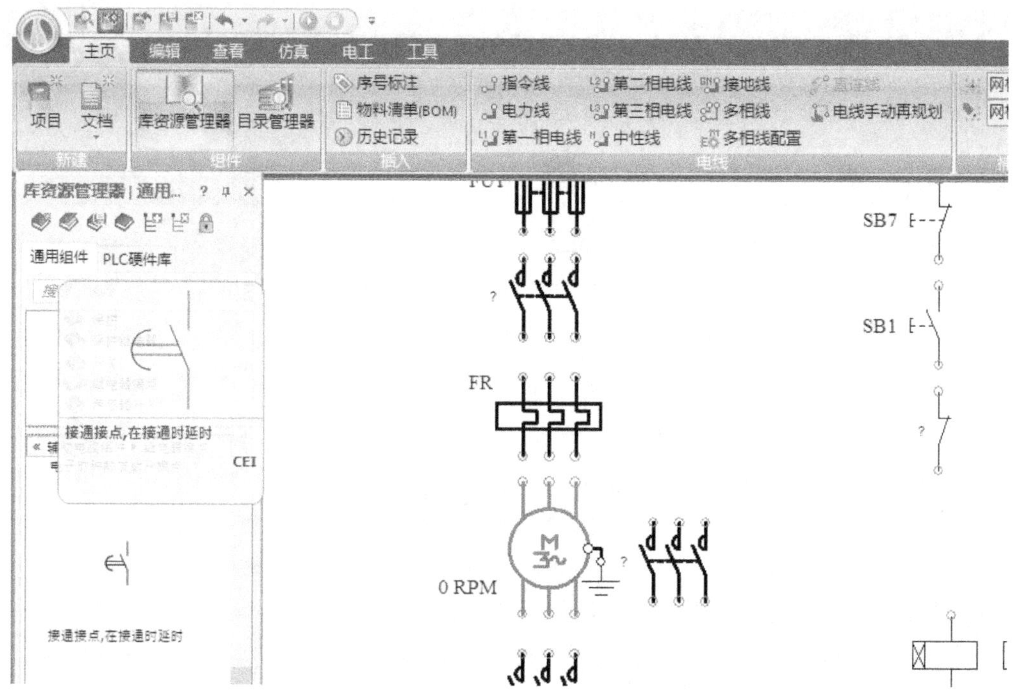

图 2-96　KT 延时断开接点选择界面

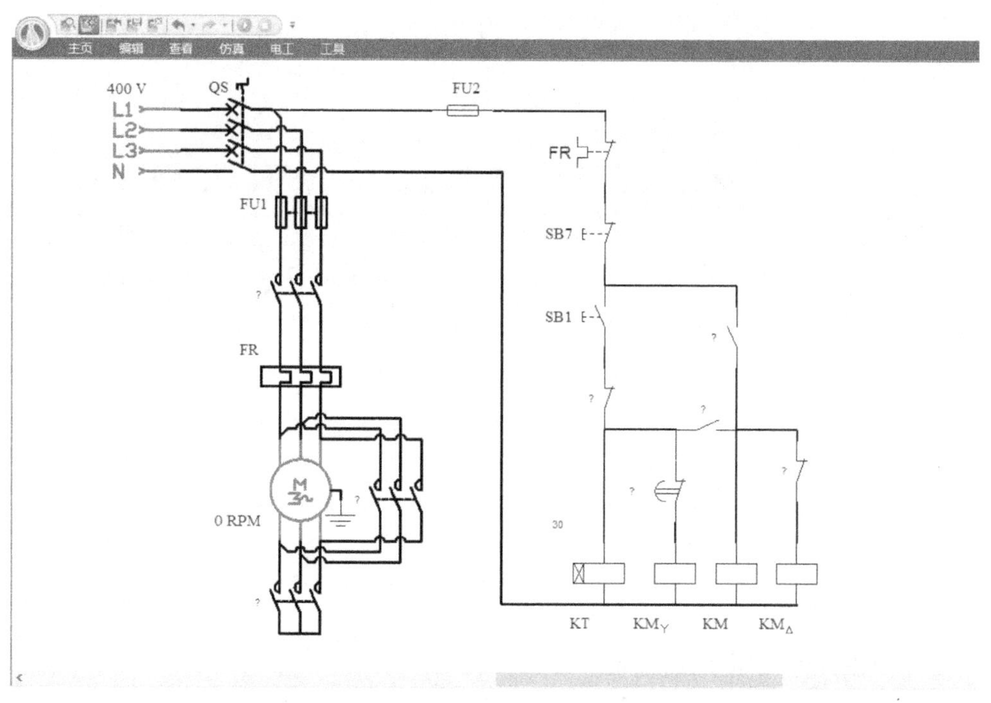

图 2-97　连接好的电路

（3）线路变量之间的关联

需要关联的变量有 KM_Y线圈与 KM_Y的主触头与联锁触头、主接触器 KM 线圈与 KM 的自锁触头、$KM_{\triangle}$线圈与 $KM_{\triangle}$的主触头与联锁触头、时间继电器 KT 的线圈与 KT 的延时断开触头。接触器之间的变量连接在前面任务中已介绍过，下面介绍 KT 变量的关联。双击 KT 的延时断开触头，打开“组件属性”对话框，单击左侧的“变量分配”，在右侧“兼容仿真变量”的“别名”中输入“K”，如图 2-98 所示。将 KT 延时断开触头关联到 KT 的线圈上。关联好之后 KT 会变为蓝色，并在下方出现一条下划线，如图 2-99 所示。变量全部关联好之后如图 2-100 所示。

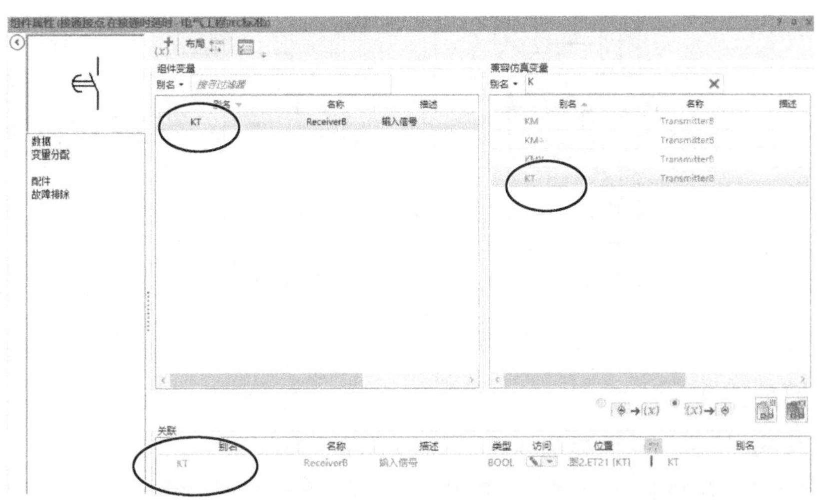

图 2-98　KT“组件属性”对话框

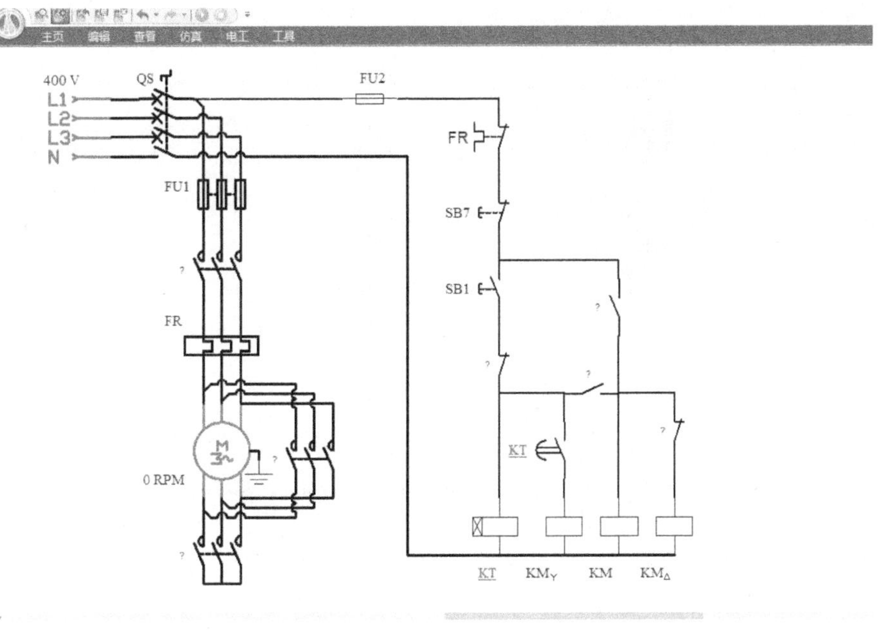

图 2-99　KT 延时断开触头变量的关联

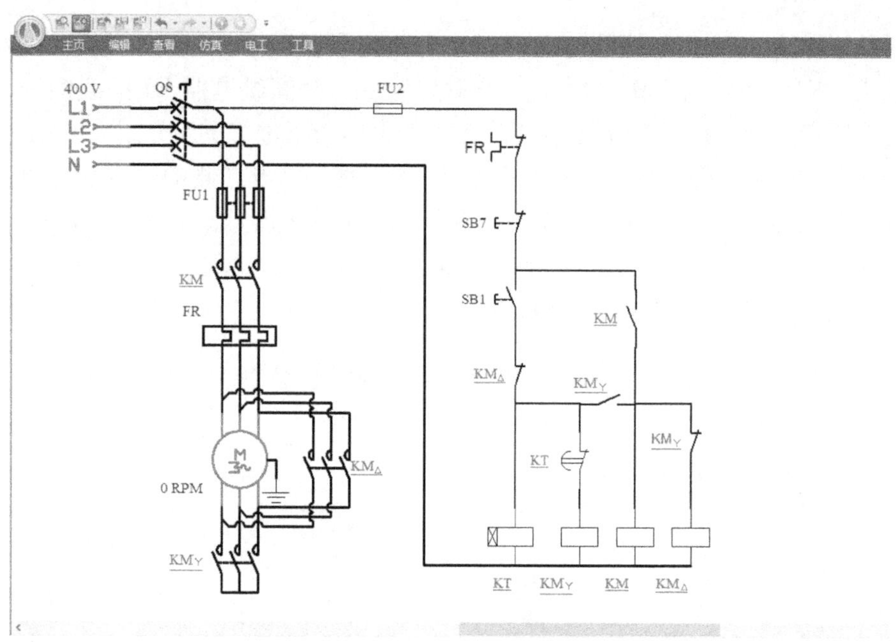

图 2-100　关联好的变量界面

（4）电路的仿真

电动机Y联结起动：选择菜单栏上方的仿真按钮 进入仿真界面。合上 QS，按下 SB1，电动机先以Y联结的方式进行减压起动，如图 2-101 所示。

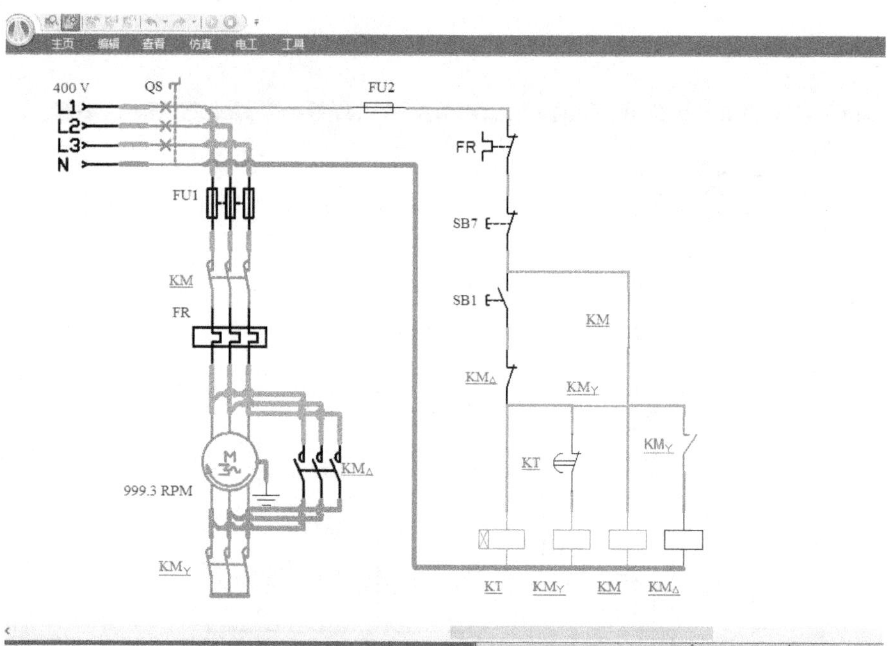

图 2-101　电动机的Y联结起动仿真界面

电动机△联结运行：3s 后变为△联结，如图 2-102 所示。

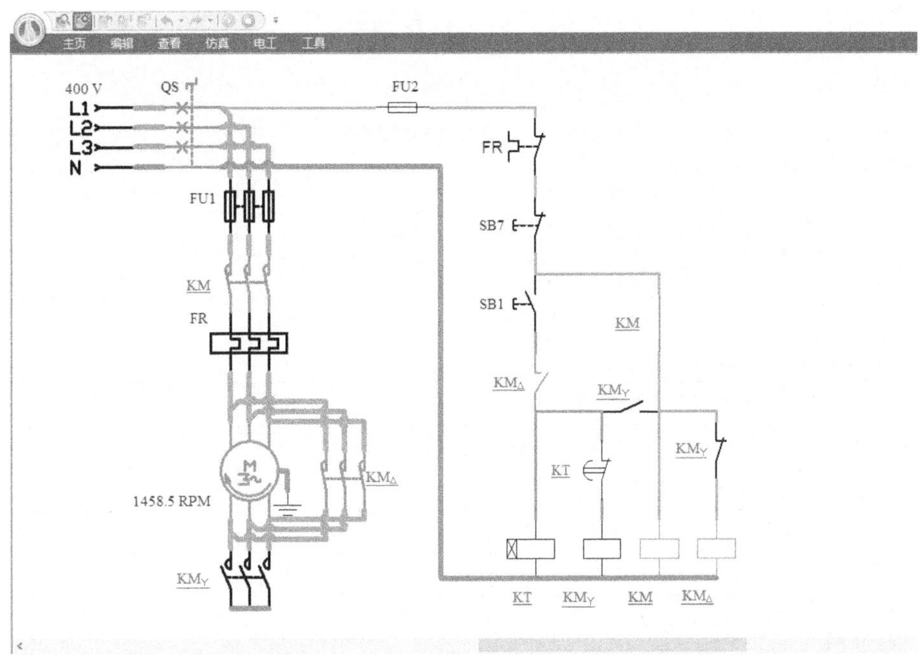

图 2-102 电动机的△联结运行仿真界面

电动机停止：按下停止按钮 SB7，电动机停止运行，最后断开 QS 即可，如图 2-103 所示。

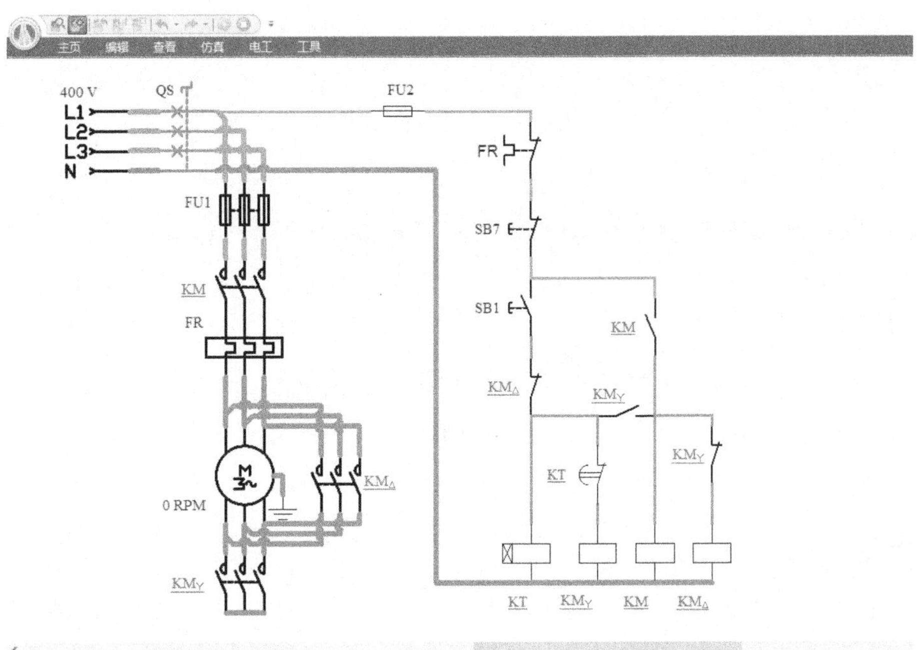

图 2-103 电动机停止仿真界面

任务评价

任务评价见表 2-9。

表 2-9　任务评价

序号	评价指标	评 价 内 容	分值	学生自评	小组互评	教师点评
1	选用工具、仪表	工具仪表少选或错选	5			
		电气元器件选错型号和规格	5			
2	装前检查	电气元器件漏检或错检	10			
3	原理图设计	主电路、控制电路绘图正确	5			
		电路连接规范正确	5			
4	安装布线	电气元器件布置合理	10			
		电气元器件安装整齐，走线合理	10			
		按原理图走线	20			
5	通电试车	一次性通电试车成功	10			
		独立进行调试，排除故障	10			
6	安全文明	工具与仪表使用正确	5			
		按要求穿戴工作服、绝缘鞋	5			
总分			100			
问题记录和解决方法						

任务拓展

试设计并仿真另外一种Y-△减压起动控制电路，与我们所学的电路比较，比较哪一种更优。

（二）PLC 控制三相异步电动机Y-△减压起动的设计与仿真

学习目标

1）掌握三相笼型异步电动机Y-△减压起动的 PLC 控制电路的工作原理。

2）学会使用 Automation Studio 6.3 Educational 软件设计三相笼型异步电动机Y-△减压起动的 PLC 控制电路，并完成仿真。

任务引入

对于较大容量的交流电动机，起动时可以采用Y-△减压起动。电动机开始起动时为Y联结，延时一定时间后，自动切换为△联结运行，Y-△减压起动用两个接触器切换完成，由 PLC 输出点控制。

相关知识

（1）辅助继电器（M）

辅助继电器是PLC中非常重要的中间编程元件之一，它不能直接接收外部的输入信号，也不能直接驱动外部负载，其作用相当于继电器控制电路中的中间继电器。辅助继电器常用来存储逻辑运算的中间结果，其线圈只能由内部指令驱动。在编程中，有无数个常开、常闭触头供使用。

（2）辅助继电器分类

1）通用辅助继电器。通用辅助继电器不具有断电保持功能，即在PLC运行时电源突然断电，通用辅助继电器的全部线圈均由ON变为OFF状态；当电源再次上电时，除了因外部输入信号而变为ON的状态以外，其余仍处于OFF状态。通用辅助继电器的元件编号为M0~M499（共500点）。

2）断电保持用辅助继电器。与通用继电器不同的是，断电保持用辅助继电器具有断电保持功能，即它能记忆电源断电前的状态，系统再次上电后，它能重现其状态。断电保持用辅助继电器之所以能记忆电源断电之前的状态，是因为PLC锂电池的供电使其保持了映像寄存器的内容。断电保持用辅助继电器元件编号为M500~M3071（共3072点）。

通用辅助继电器与断电保持用辅助继电器对比：试观察系统断电后，两种方案小灯点亮情况（X1对应硬件按钮为点动按钮）如图2-104所示。

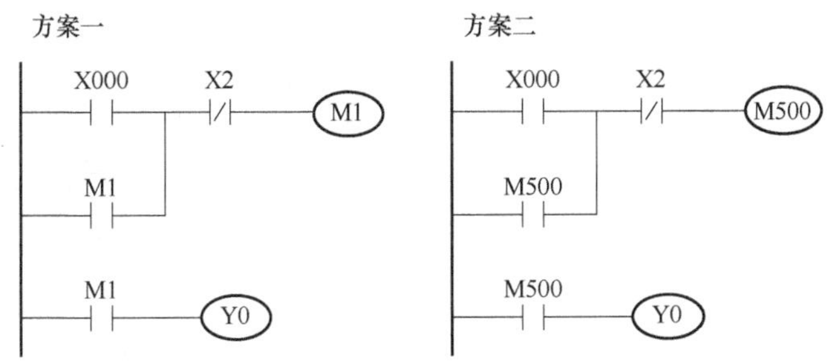

图2-104 辅助继电器举例

方案一解析：当PLC上电运行后，接通X1，M1线圈得电并自锁，Y0得电，小灯点亮；当系统突然断电，M1线圈失电，小灯熄灭；系统再次上电，小灯不会点亮。

方案二解析：当PLC上电运行后，接通X1，M500线圈得电并自锁，Y0得电，小灯点亮；当系统突然断电，M500线圈失电，小灯熄灭；系统再次上电，小灯仍会点亮。

任务描述

1）当按下按钮SB1后，电动机M以Y联结减压起动。

2）5s后，电动机自动转接为△联结全压运行。

3）按下SB7按钮，电动机停止运行。

4）使用热继电器FR作过载保护，若FR触头动作，电动机立即停止运转。

任务分析

要完成这个工作任务，首先就掌握时间控制的基本概念和 PLC 中定时器 T 的用法，定时器 T 在上个任务的学习中已经介绍过；其次是要掌握辅助继电器 M 的用法。

任务实施

1）确定 PLC 输入/输出地址分配表。三相笼型异步电动机Y-△减压起动控制的 PLC 输入/输出地址分配表见表 2-10。

表 2-10　PLC 输入/输出地址分配表

输入继电器	输入点	输出继电器	输出点
起动按钮 SB1	X0	电源接触器 KM1	Y4
停止按钮 SB7（常开）	X1	Y接触器 KM2	Y5
过载保护	X2	△接触器 KM3	Y6

2）使用 Automation Studio 6. 3 Educational 软件绘制电动机Y-△减压起动控制的主电路和 PLC 输入/输出控制电路的接线图，如图 2-105 所示。

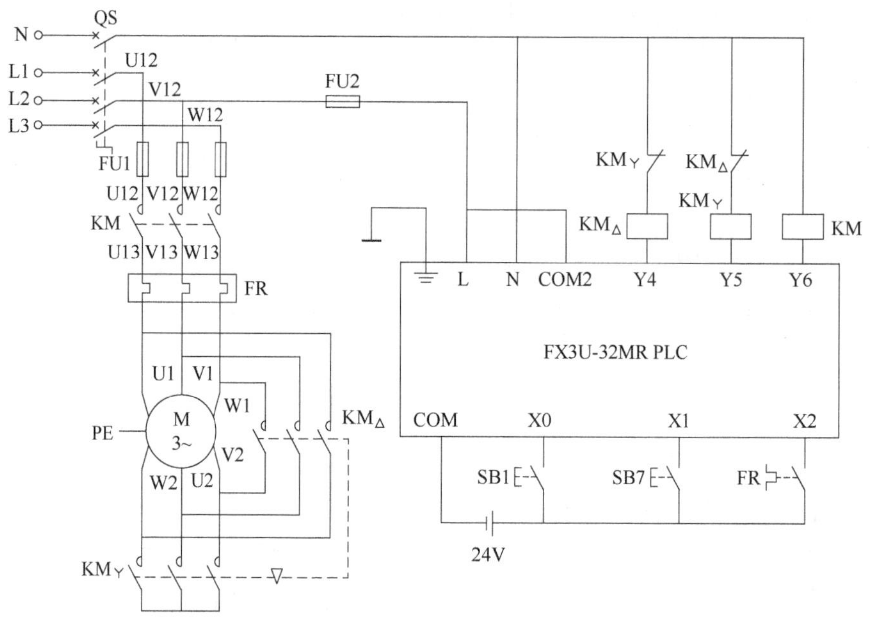

图 2-105　三相笼型异步电动机Y-△减压起动的接线图

电动机Y-△减压起动控制的主电路和 PLC 的输入/输出接线图，可以看出，电动机由接触器 KM1、KM2、KM3 控制，其中，KM2 将电动机绕组Y联结，KM3 将电动机绕组△联结。KM3 与 KM2 不能同时吸合，否则将使电源短路。在程序设计过程中，应充分考虑由Y联结向△联结切换的时间，即当电动机从Y联结切换到△联结时，从 KM2 完全

断开（包括灭弧时间）到 KM3 接通这段时间应锁定住，以防电源短路。

在 PLC 输入/输出接线中，由于实际使用时 PLC 的执行速度快，而外部交流接触器动作速度慢，因此，外电路必须考虑互锁，防止发生瞬间短路事故。

操作步骤如下：从图 2-105 可以看出，电动机Y-△减压起动的主电路部分在任务二已经绘制过，若要完成该电路，只要在软件中完成 PLC 控制电路部分的连接即可。

① 放置 PLC 控制电路的元器件。在桌面上打开 Automation Studio 6.3 Educational 软件，按照任务一的操作方法，新建一个项目，命名为“三相笼型异步电动机Y-△减压起动的电路图”，并在该项目下，新建一个电工文档。主电路元件放置方法与任务一的相同，下面来放置 PLC 控制电路的元器件。

首先从库资源管理器的“MTSUBISHI FX3U”中拖出“FX3U-32MR”型号的 PLC，如图 2-106 所示。

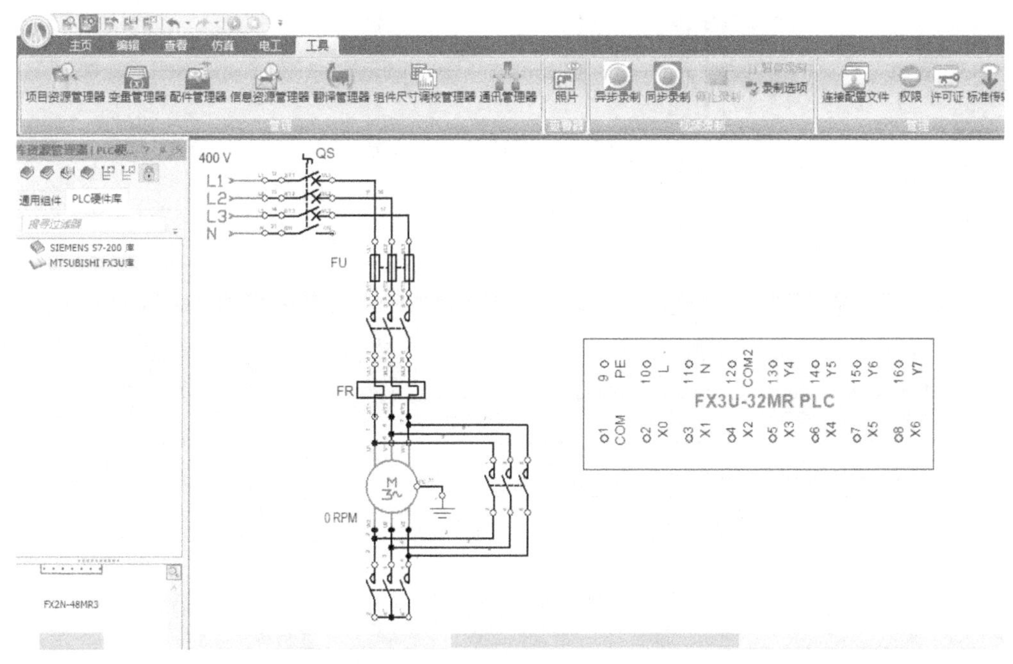

图 2-106　放置 FX3U-32MR 型号的 PLC

在库资源管理器中“电气工程（IEC 标准）”中的“辅助电路组件”中放置“接通接点按钮”，标注为 SB1 与 SB7，放置“继电器接点”中的“热过载继电器，闭锁装置，接通接点”，标注为 FR；在主电路组件中选择“电源”中的“原电池，二次电池组”为输入端提供 24V 电源；选择“电源”中的“交流电源”放置在输出侧，为接触器线圈提供 220V 交流电源；在“辅助电路组件”中选择“AC/DC 接触器线圈”，标注为 KM_Y 和 $KM_\triangle$；在“线路和连接”中选择“参考连接”放置接地点 PE。放置好元器件的界面如图 2-107 所示。

② PLC 控制电路的连接。PLC 控制电路的连接采用的是“指令线”。连接好的电路如图 2-108 所示。

注意：PLC 侧 L 与 N 取自主电路部分，主电路的元器件放置以及电路连接在此不再赘述。

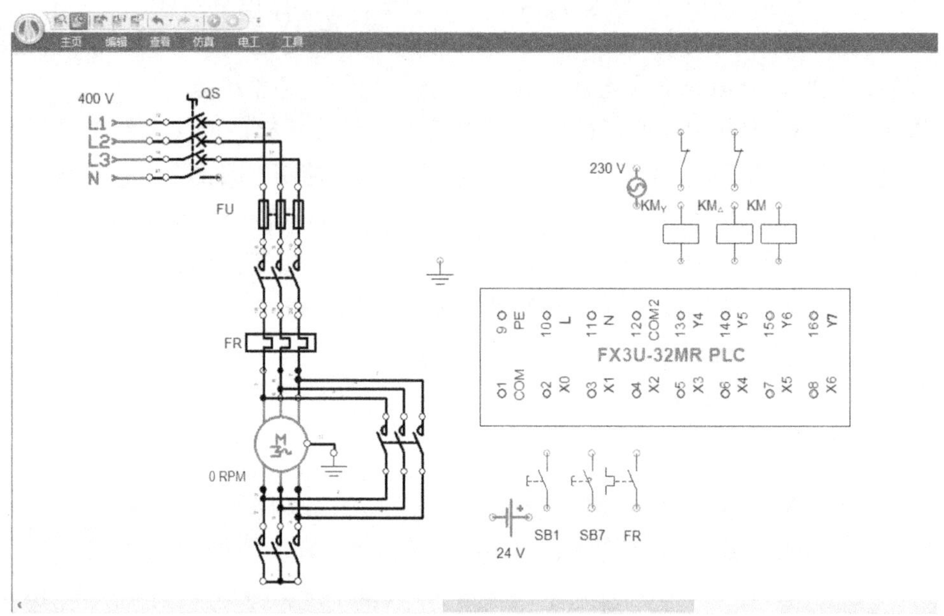

图 2-107　放置 PLC 侧的其他元件

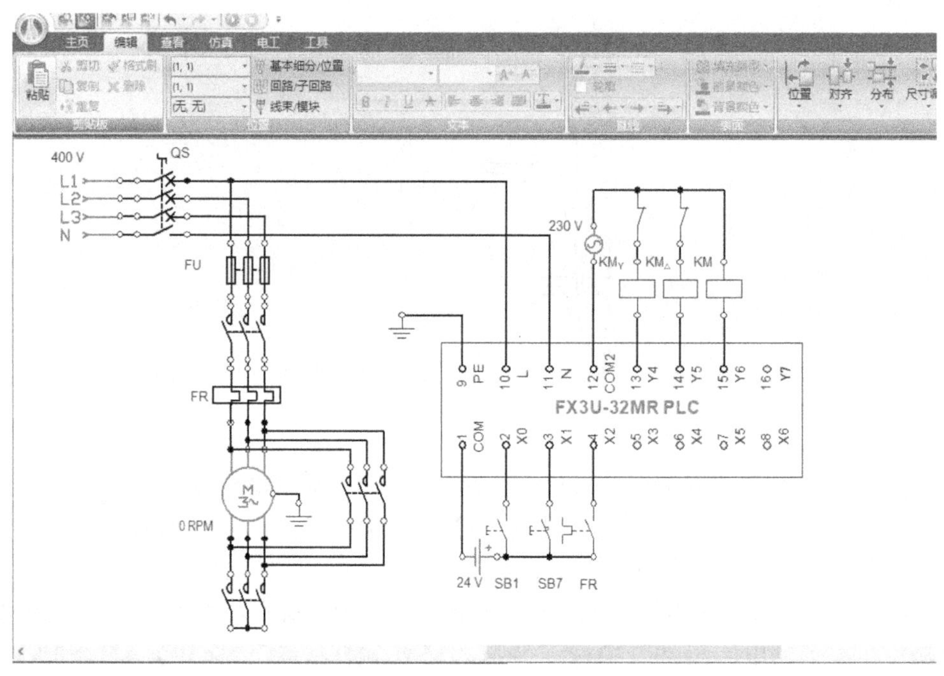

图 2-108　三相异步电动机可逆运行的原理图

③ 电路中变量的关联。该原理图中需要关联的变量主要有 KM 接触器与 KM 主触头，KM_Y接触器与 KM_Y主触头，KM_Y接触器互锁触头；$KM_\triangle$接触器与 $KM_\triangle$的主触头，$KM_\triangle$的互锁触头等。关联好的变量如图 2-109 所示。

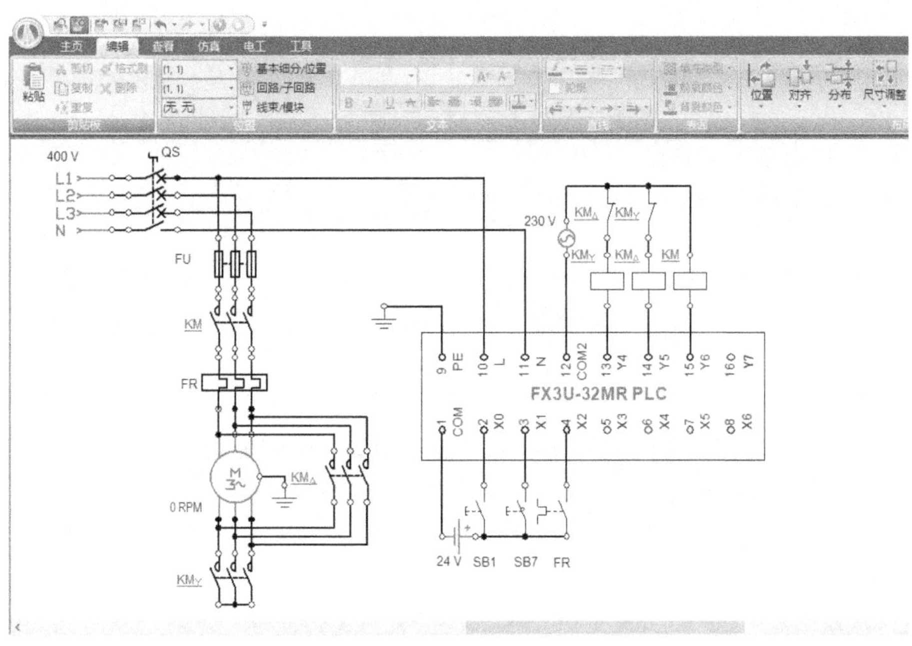

图 2-109　变量的关联

④ 编写梯形图的控制程序。下面我们使用 Automation Studio 6. 3 Educational 软件来编写 PLC 的梯形图。步骤如下，单击“文档”新建一个“标准图”，然后在“梯形图(IEC 标准)”组件中分别拖放“梯级”“接点”和“线圈”。下面介绍放置定时器的方法，在“梯形图（IEC 标准)”组件中选择“定时器”，拖动“打开延时定时器(TON)”放置到梯形图中，如图 2-110 所示。

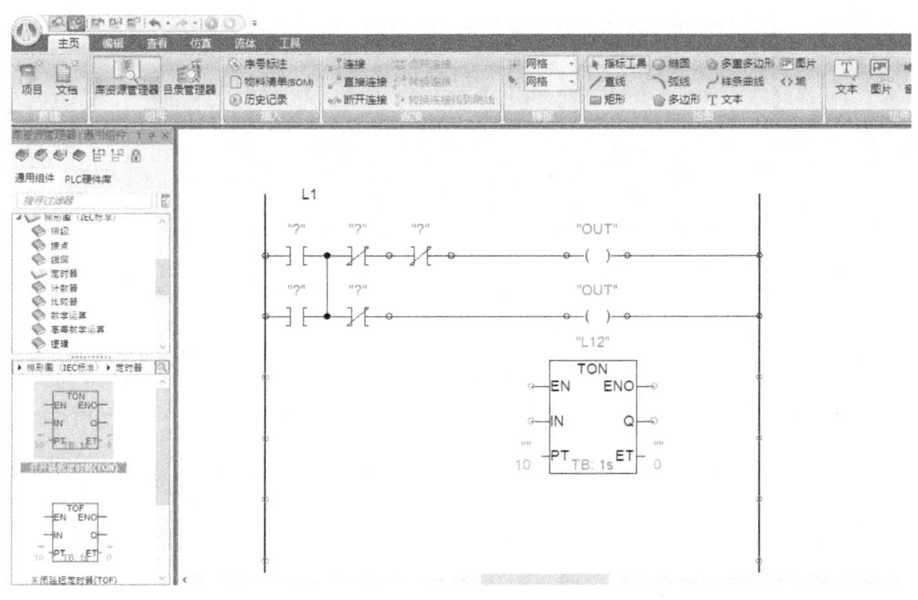

图 2-110　PLC 编程的梯形图

将定时器的计时时间改为 5s，双击定时器，打开“组件属性”对话框，在“时基”中选择“1s”；在“技术-控制”中，将 PT 的值改为“5”即可，如图 2-111 所示。

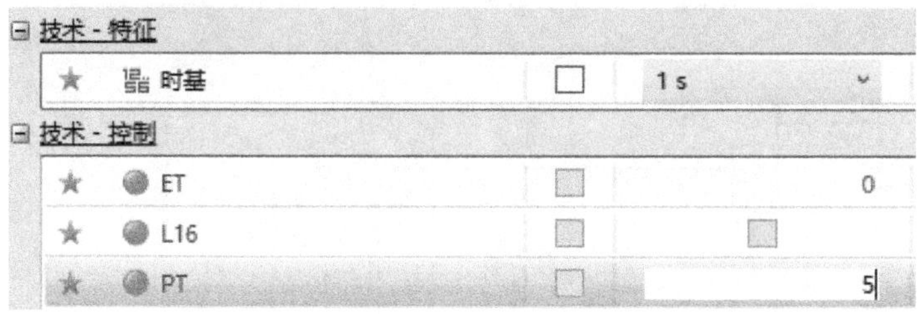

图 2-111　定时器“组件属性”对话框

⑤ 梯形图与原理图之间的变量连接。本任务变量之间的关联与任务一方法相同，都是在“组件属性”对话框中，双击右侧的兼容仿真变量，将其添加到下方的关联窗口中。依据同样的方式，关联所需的各个变量，关联好的 PLC 梯形图如图 2-112 所示。

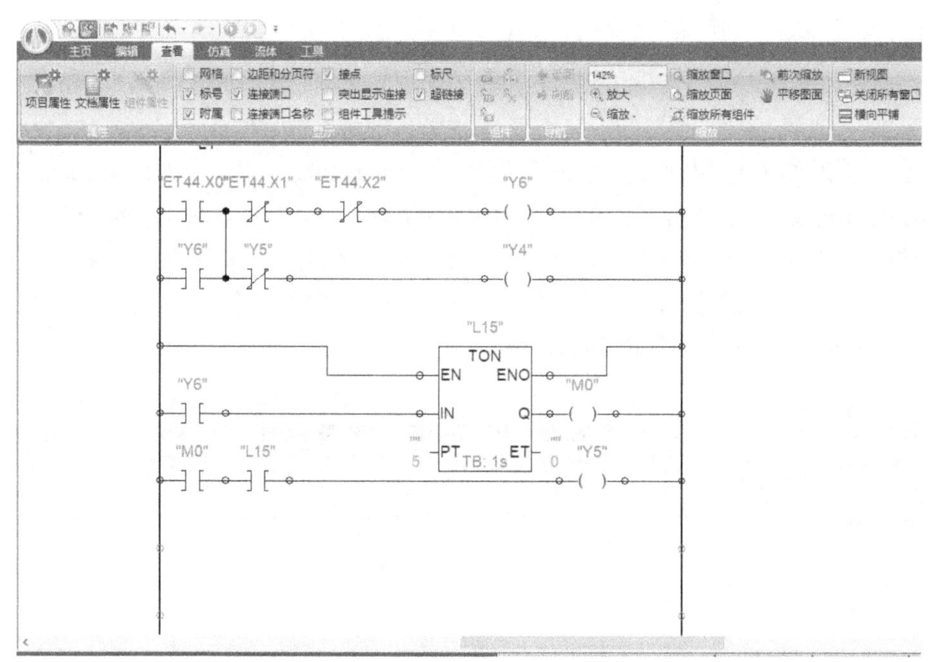

图 2-112　Y-△减压起动的 PLC 梯形图

⑥ 主电路与控制电路的仿真。在“查看”菜单栏中选择“垂直平铺”，将电路原理图与梯形图显示在同一个平面上，如图 2-113 所示。然后选择“仿真”菜单中的“正常仿真”。

仿真步骤如下：

电动机正转：首先合上 QS，按下 SB1，接触器 KM 与 KM_Y得电，主触头闭合，电动机Y联结起动运行。电动机Y联结起动仿真界面如图 2-114 所示，梯形图仿真界面如图 2-115 所示。

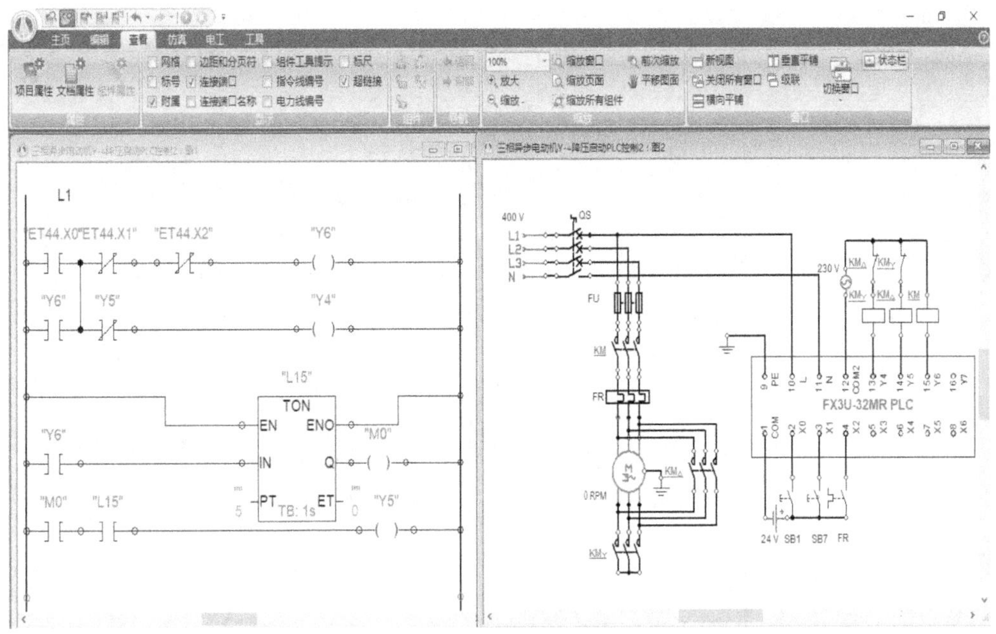

图 2-113　电路原理图与 PLC 梯形图垂直平铺界面

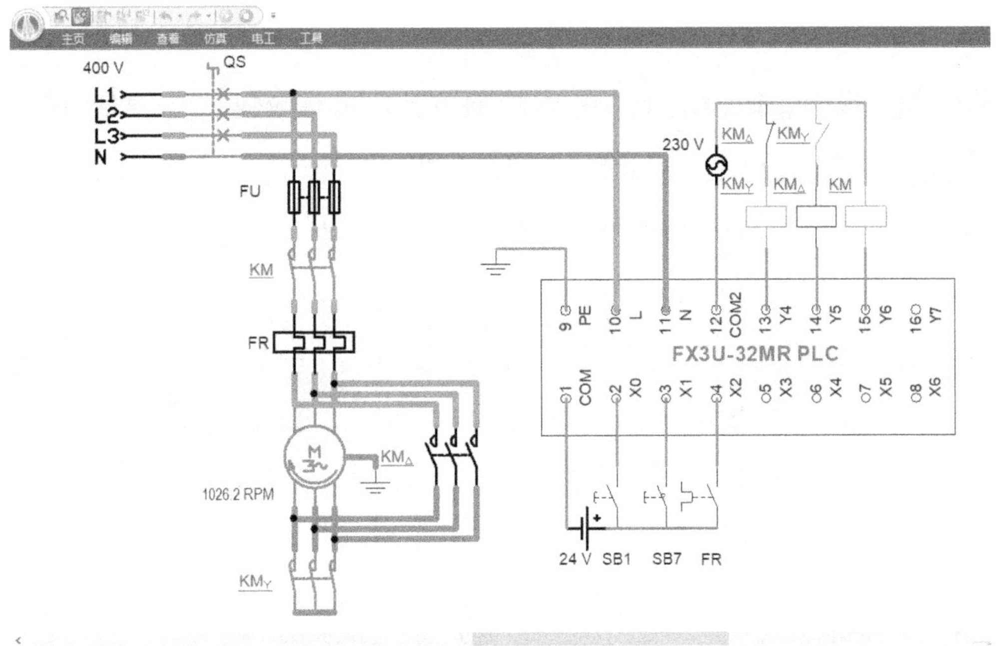

图 2-114　电动机Y联结起动仿真界面

电动机△联结全压运行：定时器计时 5s 后，电动机△联结全压运行。运行仿真界面如图 2-116 所示，梯形图仿真界面如图 2-117 所示。

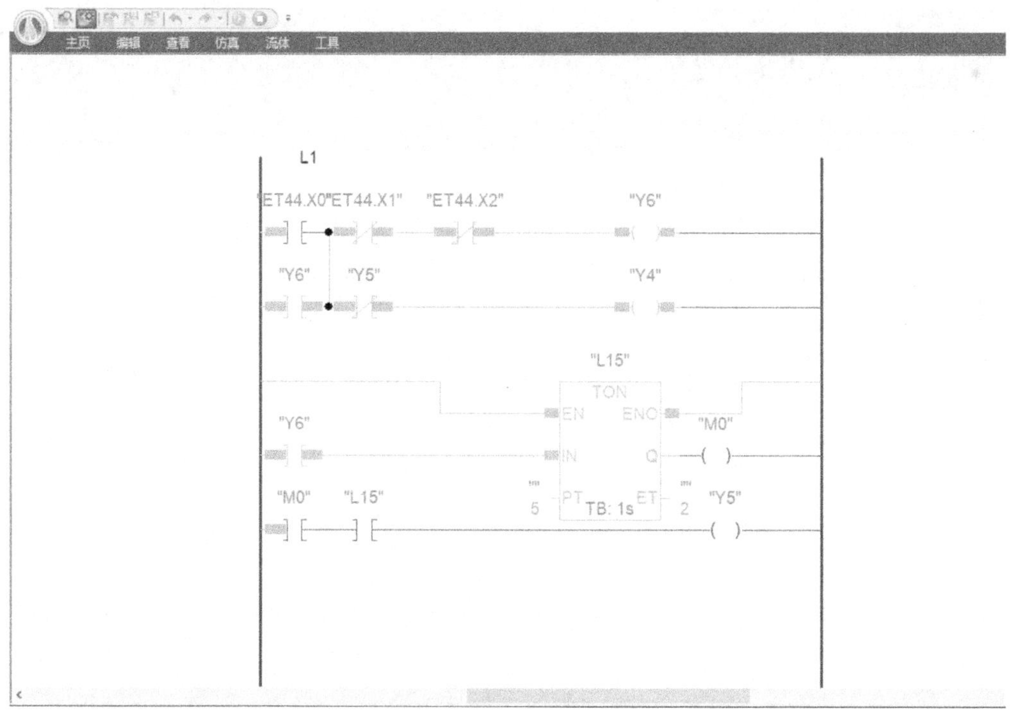

图 2-115　电动机Y联结起动梯形图仿真界面

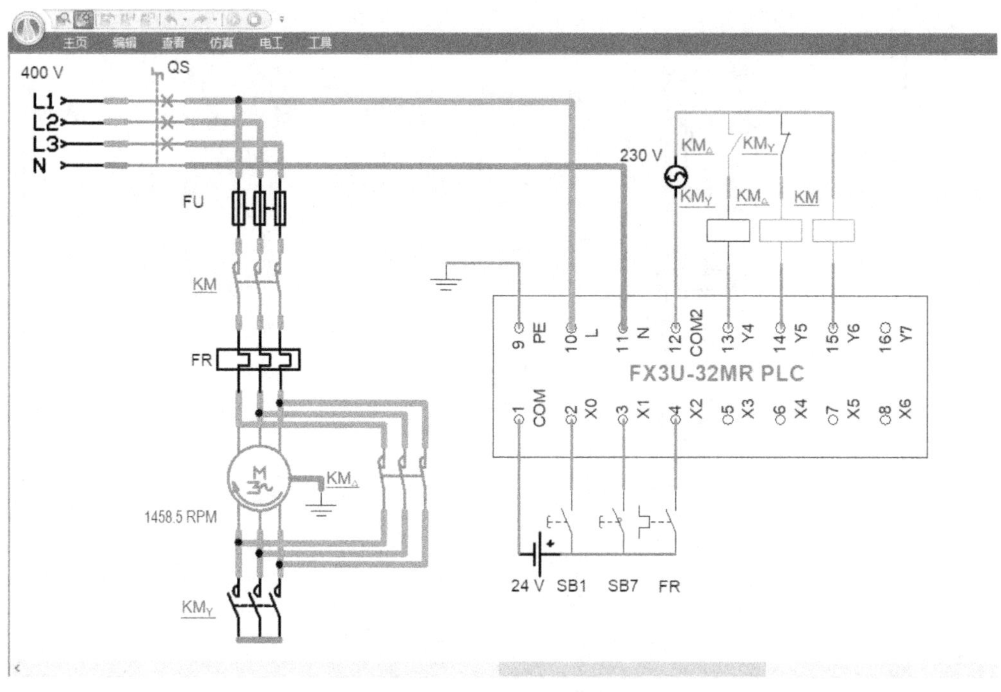

图 2-116　电动机△联结全压运行仿真界面

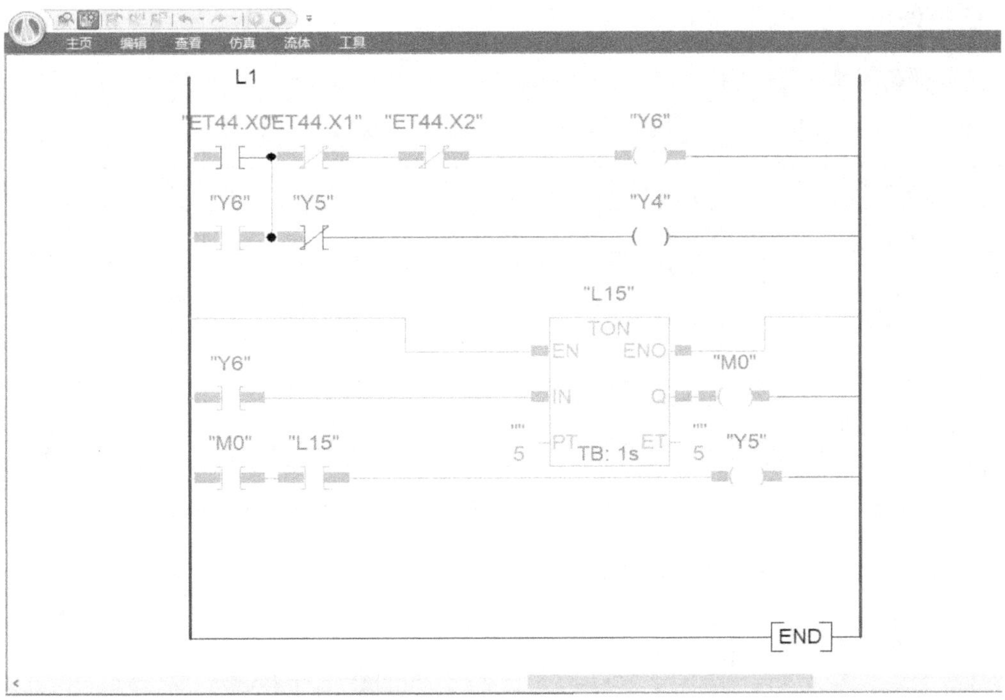

图 2-117　电动机△联结全压运行梯形图仿真界面

电动机停止：按下停止按钮 SB7，接触器 KM、KM_Y、$KM_\triangle$全部失电，各自的主触头恢复到原来的常开状态，电动机停止运行，如图 2-118 所示。最后断开断路器 QS 即可。

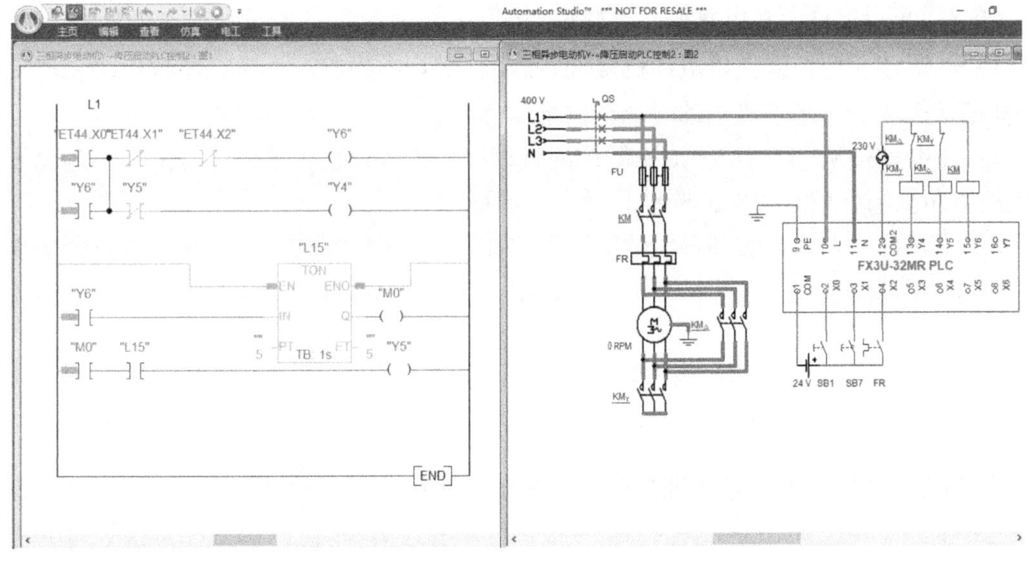

图 2-118　电动机停止运行仿真界面

任务评价

任务评价见表 2-11。

表 2-11 任务评价

序号	评价指标	评 价 内 容	分值	学生自评	小组互评	教师点评
1	创建工程	模板选用正确	5			
2	原理图设计绘制	电路元器件选型正确	10			
		电路连接正确	10			
		组件属性设置正确	5			
3	PLC 梯形图绘制	PLC 梯形图模板选用正确	10			
		梯形图触点与线圈放置正确	10			
4	变量关联	原理图各元器件变量关联正确	10			
		原理图与梯形图变量关联正确	10			
5	电路仿真	电动机Y联结运行仿真正确	10			
		电动机△联结运行仿真正确	10			
		电动机停止仿真正确	10			
总分			100			
问题记录和解决方法						

任务拓展

试设计并仿真具有开机复位、报警灯功能的电动机Y-△控制电路。要求如下：

1）电源接通后，首先将电动机接成Y联结，实现减压起动。然后经过延时，电动机从Y联结切换成△联结连接，此时电动机全压运行。

2）在电动机从Y联结切换成△联结的过程中，为了保证主电路可靠工作，避免发生主电路短路故障，应有相应的联锁和延时保护环节。

3）要在已经设计出的梯形图的基础上添加Y联结接触器动作确认功能、报警功能以及上电复位功能。

任务四 三相异步电动机制动控制电路的设计与仿真

（一）三相异步电动机单相能耗制动控制电路的设计与仿真

学习目标

1. 掌握三相异步电动机单相能耗制动控制电路的组成与工作原理。

2. 学会使用 Automation Studio 6. 3 Educational 软件设计三相异步电动机单相能耗制动控制电路，并完成仿真。

任务引入

如图 2-119 所示为能耗制动的原理图，试分析它是怎样实现制动的。

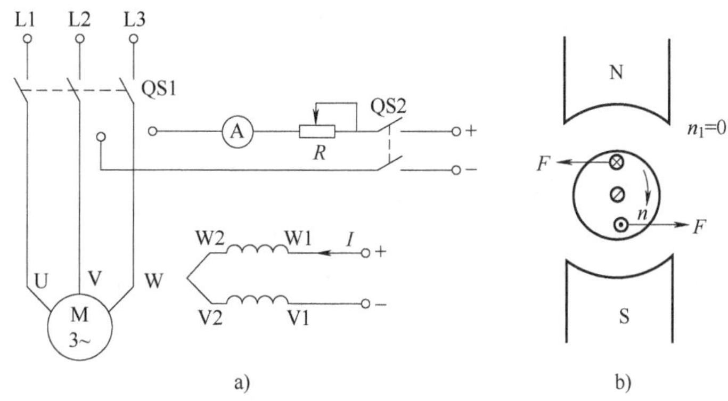

图 2-119　能耗制动原理图

相关知识

（1）制动的概念

所谓制动，就是给电动机一个与转动方向相反的转矩使它迅速停转（或限制其转速）。

（2）制动的分类

根据制动转矩产生方法的不同，可以分为机械制动和电气制动。

1）机械制动是指利用机械装置使电动机断开电源后迅速停转的方法。机械制动常用的方法有电磁抱闸制动器制动和电磁离合器制动。

2）电气制动是指电动机在切断电源停转的过程中，产生一个和电动机实际旋转方向相反的电磁力矩（制动力矩），迫使电动机迅速制动停转的方法。电气制动常用的方法有反接制动、能耗制动、电容制动、再生发电制动等。

（3）能耗制动原理

在图 2-119 所示的电路中，断开电源 QS1，切断电动机的交流电源后，这时转子仍沿原方向惯性运转；随后立即合上开关 QS2，并将 QS1 向下合闸，电动机 V、W 两相定子绕组通入直流电，使定子中产生一个恒定的静止磁场，这样做惯性运转的转子因切割磁感线而在转子绕组中产生感应电流，其方向用右手定则判断，转子绕组中一旦产生感应电流，就立即受到静止磁场的作用，产生电磁转矩，用左手定则判断可知，此转矩的方向正好与电动机转向相反，使电动机制动迅速停转。

由以上分析可知，这种制动方法是在电动机切断交流电源后，立即在定子绕组的任意两相中通入直流电，以消耗转子惯性运转的动能来进行制动的，所以称为能耗制动，又称为动能制动。

（4）制动电阻（见图 2-120）

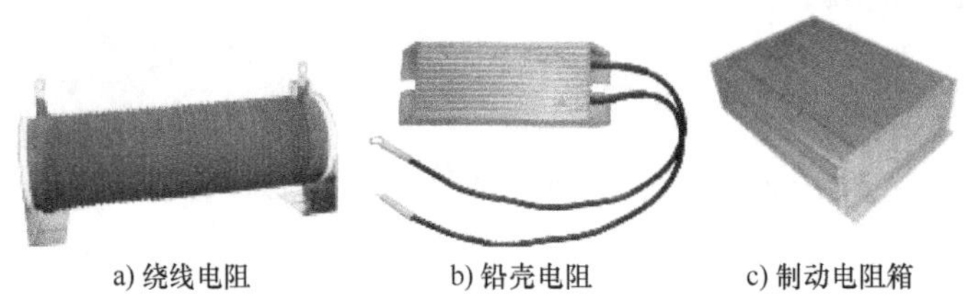

图 2-120　制动电阻的示意图

制动电阻电阻值与功率的计算方法如下：

1）先测量出电动机任意两根进线之间的电阻 R_0（Ω）。

2）再测出电动机带着传动装置运转的空载电流 I_0（A）。

3）计算出能耗制动所需的直流电流 $I_Z=K I_0$，K 一般取 3.5～4。

4）制动电阻的电阻值

$$R=\frac{220\times0.45}{I_Z}-R_0$$

电阻功率　　$P_R=I_Z^2R$

（5）整流器（见图 2-121）

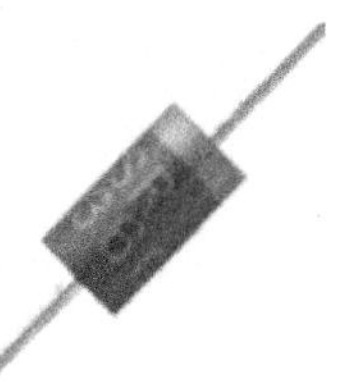

图 2-121　整流器的示意图

整流二极管可用锗或硅半导体材料制造。硅整流二极管的击穿电压高，反向电流小，高温性能良好。整流二极管主要用于各种低频整流电路，单相半波整流电路如图 2-122 所示。

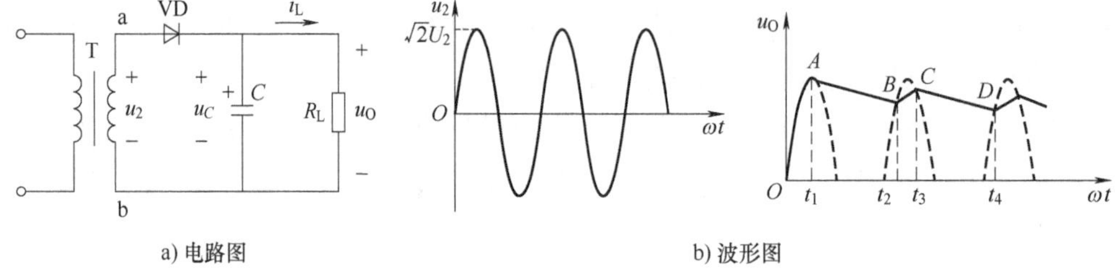

图 2-122　单相半波整流电路的电路图和波形图

一般采用以下方法估算能耗制动所需的整流二极管，其具体步骤是：

1）整流二极管的额定电压应大于反向峰值电压。

反向峰值电压

$U_{RM}=\sqrt{2}U_2=1.414\times220V\approx311V$ 所以整流二极管的额定电压选用 400V。

2）整流二极管的额定电流应大于 $1.25I_Z$。

（6）单相起动能耗制动控制电路（见图 2-123）

该电路采用单相半波整流器作为直流电源，用按钮、接触器、时间继电器等来控制电动机。所用附加设备较少、电路简单、成本低，常用于 10kW 以下小容量电动机，且

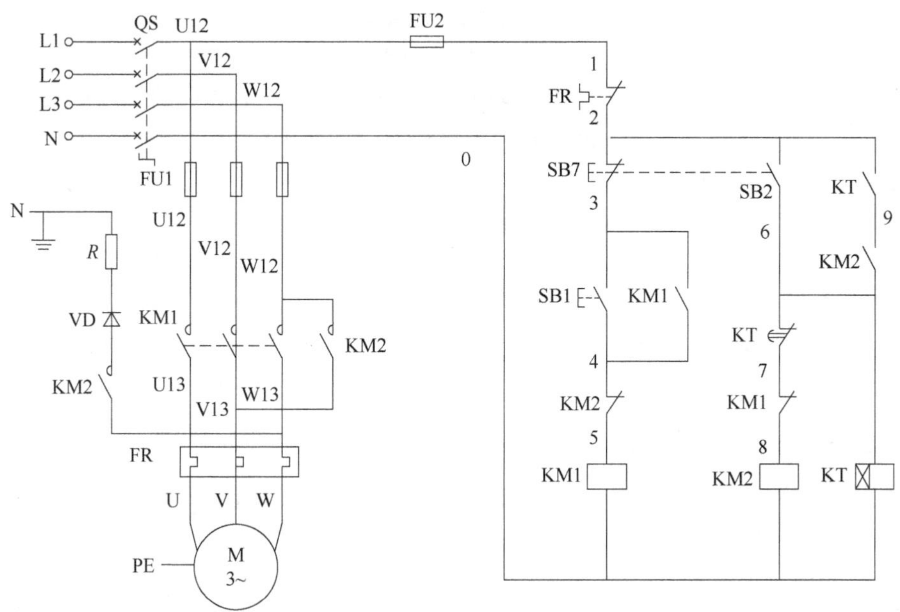

图 2-123　单相起动能耗制动电路图

对制动要求不高的场合。

任务描述

本任务主要学习制动电阻和整流器的识别及检测，并能够正确安装与调试单相半波整流能耗制动控制电路。

任务要求

按下起动按钮 SB1，电动机单相起动运转并连续运行；按下停止按钮 SB7，定时器 T 计时 5s，电动机 M 接入直流电能耗制动。

任务分析

电路的工作原理如下：接通电源，合上电源开关 QS。

单相起动运转：

能耗制动停转：

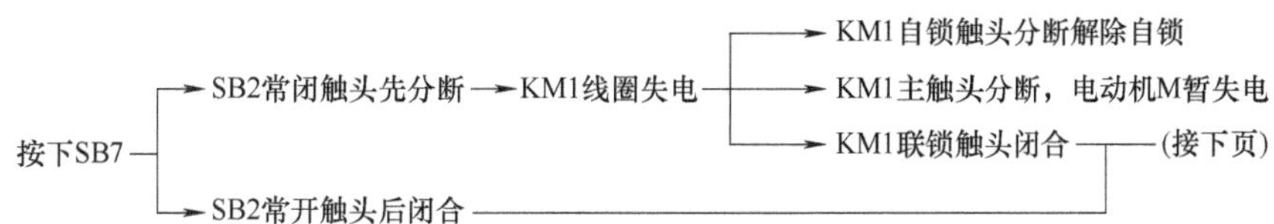

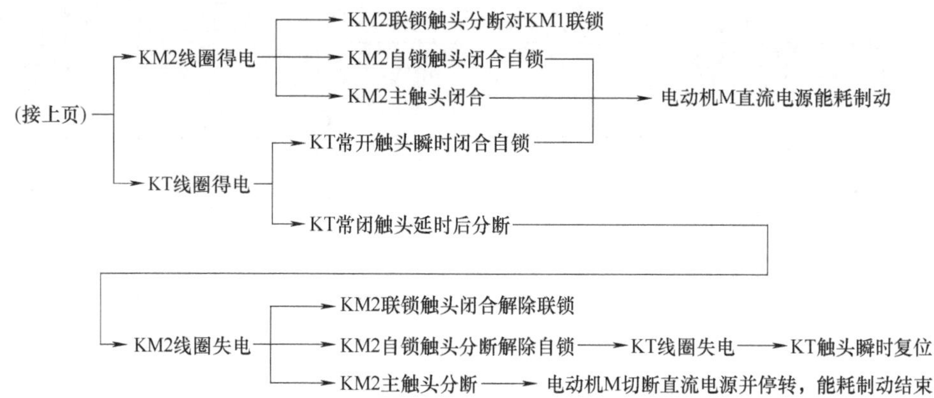

思考：分析一下，图 2-123 中 KT 瞬时闭合常开触头的作用是什么？

图 2-123 中 KT 瞬时闭合常开触头的作用：当 KT 出现线圈断线或机械卡住等故障时，按下 SB2 后能使电动机制动后脱离直流电源。

任务实施

在桌面上打开 Automation Studio 6.3 Educational 软件，按照任务一的操作方法，新建一个项目，命名为“单相起动能耗制动控制电路”，并在该项目下，新建一个电工文档。主电路与控制电路部分元器件的放置方法与前面任务相同，本任务增加了二极管 VD 与电阻 *R*。下面我们在控制电路中放置 VD 和 *R*。

(1) 在控制电路中放置 VD 和 *R*

在“电气工程（IEC 标准）”下选择“基本无源和有源组件”中的“电阻器”“二极管”以及其他的元器件之后，全部放置在电路图中，如图 2-124 所示。

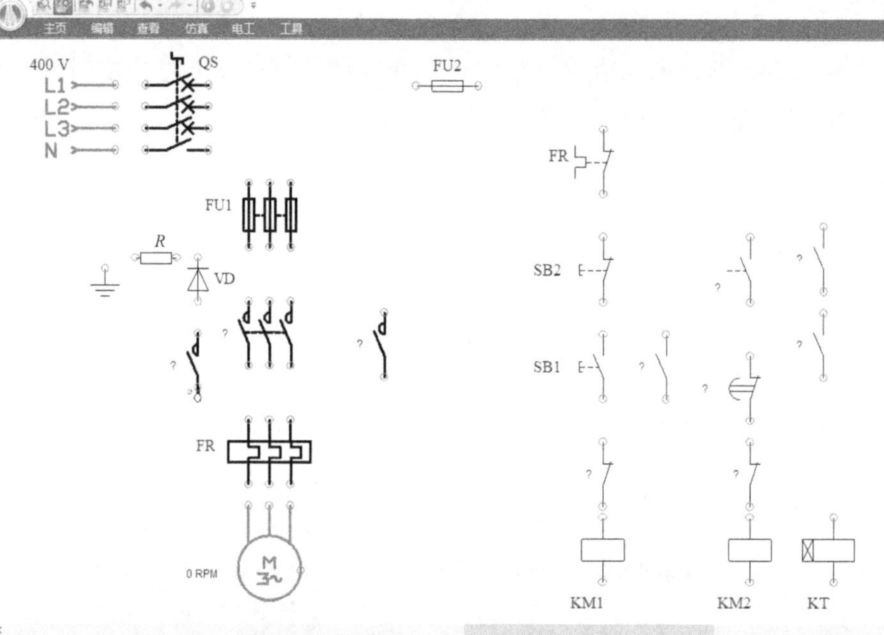

图 2-124 电路元器件放置界面

将元器件拖动到电工图中后，在“组件属性”对话框中，将二极管的正向电流设置为10A；二极管的击穿电压设置为400V，如图2-125所示。

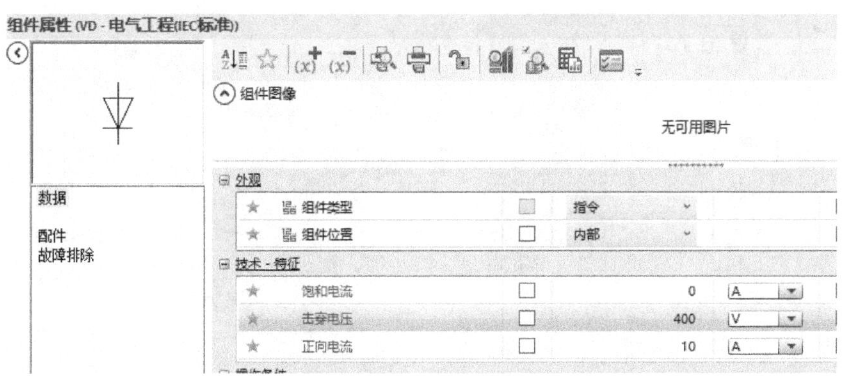

图2-125　“组件属性”对话框

（2）主电路与控制电路的连接

主电路连接时使用“电力线”，控制电路的连接使用“指令线”，“N”即中性线的连接使用“中性线”。连接好的电路如图2-126所示。

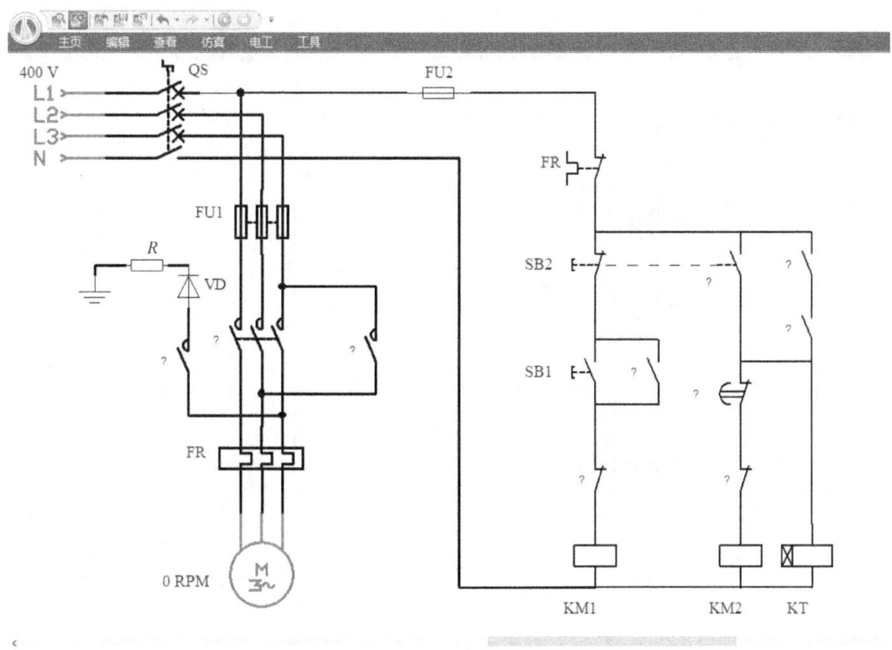

图2-126　主电路与控制电路连接图

（3）电路的变量之间的关联

需要关联的变量有KM1线圈与KM1的主触头、自锁触头以及联锁触头；接触器KM2线圈的主触头、自锁触头以及联锁触头；时间继电器KT的线圈与KT的延时断开触头以及KT的常开触头。时间继电器设定延时5s，可在“组件属性”对话框中设置，如图2-127所示。

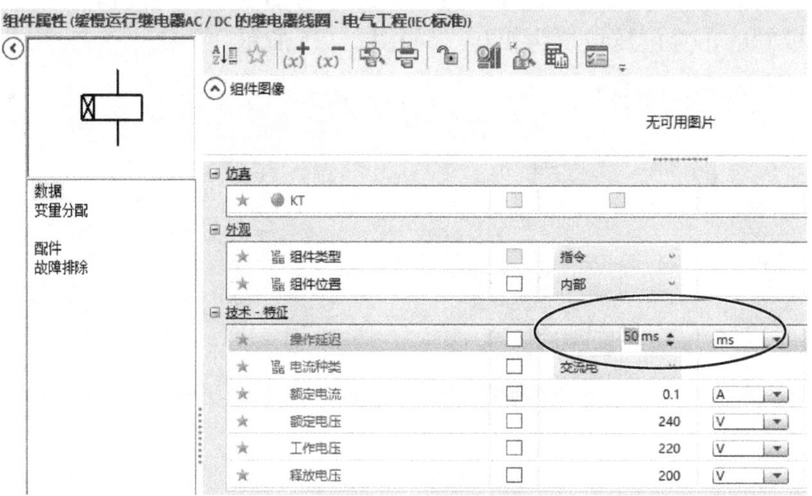

图 2-127　时间继电器设定时间界面

接触器与时间继电器的变量连接前面任务中已介绍过，在此不再赘述。关联好的变量如图 2-128 所示。

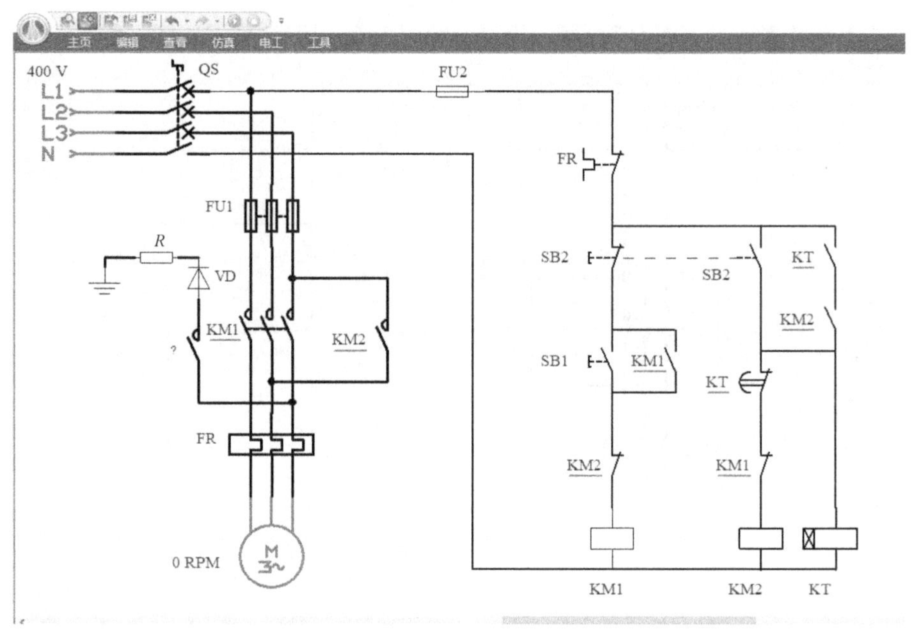

图 2-128　关联好的变量界面

（4）电路的仿真

选择菜单栏上方的仿真按钮或者选择“仿真”菜单中的“正常仿真”进入仿真界面。合上“QS”，按下“SB1”，电动机正常起动，速度从 0r/min 开始逐渐上升至 1500r/min 左右，并稳定在该值附近，如图 2-129 所示。运行 3s 后变为△联结，如图 2-130所示。

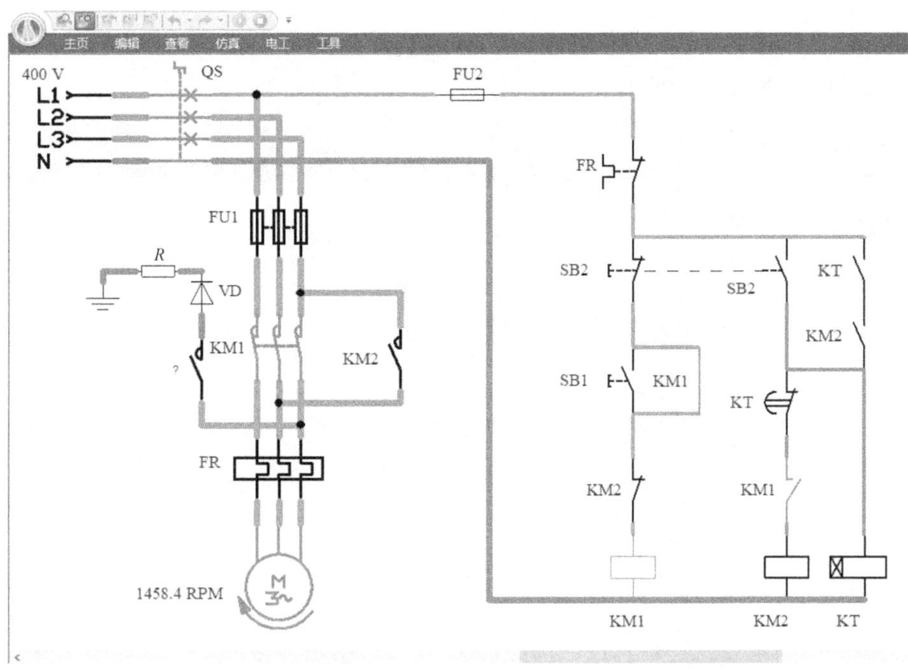

图 2-129　电动机起动运行仿真界面

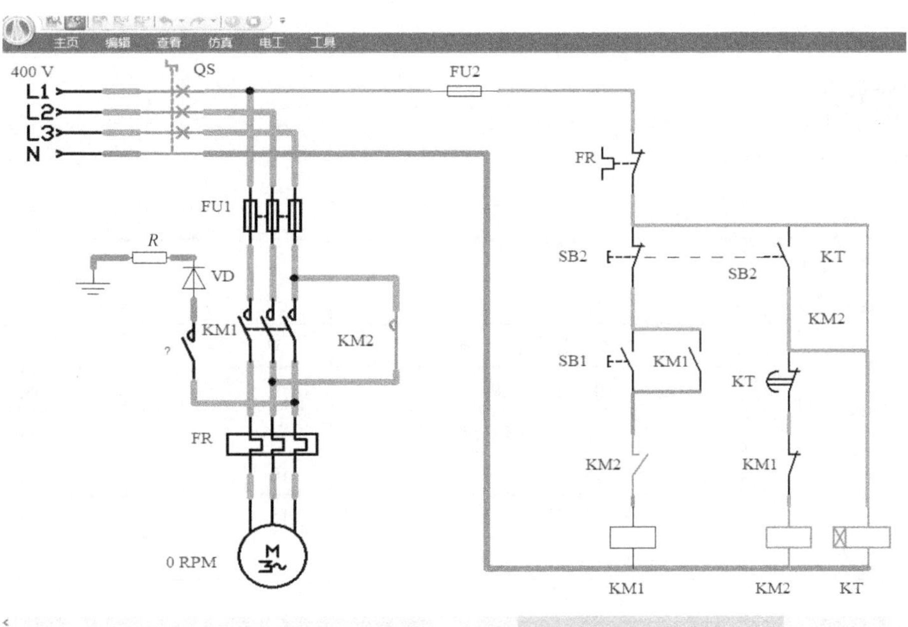

图 2-130　电动机变为△联结运行仿真界面

能耗制动停转，按下 SB2 复合按钮，其常闭触头先分断，KM1 线圈失电，KM1 联锁触头闭合，SB2 常开触头后闭合，使得 KM2 线圈得电，其主触头闭合，自锁触头闭合，KT 线圈得电，KT 瞬时触头闭合，使得电动机接入直流电源进行能耗制动，如

图 2-131所示。

时间继电器计时 5s 后，其常闭触头延时闭合触头分断，KM2 线圈失电，能耗制动结束。仿真界面如图 2-131 所示。

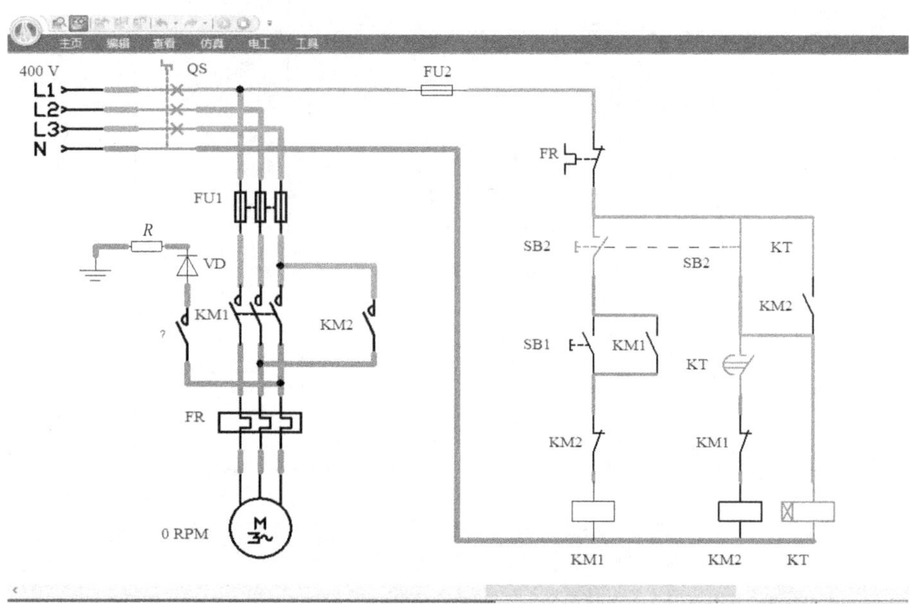

图 2-131　电动机能耗制动结束仿真界面

任务评价

任务评价见表 2-12。

表 2-12　任务评价

序号	评价指标	评 价 内 容	分值	学生自评	小组互评	教师点评
1	创建工程	模板选用正确	5			
2	原理图设计绘制	主电路元器件选型正确	5			
		主电路连接正确	10			
		控制电路元器件选型正确	5			
		控制电路连接正确	10			
		组件属性设置正确	15			
3	变量关联	各元器件变量关联正确	20			
4	电路仿真	电动机起动运行仿真正确	15			
		电动机能耗制动仿真正确	15			
总分			100			
问题记录和解决方法						

任务拓展

在单相起动能耗制动电路图中，当按下停止按钮时接触器 KM2 吸合，电动机不能制动，试分析其故障原因。

（二）PLC 控制三相异步电动机单相能耗制动的设计与仿真

学习目标

1）掌握三相异步电动机单相能耗制动的 PLC 控制电路的工作原理。

2）学会使用 Automation Studio 6. 3 Educational 软件设计三相异步电动机单相能耗制动的 PLC 控制电路，并完成仿真。

任务引入

三相异步电动机一般采用减压起动、能耗制动。PLC 与接触器相结合，用于三相异步电动机的Y-△减压起动、能耗制动控制，改进后的方法克服了传统方法手工操作复杂且不够可靠的缺点，控制简单易行。本任务主要学习三相异步电动机单相能耗制动的 PLC 控制电路的工作原理，能够正确连接 PLC 控制电路并实现其功能，完成仿真。

任务要求

按下起动按钮 SB1，电动机单相起动；定时 5s 之后，按下停止按钮 SB2，电动机能耗制动停止。

任务分析

要完成这个工作任务，在完成任务的过程中要注意功能的合理性，具有充分的软件、硬件保护功能。

任务实施

1）确定 PLC 输入/输出地址分配表。三相异步电动机单相能耗制动的 PLC 输入/输出地址分配表见表 2-13。

表 2-13　PLC 输入/输出地址分配表

输入继电器	输　入　点	输出继电器	输　出　点
起动按钮 SB1	X0	起动接触器 KM1	Y4
停止按钮 SB2（常开）	X1	制动接触器 KM2	Y5
过载保护	X2		

2）使用 Automation Studio 6. 3 Educational 软件绘制电动机单相能耗制动控制的主电

路和 PLC 输入/输出控制电路的接线图如图 2-132 所示。

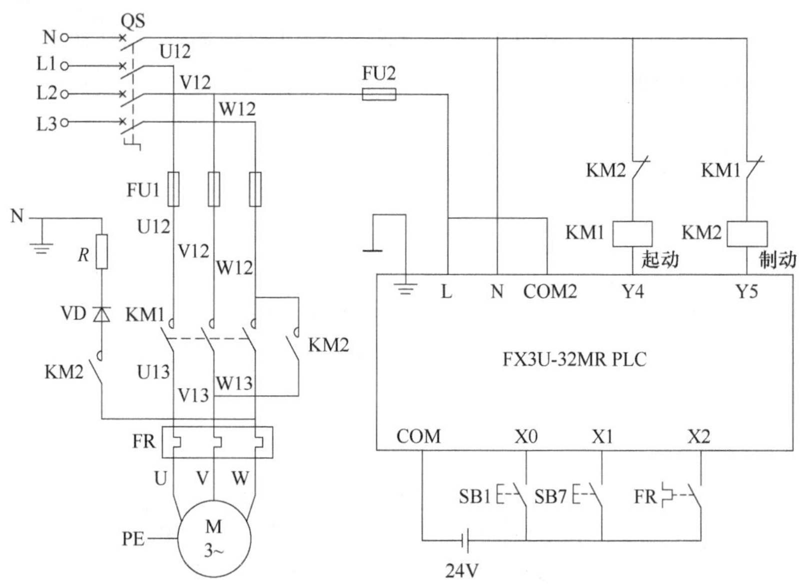

图 2-132　三相异步电动机单相能耗制动的电路图

操作步骤如下：

① 放置 PLC 控制所需的各个元器件。在桌面上打开 Automation Studio 6.3 Educational 软件，新建一个项目，命名为“三相异步电动机单相能耗制动 PLC 控制”，并在该项目下新建一个电工文档。电路元器件的放置方法与前述任务相同，从库资源管理器的“MTSUBISHI FX3U”中拖出“FX3U-32MR”型号 PLC，如图 2-133 所示。

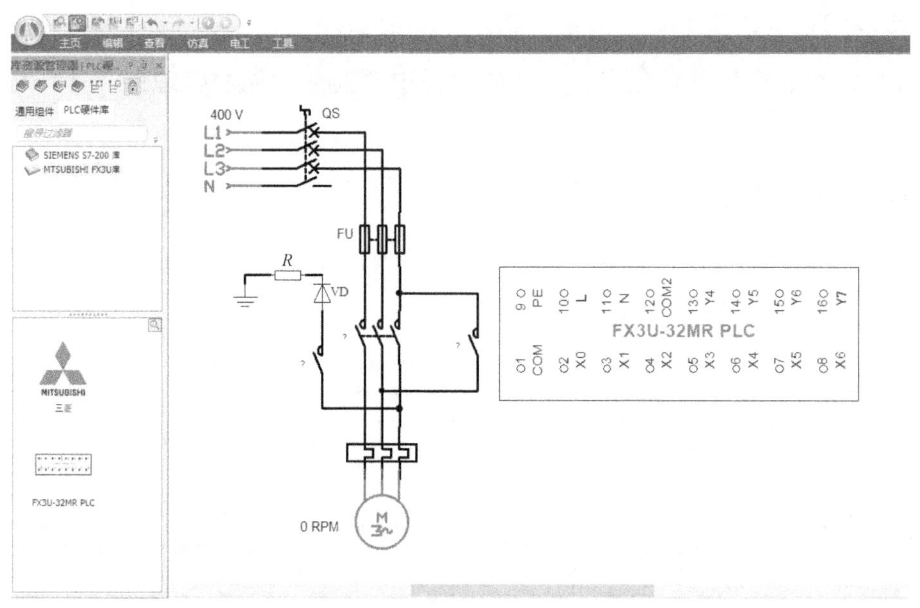

图 2-133　放置“FX3U-32MR”型号 PLC

在库资源管理器“电气工程（IEC 标准）”中的“辅助电路组件”中放置“接通接点按钮”，标注为 SB1 与 SB2，放置“继电器接点”中的“热过载继电器，闭锁装置，接通接点”，标注为 FR；在主电路组件中选择“电源”中的“原电池，二次电池组”为输入端提供 24V 电源；选择“电源”中的“交流电源”，放置在输出侧，为接触器线圈提供 220V 交流电源；在“辅助电路组件”中选择“AC/DC 接触器线圈”，标注为 KM1 和 KM2；在“线路和连接”中选择“参考连接”放置接地点 PE。放置好元器件的界面如图 2-134 所示。

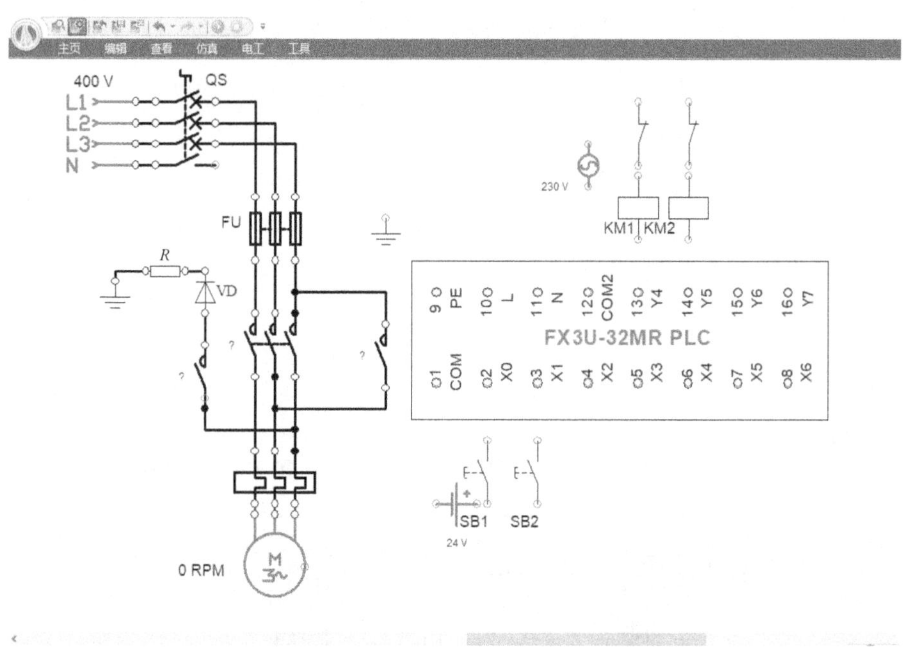

图 2-134　放置 PLC 侧的各元器件

② 控制电路的连接。PLC 控制电路的连接采用的是“指令线”。注意 PLC 侧 L 与 N 取自主电路部分，连接好的电路如图 2-135 所示。

③ 电路原理图变量的关联。该电路需要关联的变量有 KM1 接触器与 KM1 主触头以及 KM1 的互锁触头；KM2 接触器与 KM2 主触头以及 KM2 的互锁触头。关联好的变量图如图 2-136 所示。

④ 编写梯形图的控制程序。下面我们使用 Automation Studio 6. 3 Educational 软件来编写 PLC 的梯形图。步骤如下，单击“文档”新建一个“标准图”，然后在“梯形图（IEC 标准）”组件中分别拖放“梯级”“接点”和“线圈”以及定时器，如图 2-137 所示。

将定时器的计时时间改为 5s，双击定时器，打开“组件属性”对话框，在“时基”中选择“1s”；在“技术-控制”中，将 PT 的值改为“5”即可，如图 2-138 所示。

⑤ 梯形图与原理图之间的变量连接。本任务变量之间的关联与“接触器正反转 PLC 控制”方法相同，都是在“组件属性”对话框双击右侧的兼容仿真变量，将其添加

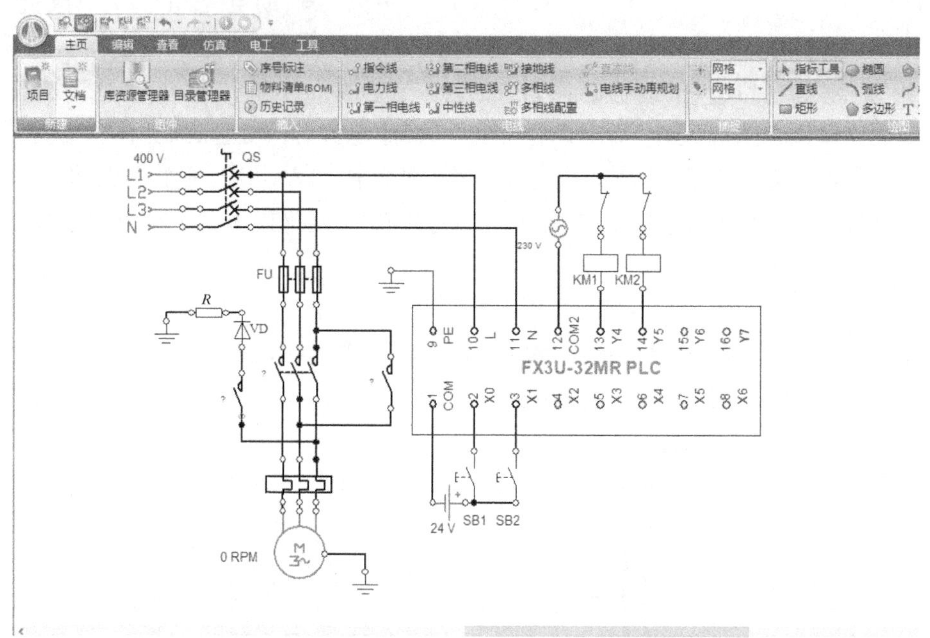

图 2-135　单相能耗制动控制电路图

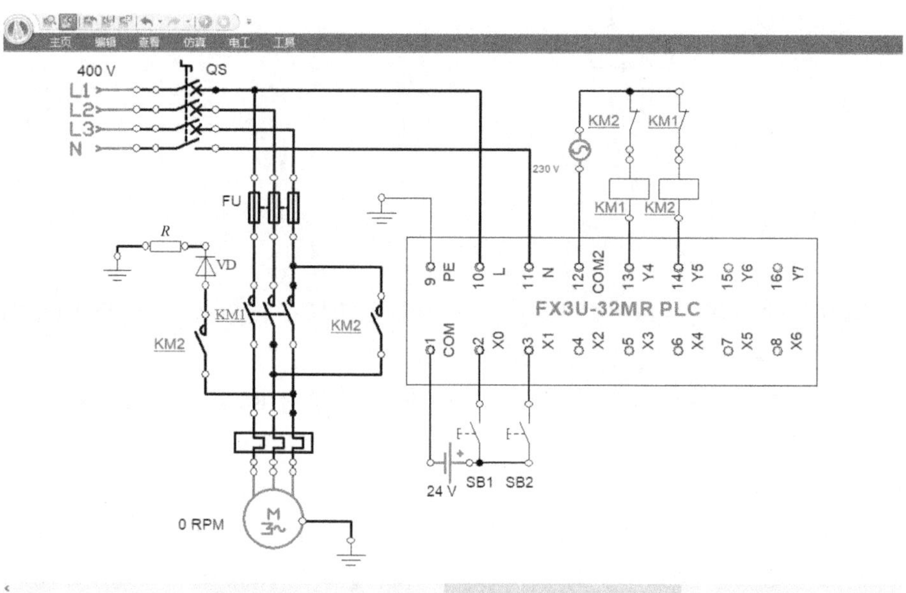

图 2-136　电路原理图变量关联

到下方的关联窗口中。依据同样的方式，关联所需的各个变量，关联好的 PLC 梯形图如图 2-139 所示。

⑥ 主电路与控制电路的电路仿真。在“查看”菜单栏中选择“垂直平铺”，将电路与梯形图显示在同一个平面上，如图 2-140 所示。然后选择“仿真”菜单中的“正常仿真”，如图 2-141 所示。

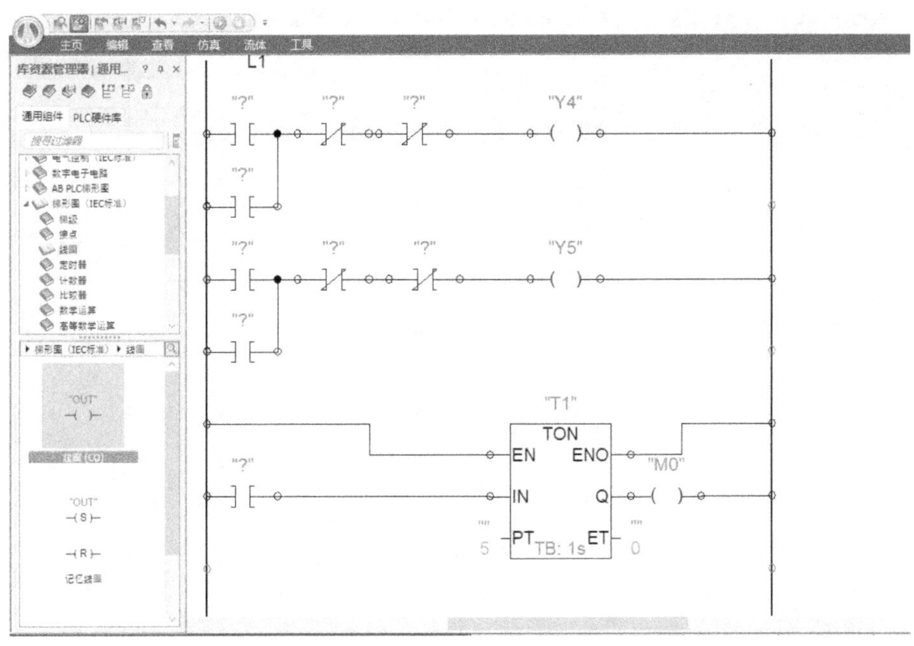

图 2-137　梯形图绘制界面

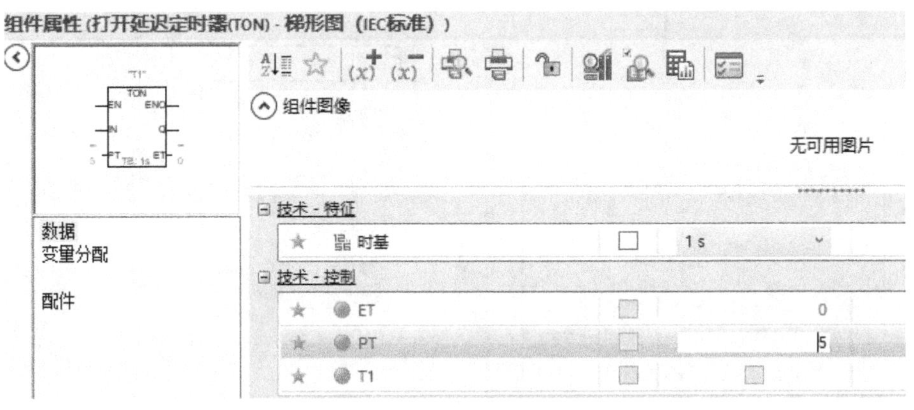

图 2-138　定时器“组件属性”对话框

电动机正转：首先合上 QS，按下 SB1，接触器 KM1 与 KM2 得电，主触头闭合，电动机起动运行，电路运行仿真界面，如图 2-142 所示，PLC 梯形图仿真界面如图 2-143 所示。

电动机停止：按下停止按钮 SB2，X1 断开 Y4，接通 Y5 与定时器 T1，使得电动机接入直流电源进行能耗制动。计时 5s 后，M0 断开 Y5，电动机制动停止。电动机能耗制动仿真界面如图 2-144 所示和 PLC 仿真界面如图 2-145 所示。

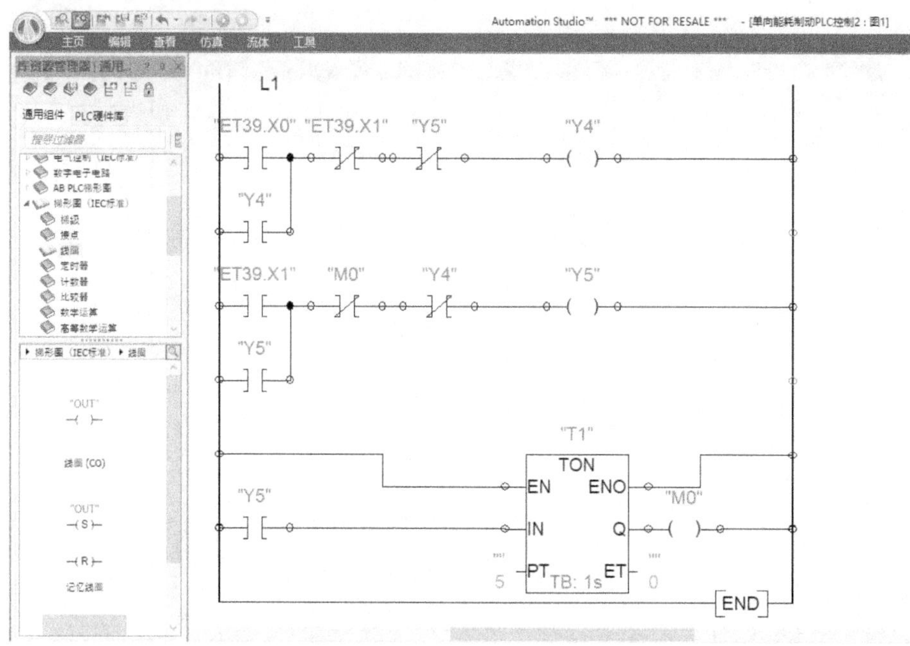

图 2-139　变量关联界面

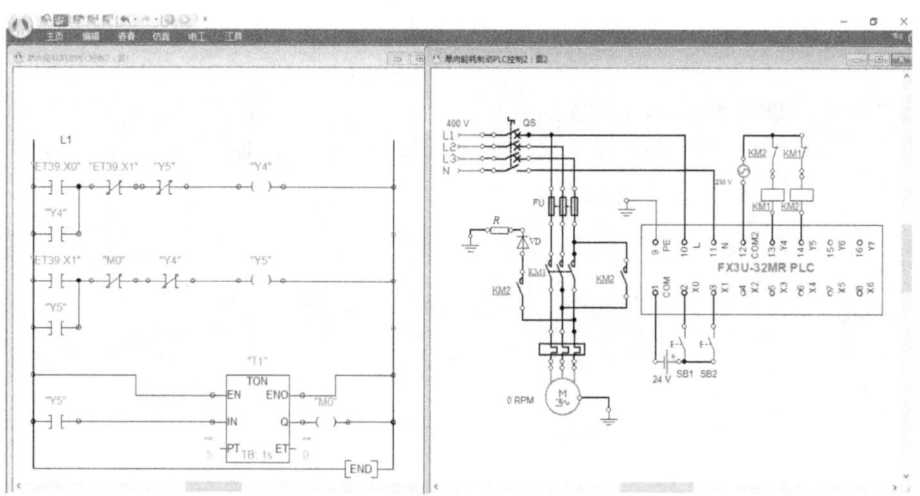

图 2-140　电路原理图与 PLC 梯形图垂直平铺界面

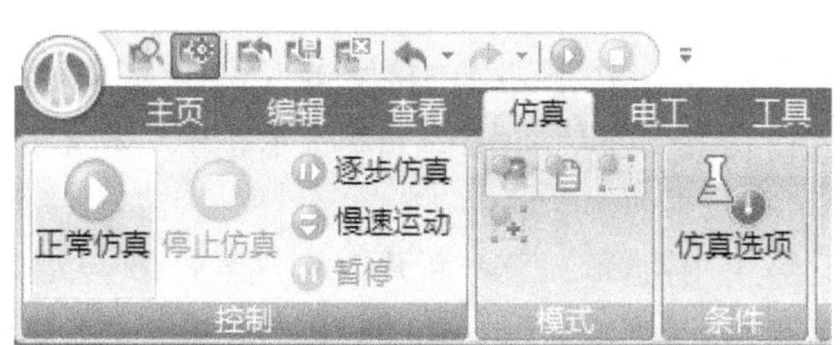

图 2-141　正常仿真界面

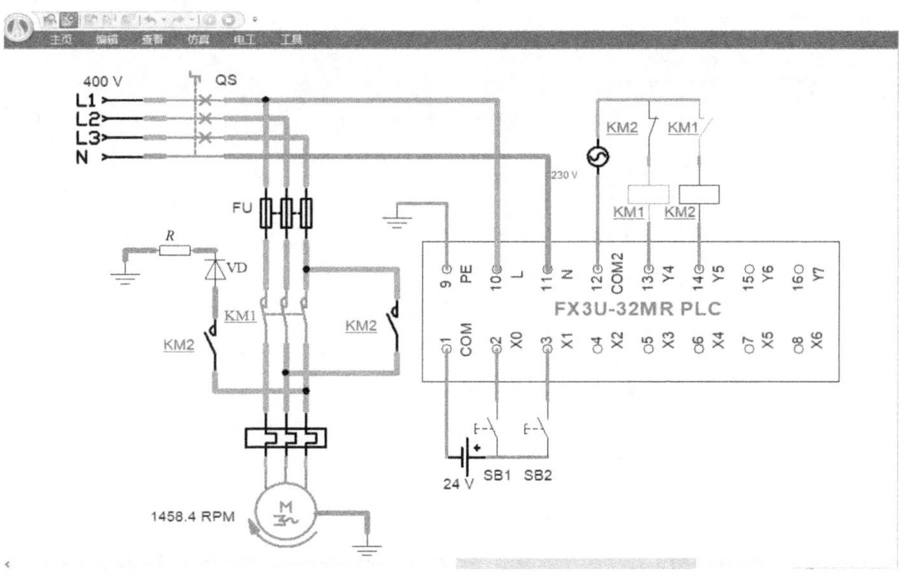

图 2-142　电路运行仿真界面

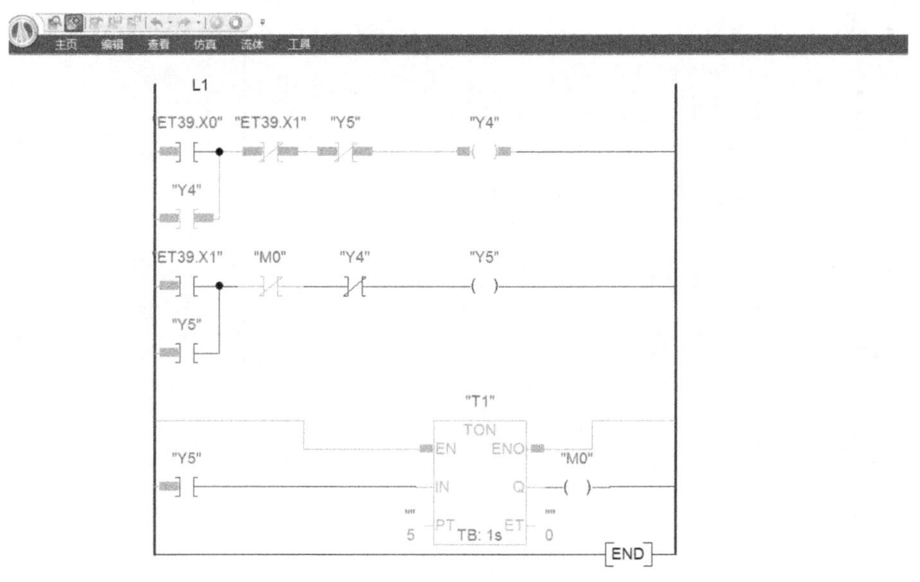

图 2-143　PLC 梯形图仿真界面

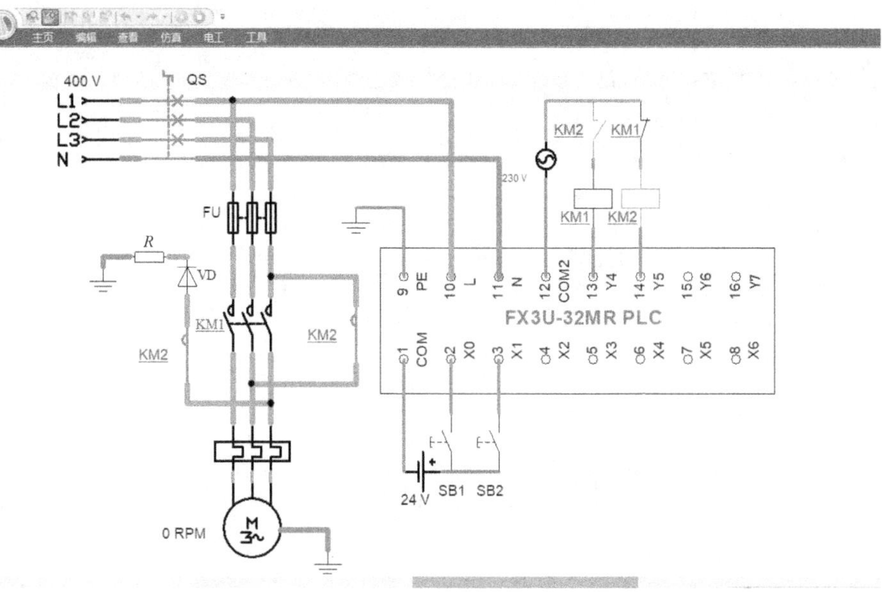

图 2-144　电动机能耗制动仿真界面

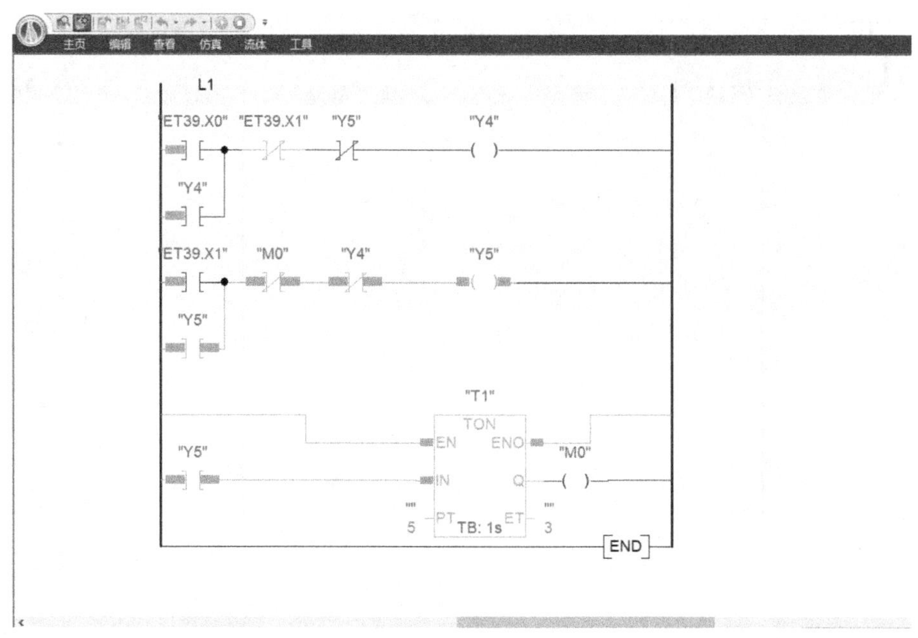

图 2-145　电动机能耗制动 PLC 仿真界面

任务评价

任务评价见表 2-14。

表 2-14　任务评价

序号	评价指标	评 价 内 容	分值	学生自评	小组互评	教师点评
1	创建工程	模板选用正确	5			
2	原理图 设计绘制	电路元器件选型正确	10			
		电路连接正确	10			
		组件属性设置正确	5			
3	PLC 梯形图 绘制	PLC 梯形图模板选用正确	10			
		梯形图触点与线圈放置正确	10			
4	变量关联	原理图各元器件变量关联正确	10			
		原理图与梯形图变量关联正确	10			
5	电路仿真	电动机起动运行仿真正确	15			
		电动机制动停止仿真正确	15			
总分			100			
问题记录和 解决方法						

任务拓展

试设计并仿真三相异步电动机可逆反接制动控制电路。

控制要求如下：三相异步电动机可以正反转，当停止时，接入反相序的三相节流电源，使电动机产生反接制动力，转速迅速下降，当电动机速度接近于零时，用速度继电器切断电源，使电动机迅速停止。

项目三

变频器调速控制系统的设计与仿真

任务一 变频器控制三相异步电动机起停的设计与仿真

学习目标

1. 掌握变频器的基本结构与工作原理。

2. 学会使用 Automation Studio 6.3 Educational 软件设计并仿真变频器控制三相异步电动机的起停。

任务引入

行车是一种内部搬运设备，广泛应用于车间和仓库。行车电动机常用变频器驱动，起升、行走定位准确，变频器过电流、过载、过电压时都能及时报警及停止，减少了行车故障，提高了安全性能。行车通过变频器进行起停控制主要应用在试车的阶段。使用 Automation Studio 6.3 Educational 软件完成 ATV38 变频器控制三相异步电动机的起停控制电路的设计与仿真。

相关知识

（1）变频器概念及其调速原理

1）变频器指对三相异步电动机实现变频调速的变频电源装置，其功能是将电网提供的恒压恒频（CVCF）交流电变换为变压变频（VVVF）交流电，变频伴随变压，对三相异步电动机实现无级调速。

2）变频器调速原理。三相异步电动机的调速是根据下述公式进行的：

$$n=\frac{60f}{p}(1-s)$$

式中 n——电动机的转速；

f——电源频率，我国的电网频率为50Hz；

p——电动机的极对数；

s——转差率。

由此可以归纳出三相异步电动机的三类调速方法：改变极对数 p 的调速、改变转差率 s 的调速以及改变电源频率 f 的调速。从公式可知，只要均匀改变电动机电源的频率 f，就可以平滑地改变电动机的同步转速，从而实现电动机的无级调速，这就是变频调速的基本原理。

（2）变频器的基本结构

变频器的基本结构如图3-1所示，由主电路（包括整流器、中间直流环节、逆变器）和控制电路组成，分述如下：

1）整流器电网侧的变流器I是整流器，它的作用是把三相（也可以是单相）交流电整流成直流电。

2）负载侧的变流器II为逆变器，最常见的结构形式是利用六个半导体主开关器件组成的三相桥式逆变电路有规律地控制逆变器中主开关器件的通与断，可以输出任意频率的三相交流电。

3）中间直流环节。由于逆变器的负载为异步电动机，属于感性负载。无论电动机处于点动或发电制动状态，其功率因数总不会为1。因此，在中间直流环节和电动机之间总会有无功功率的交换。这种无功能量要靠中间直流环节的储能元件（电容器或电抗器）来缓冲，所以又称为中间直流环节。

4）控制电路。控制电路通常由运算电路，检测电路，控制信号的输入、输出电路和驱动电路等构成。其主要任务是完成对逆变器的开关控制、对整流器的电压控制以及各种保护功能等。

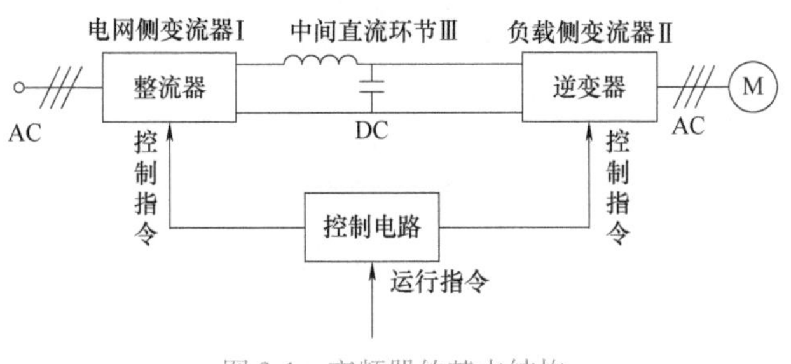

图3-1　变频器的基本结构

任务要求

根据变频器的基本结构图，运用软件绘制出一幅电路仿真图。

任务实施

在桌面上打开Automation Studio 6.3 Educational软件，新建一个项目，命名为“变频器控制三相异步电动机起停”，并在该项目下新建一个电工文档。下面放置电路所用的各个元器件。

（1）放置施耐德 ATV38 变频器

在“库资源管理器”界面上单击 打开库，如图 3-2 所示，选择“Soft Starters and Drives. prlx”，单击右下角的“打开”，即可将变频器添加到库资源管理器中，如图 3-3 所示。选择其中的“施耐德 Altivar ATV38”拖到新建的电工图中，如图 3-4 所示。

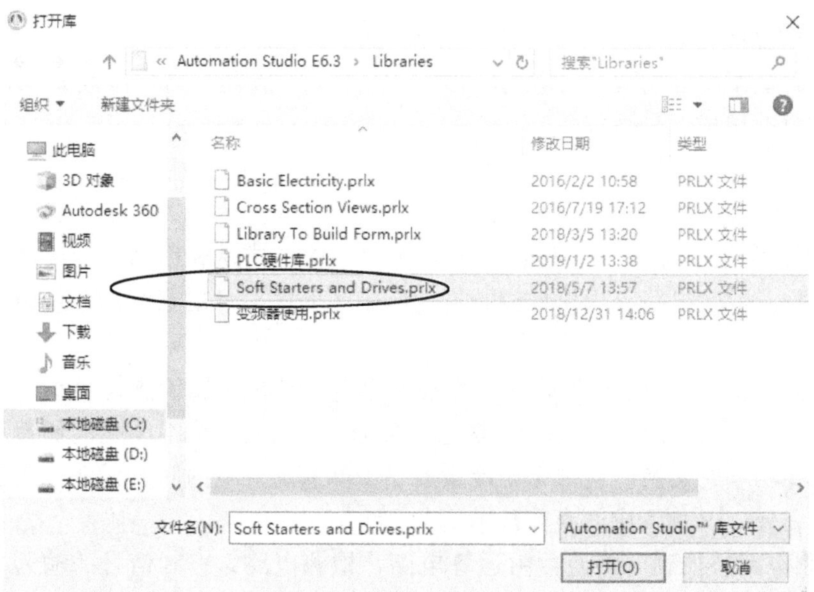

图 3-2　选择库文件

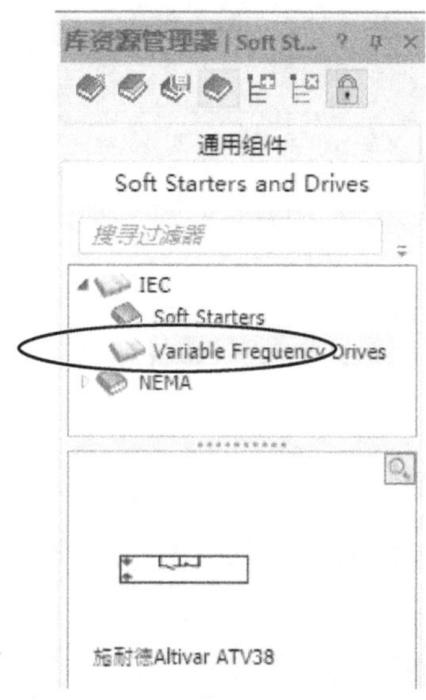

图 3-3　添加变频器操作界面

（2）修改变频器的参量

双击放置好的 ATV38 变频器，打开“组件属性”对话框，将“启动模式”修改为“2 线”，即外部接线控制，如图 3-5 所示。

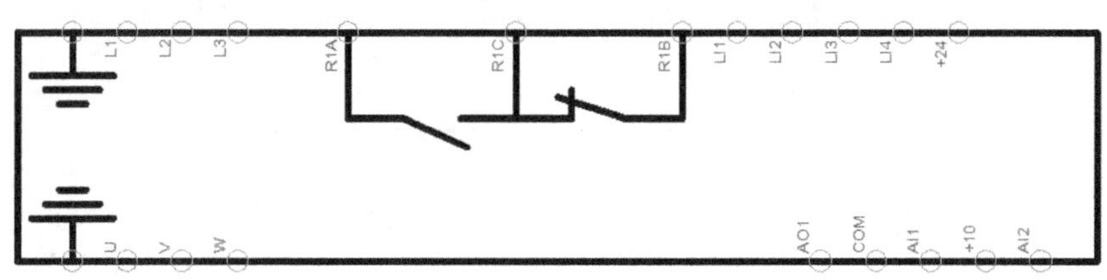

图 3-4　放置 Altivar ATV38 变频器

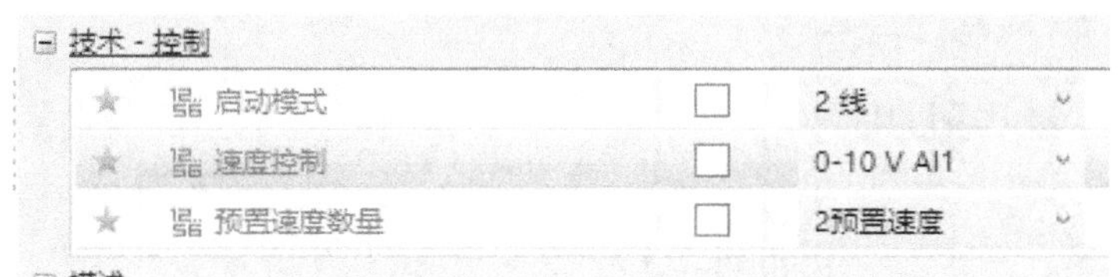

图 3-5　ATV38 变频器“组件属性”对话框

（3）放置电路中的其他元件

在“电气工程（IEC 标准）”中选择“主电路组件”下“电源”中的“三相”，将三相电源拖到电工图中；在“主电路组件”下“保护”中选择“断路器-3 极-”以及“带熔丝熔丝架 3 极”；选择“线路连接”中的“参考连接”将“接地”拖到电工图中；选择“主电路组件”中的“电机”，将其中的“三相异步电机”中的“异步电机，鼠笼式，三相 AC”拖到电工图中；选择“辅助电路组件”中的“开关”，将“接通接点按钮开关（自动返回）”拖到电工图中。放置好元器件的电工图如图 3-6 所示。

（4）电路连接

主电路连接时使用“电力线”，控制电路的连接使用“指令线”，连接好的电路如图 3-7 所示。

（5）仿真调试

合上断路器 QS，然后按下起动按钮 SB1，三相异步电动机起动运行。松开按钮

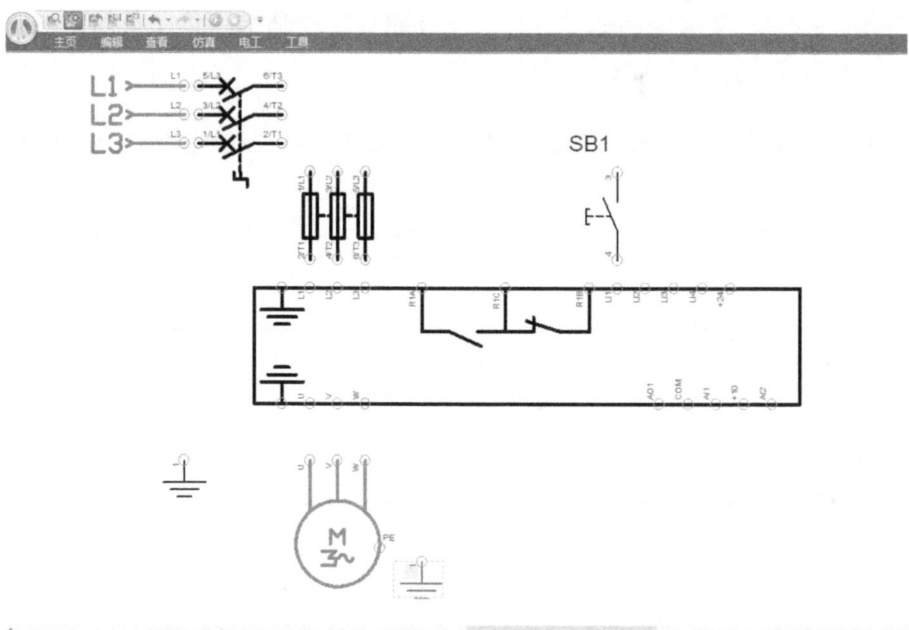

图 3-6　放置好元器件的电工图

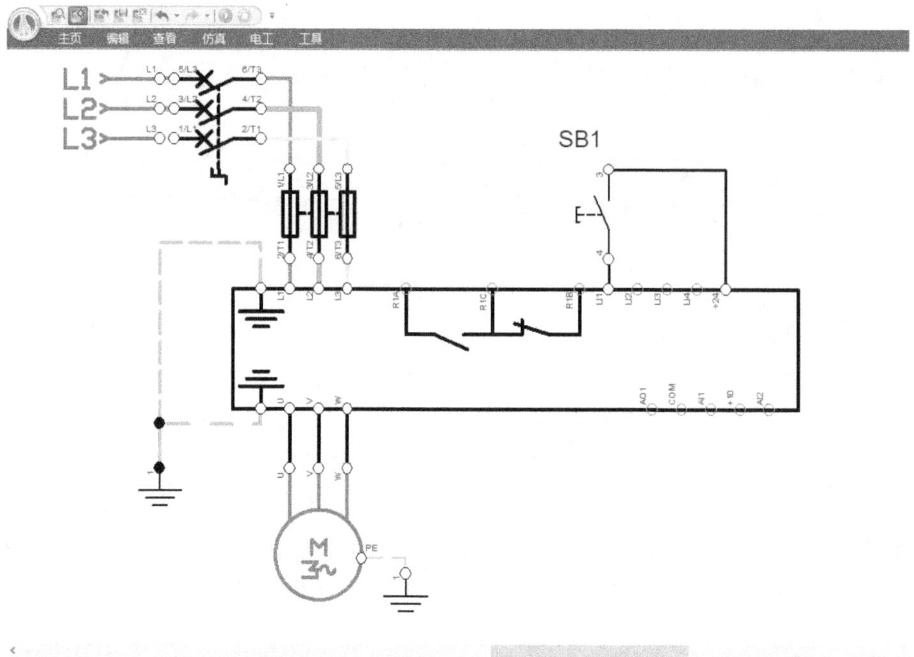

图 3-7　连接好的电路图

SB1，电动机停止运行。仿真界面如图 3-8 和图 3-9 所示。

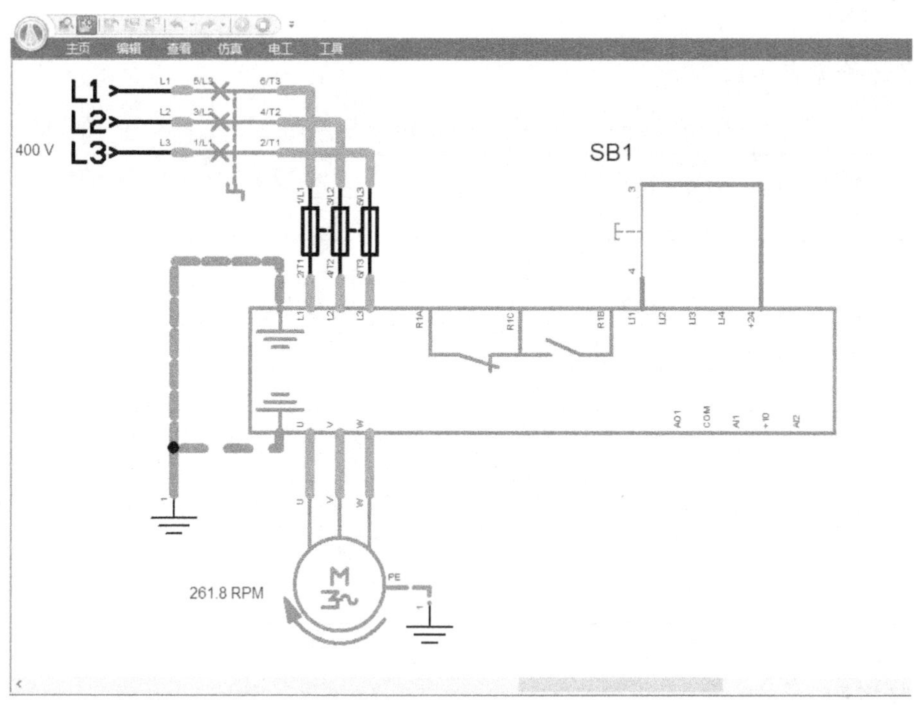

图 3-8　变频器控制电动机点动运行

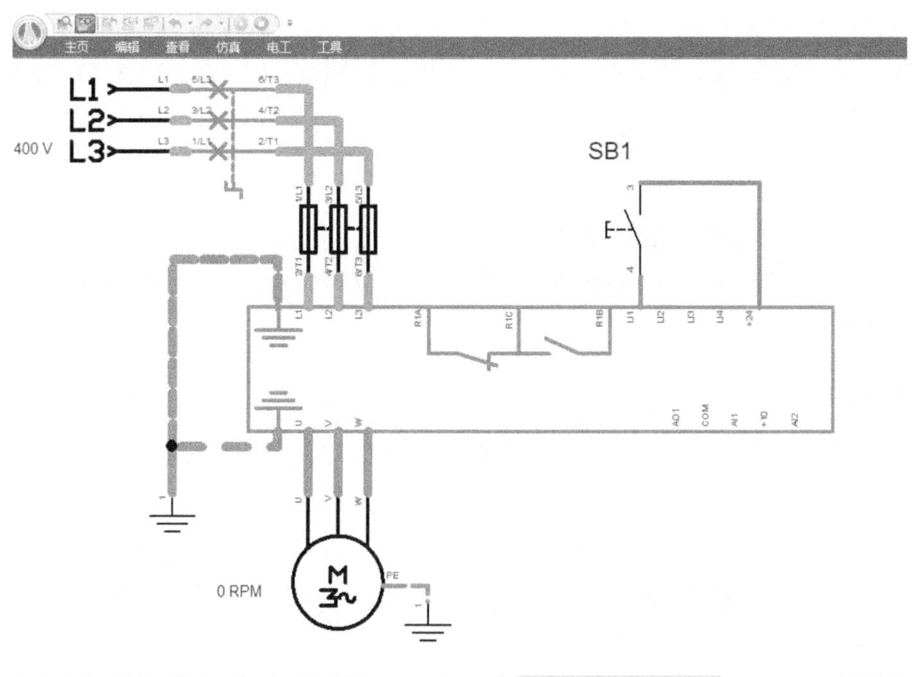

图 3-9　变频器控制电动机停止运行

任务评价

任务评价见表 3-1。

表 3-1 任务评价

序号	评价指标	评 价 内 容	分值	学生自评	小组互评	教师点评
1	创建工程	模板选用正确	10			
2	原理图设计绘制	变频器选型正确	10			
		电路各元器件选用正确	10			
		电路连接正确	10			
		组件属性设置正确	10			
3	变频器设置	各元器件变量关联正确	20			
4	电路仿真	电动机起停运行仿真正确	30			
总分			100			
问题记录和解决方法						

任务拓展

试用 Automation Studio 6. 3 Educational 软件中的频率计查看电动机运行中的频率，并完成仿真操作。

任务二 变频器控制三相异步电动机正反转的设计与仿真

学习目标

1）掌握 ATV38 变频器的各控制端子的使用方法。

2）学会使用 Automation Studio 6. 3 Educational 软件设计并仿真变频器控制三相异步电动机正反转。

任务引入

在实际的生产过程中，需要用到电动机以不同的速度进行试车运行，例如刀具的前进和后退等，此处忽略变频器内部参数的设置，完成变频器对三相异步电动机的正反转控制。使用 Automation Studio 6. 3 Educational 软件，完成施耐德 ATV38 变频器控制三相异步电动机正反转运行控制电路的设计与仿真，并用频率计来测量正转时的频率。

相关知识

（1）ATV38 变频器

ATV38 变频器是施耐德电气有限公司研发的书本型变频器，具有结构紧凑、节省安装空间的特点，主要应用在楼宇建筑的风机和水泵上。功率范围为 0.75~315 kW，三相电源电压为 380/460V。在通信方面，内置 Modbus RS232/RS485，可接远程显示操作盘；可通过 PC/PLC 或施耐德触摸屏 Magelis 等人机界面进行控制。ATV38 变频器的电路图如图 3-10 所示。控制电路基本 I/O 包含：4 个逻辑输入；2 个模拟输入（0/10V 和 4/20mA）；1 个可配置的模拟输出；2 个继电器输出（1 个故障继电器和 1 个可配置继电器）。ATV38 控制端子功能见表 3-2。

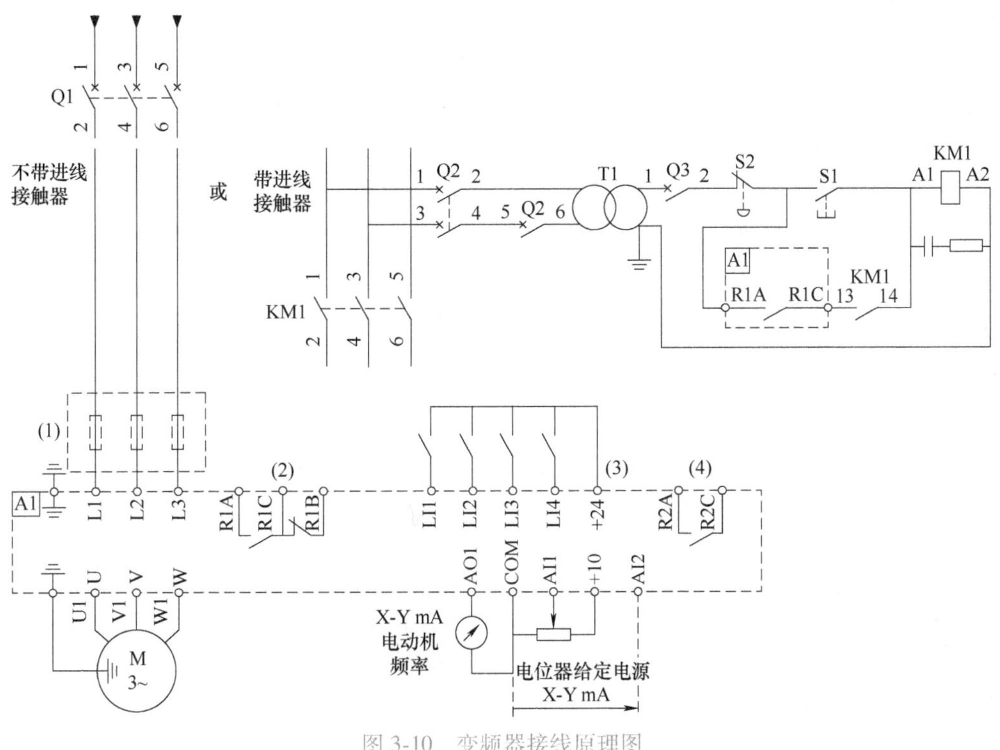

图 3-10　变频器接线原理图

表 3-2　ATV38 控制端子功能

端子	功　能	电 气 特 性
R1A R1B R1C	故障继电器 R1 带公共点的 C/O 触点（R1C）	最低通断能力：对于直流 24V 为 10mA； 对于交流 250V 和直流 30V 为 1.5A
R2A R2C	R2 可编程继电器的 N/O 触点	
AO1	模拟电流输出	X-Y mA 模拟输出，其中 X 和 Y 可进行出厂值配置，设定为 0~20mA，阻抗为 500Ω
COM	逻辑和模拟输入公共端	
AI1	模拟电压输入	模拟输入 0~10V，阻抗 30kΩ
+10	1~10kΩ 电位器给定电源	+10V（0，10%）最大 10mA，短路和过载保护
AI2	模拟电流输入	X-Y mA 模拟输出，其中 X 和 Y 可进行出厂值配置，设定为 0~20mA，阻抗为 500Ω

（续）

端子	功　能	电气特性
LI1 LI2 LI3 LI4	逻辑输入	可编程逻辑输入 阻抗为 3.5kΩ +24V 电源（最高 30V） 如小于 5V 为 0 状态，大于 11V 为 1 状态
+24	输入端电源	+24V 短路和过载保护，最低 18V，最高 30V，最大电流 200mA

（2）两线制控制与三线制控制应用说明

1）两线制：输入点上升沿（0→1）时起动变频器，下降沿（1→0）时，停止变频器（出厂设置），或输入点接通（状态 1）时起动变频器，断开（状态 0）时停止变频器。其中，LI1 在两线制下固定为正转，不能修改。两线制接线图如图 3-11 所示。

2）三线制：停止输入信号接通（状态 1）时，方能使用正转或反转脉冲起动变频器。使用“停机”脉冲控制停车。其中，LI1 固定为停止，LI2 固定为正转。三线制接线图如图 3-12 所示。

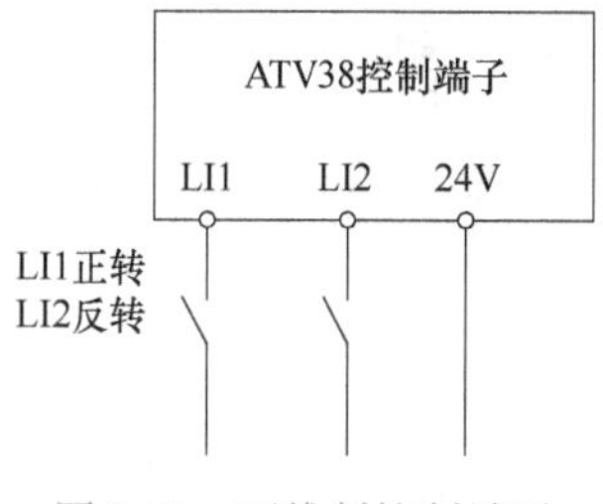

图 3-11　两线制控制端子

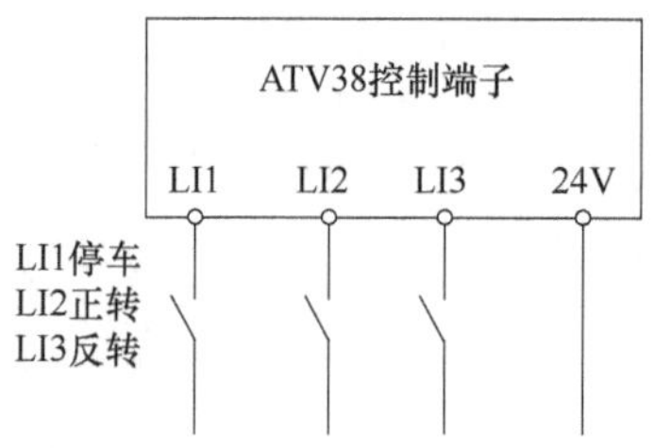

图 3-12　三线制控制端子

任务要求

根据两线制控制与三线制控制端子图，运用软件绘制出仿真图。

任务实施

（1）元器件放置与线路连接

在桌面上打开 Automation Studio 6.3 Educational 软件，新建一个项目，命名为“变频器控制三相异步电动机正反转运行”，并在该项目下新建一个电工文档。放置施耐德 ATV38 变频器以及所需的各个元器件，并进行电路连接，连接好的电路图如图 3-13 所示。此处我们采用的是 2 线制，如图 3-14 所示。

（2）电路仿真

按下按钮 SB1，电动机点动正转；按下按钮 SB2，电动机点动反转。仿真效果图如图 3-15 和图 3-16 所示。

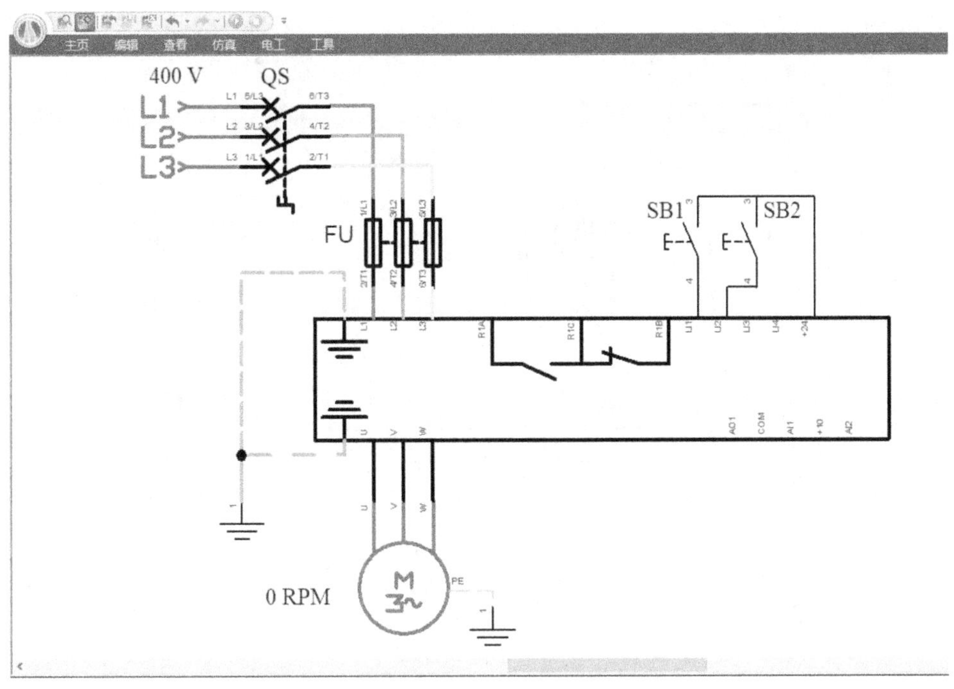

图 3-13　变频器控制三相异步电动机正反转

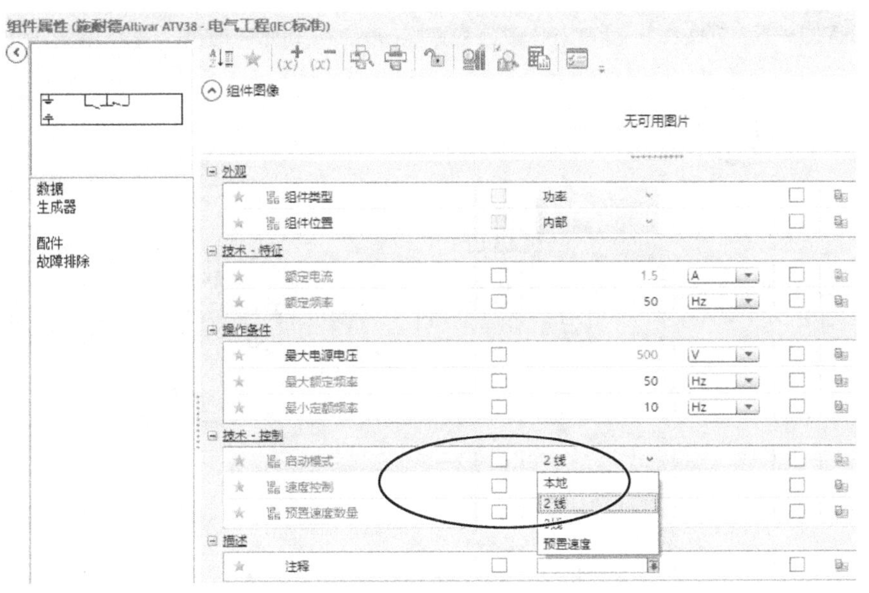

图 3-14　变频器“组件属性”对话框

在“主电路组件”中的“测量仪器”中拖动“频率计”到电路中，两端分别接在电动机的 V 相和 W 相上。所测量的正转频率约为 10Hz，如图 3-17 所示。

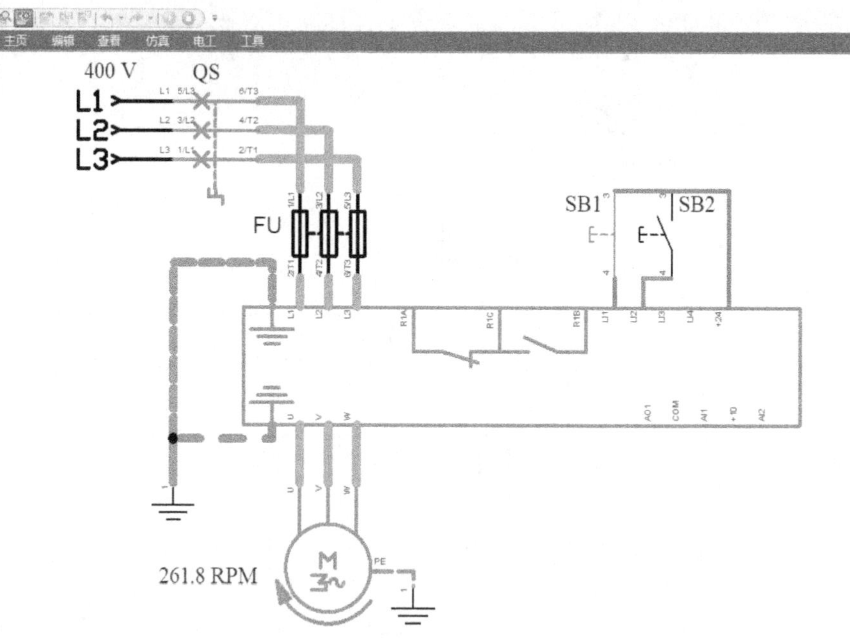

图 3-15　电动机点动正转仿真界面

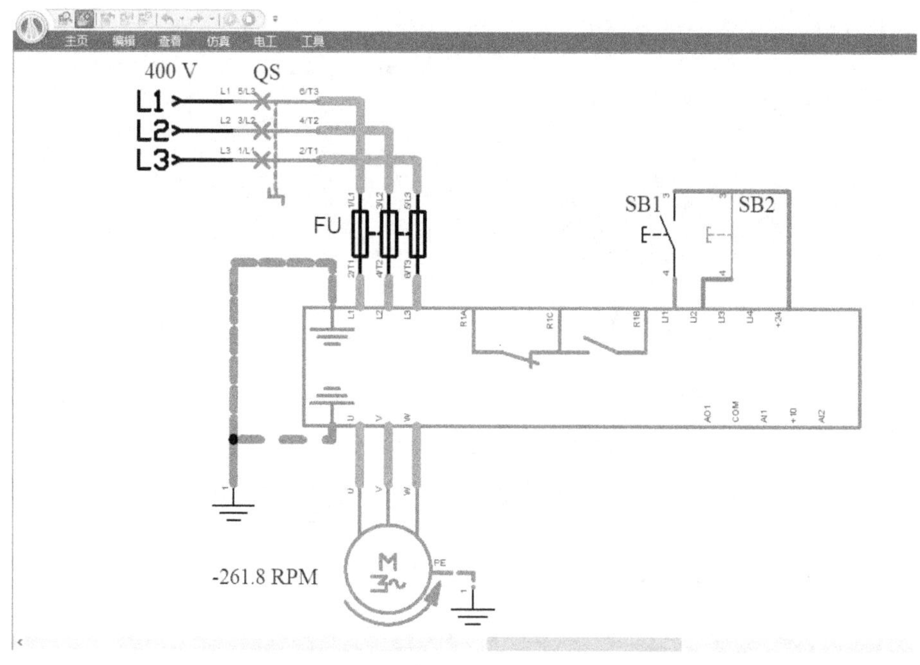

图 3-16　电动机点动反转仿真界面

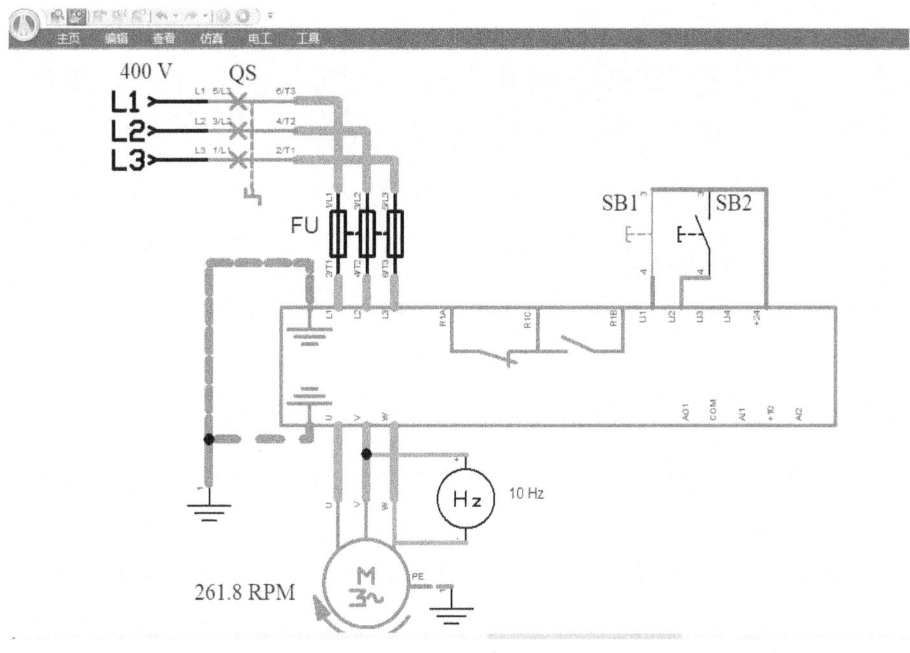

图 3-17 电动机点动正转频率测定界面

任务评价

任务评价见表 3-3。

表 3-3 任务评价

序号	评价指标	评 价 内 容	分值	学生自评	小组互评	教师点评
1	创建工程	模板选用正确	10			
2	原理图设计绘制	变频器选型正确	10			
		电路各元器件选用正确	10			
		电路连接正确	10			
		组件属性设置正确	10			
3	变频器设置	各元器件变量关联正确	20			
4	电路仿真	电动机点动正转仿真正确	15			
		电动机点动反转仿真正确	15			
总分			100			
问题记录和解决方法						

任务拓展

试用三线制在 Automation Studio 6.3 Educational 软件中实现三相异步电动机的正反

转运行控制，并完成仿真。

任务三　变频器控制电位计模拟量的设计与仿真

学习目标

1）掌握变频器的模拟量端子的使用方法。

2）学会使用 Automation Studio 6. 3 Educational 软件设计并仿真变频器电位计模拟量控制。

任务引入

在实际生产中，经常要用到变频器模拟量控制电动机实现无级调速，例如啤酒加工生产线上通过对阀门开合大小的控制来实现灌装的平稳性等。本任务通过对电位计在变频器上的使用来学习变频器的模拟量控制。使用 Automation Studio 6. 3 Educational 软件，使用电位计完成对施耐德 ATV38H 变频器以及三相异步电动机的模拟量控制的设计与仿真。

相关知识

模拟量输入控制端子有专为控制频率而设置的可调电阻控制端（VRF）和模拟电流输入控制端（IRF）。输入控制端子分为模拟量输入控制端子和触点（数字）输入控制端子。模拟量输入控制端子一般控制变频器的工作频率、PID 反馈信号输入、热敏电阻检测信号输入等；触点输入控制端子又分一般控制端子和多功能控制端子。

任务要求

根据任务描述，设计绘制出变频器控制电位计模拟量的仿真图。

任务实施

在桌面上打开 Automation Studio 6. 3 Educational 软件，新建一个项目，命名为“变频器电位计模拟量控制”，并在该项目下新建一个电工文档，然后开始放置电路所用的各个元器件。

（1）元器件放置界面

在“库资源管理器”界面上单击，选择“Soft Starters and Drives. prlx”的施耐德 Altivar ATV38，拖到新建的电工图中，将“启动模式”修改为“2 线制”；在“通用组件”中的“主电路组件”中选择电源、熔断器、接地、三相异步电动机；在“辅助电路组件”中选择“开关”；在“基本无源和有源组件”中选择“可变电阻—电位计”；在“测量仪器”中将“电压表”和“频率计”放置到电工图中。放置好元器件的电工图如图 3-18 所示。

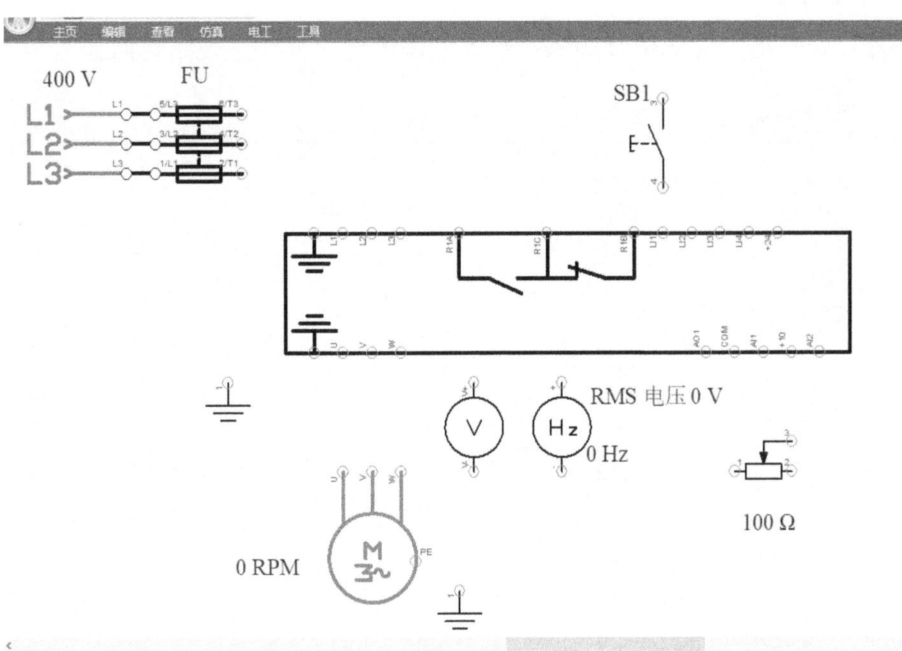

图 3-18　电位计模拟量元器件放置界面

（2）电路连接

主电路连接时使用“电力线”，控制电路的连接使用“指令线”。连接好的电路图如图 3-19 所示。

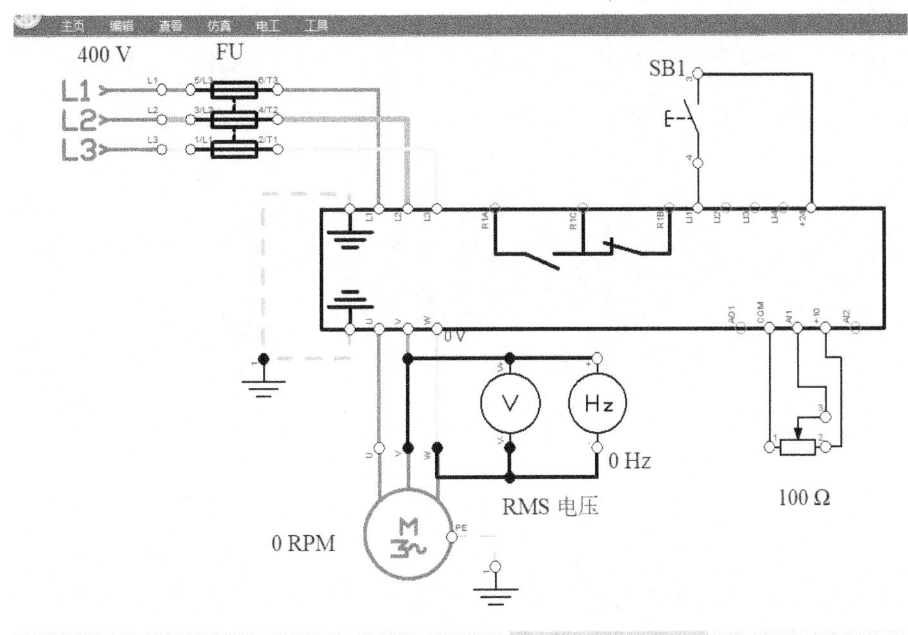

图 3-19　电路连接图

（3）电路仿真

变频器设定最小额定频率为10Hz，最大额定频率为50Hz。设定界面如图3-20所示。

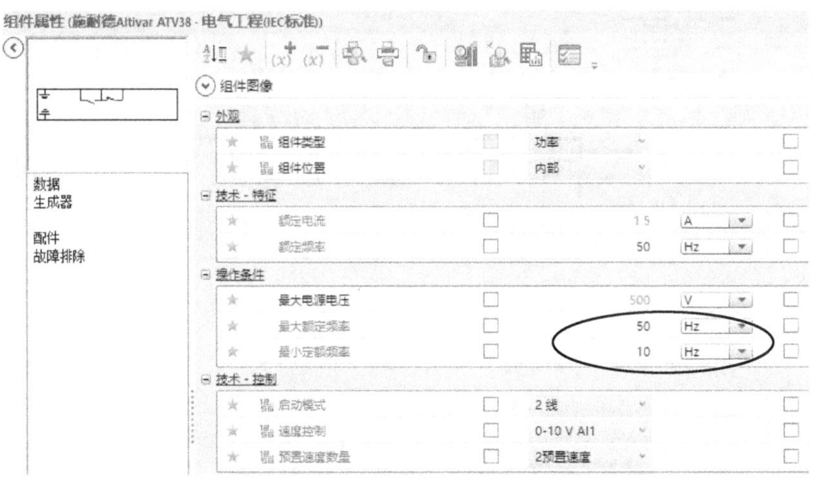

图3-20 “组件属性”对话框

闭合起动按钮SB1，电动机开始运行，将电位计的值设定为0。电压表中显示电动机运行时的电压约为74.4V，频率计中显示电动机的运行频率为10Hz。运行仿真界面如图3-21所示。

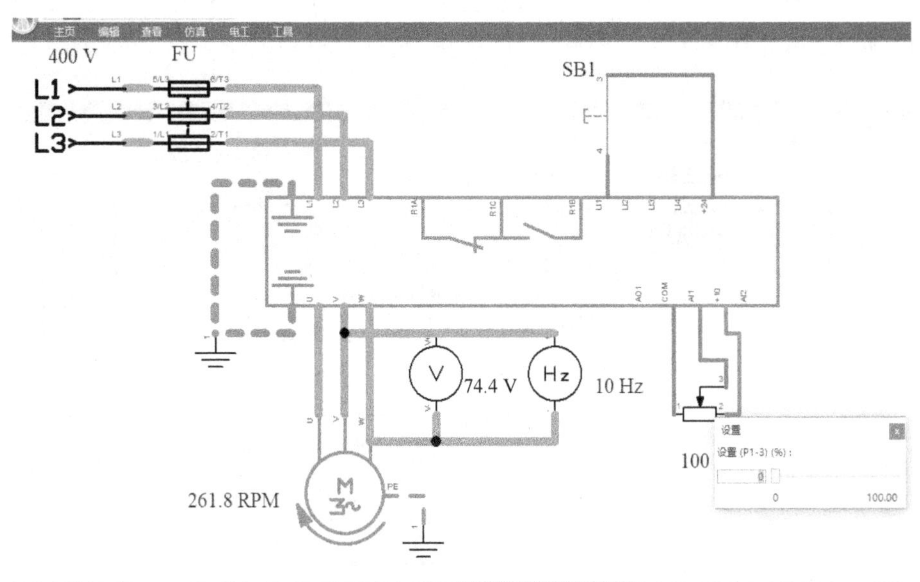

图3-21 电动机运行仿真界面1

然后将电位计的数值逐渐增大，可以看到电动机的电压与运行频率逐渐增加。例如当电位计的电阻为49.01Ω时，电动机的电压可达到236.7V，频率为29.6Hz，如图3-22所示。

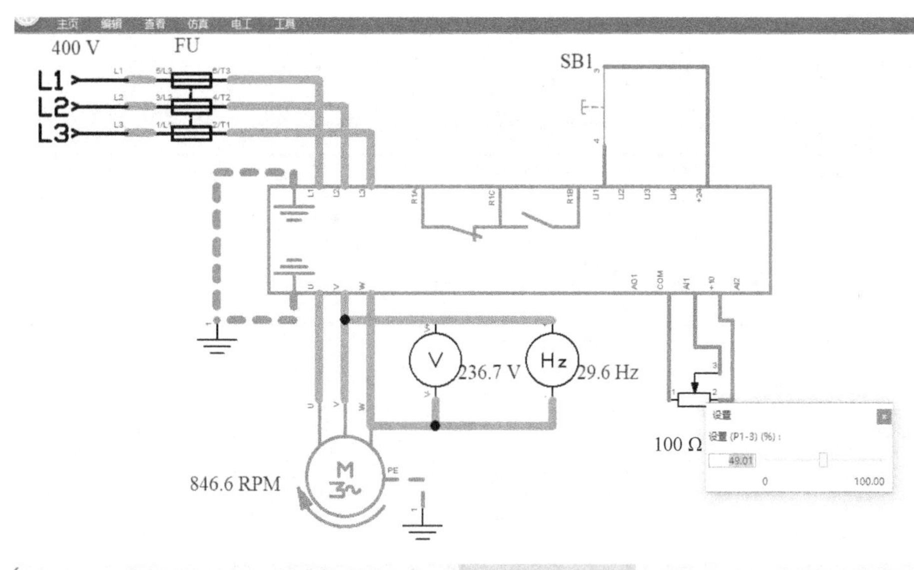

图 3-22　电动机运行仿真界面 2

将电位计的数值设置为最大，即当电位计的电阻为 100Ω 时，电动机的电压可达到 399.7V，频率为 50Hz，如图 3-23 所示。即当电位计在 0~100Ω 连续调节时，电动机的频率和电压可以连续变化。

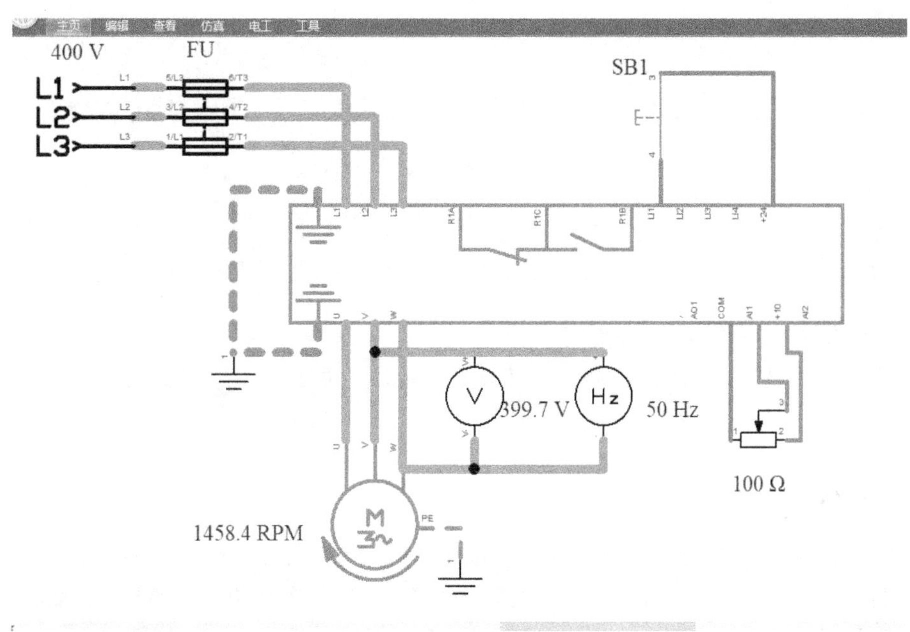

图 3-23　电动机运行仿真界面 3

任务评价

任务评价见表 3-4。

表 3-4　任务评价

序号	评价指标	评价内容	分值	学生自评	小组互评	教师点评
1	创建工程	模板选用正确	10			
2	原理图设计绘制	变频器选型正确	10			
		电路各元器件选用正确	10			
		电路连接正确	10			
		组件属性设置正确	10			
3	变频器设置	各元器件变量关联正确	20			
4	电路仿真	电位计设置运行仿真正确	15			
		电动机电压频率显示正确	15			
总分			100			
问题记录和解决方法						

任务拓展

试在 Automation Studio 6.3 Educational 软件中，用 PLC 控制变频器实现三相异步电动机的模拟量控制，并完成仿真操作。

任务四　PLC 控制变频器实现三相异步电动机正反转的设计与仿真

学习目标

1）掌握变频器控制端子的使用方法。

2）学会使用 Automation Studio 6.3 Educational 软件设计并仿真 PLC 控制变频器实现三相异步电动机正反转运行。

任务引入

在实际生产中，对变频器的控制往往采用 PLC 来实现，以此来提高生产的效率。本任务以三菱 FX3U 系列 PLC 为例，来实现对 ATV38 变频器以及三相异步电动机的控制。使用 Automation Studio 6.3 Educational 软件，应用三菱 FX3U 系列 PLC 完成对施耐德 ATV38 变频器以及三相异步电动机的正反转运行控制的设计与仿真。对三菱 FX3U 系列 PLC 模块软件的应用在项目三已经学习过，本任务中我们直接使用。

相关知识

要电动机实现正反转控制，将其电源的相序中任意两相对调即可（我们称为换相），通常是V相不变，将U相与W相对调。为了保证两个接触器动作时能够可靠调换电动机的相序，接线时应使接触器上端接线保持一致，在接触器的下端调相。由于将两相相序对调，故须确保两个KM线圈不能同时得电，否则会发生严重的相间短路故障，因此必须采取联锁控制。

任务要求

根据任务描述，设计绘制出PLC控制变频器实现三相异步电动机正反转的仿真图。

任务实施

（1）各元器件放置

在桌面上打开Automation Studio 6.3 Educational软件，新建一个项目，命名为“PLC控制变频器实现三相异步电动机正反转运行”，并在该项目下新建一个电工文档。下面放置施耐德ATV38变频器、三菱FX3U PLC以及所需的各个元器件。放置好的元器件图如图3-24所示。

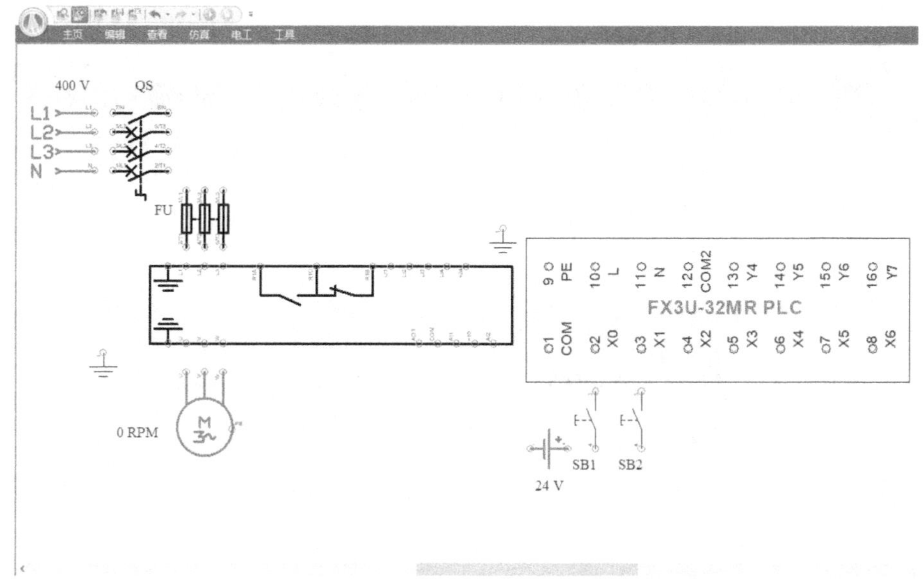

图3-24　元器件放置图

（2）电路连接

主电路连接时使用“电力线”，控制电路的连接使用“指令线”，LI1与Y5连接，LI2与Y4连接，COM2与24V连接。连接好的电路如图3-25所示。

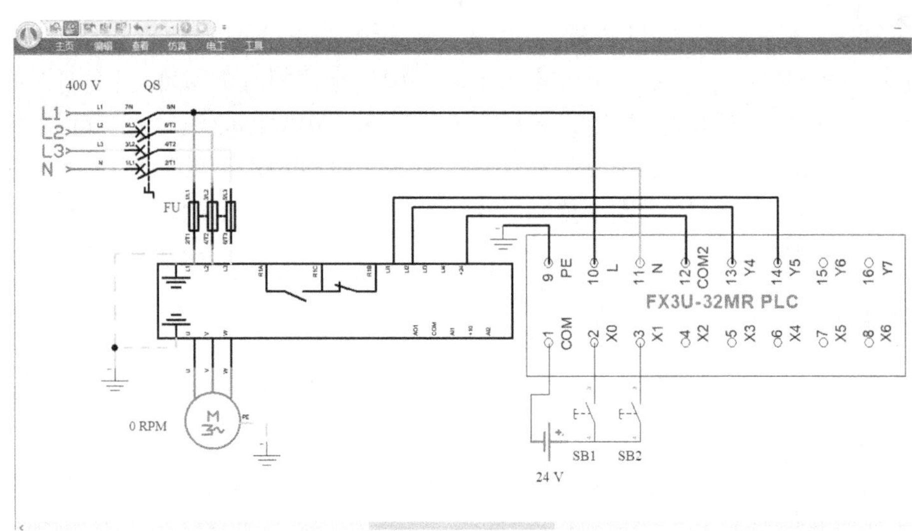

图 3-25　电路连接图

(3) PLC 部分程序的编写

打开标准图，在“通用组件”的“梯形图（IEC 标准）”中拖放梯级、接点和线圈到标准图，并进行变量的关联，编写好的梯形图如图 3-26 所示。

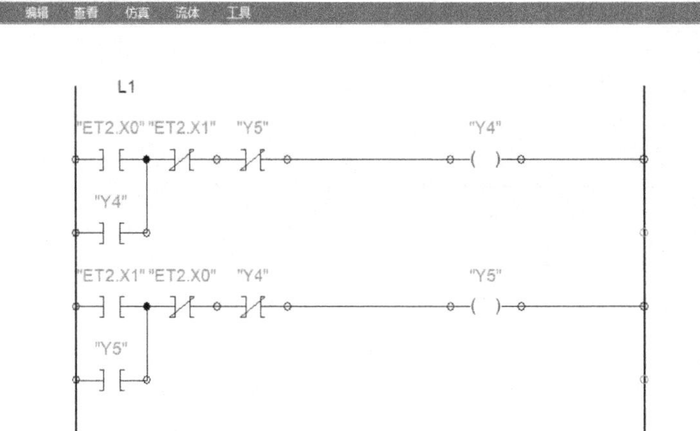

图 3-26　PLC 控制变频器实现电动机正反转梯形图程序

(4) 梯形图与电路图仿真

单击仿真按钮“ ”，合上 QS，按下 SB2 按钮，电动机正转运行，电路运行仿真界面如图 3-27 所示，PLC 梯形图仿真界面如图 3-28 所示。

按下 SB1 按钮，电动机反转运行，电路运行仿真界面如图 3-29 所示，PLC 梯形图仿真界面如图 3-30 所示。

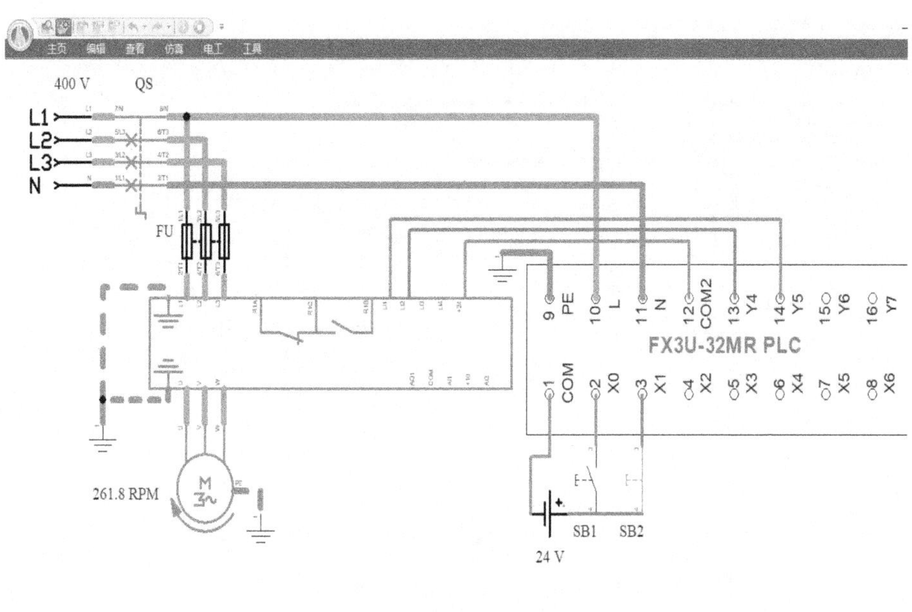

图 3-27　PLC 控制变频器实现电动机正转电路运行仿真界面

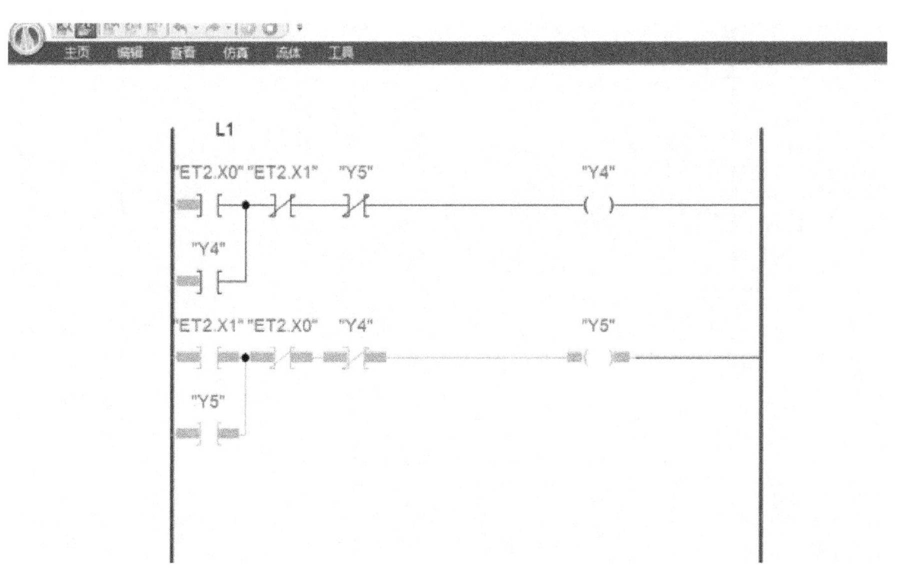

图 3-28　PLC 控制变频器实现电动机正转梯形图仿真界面

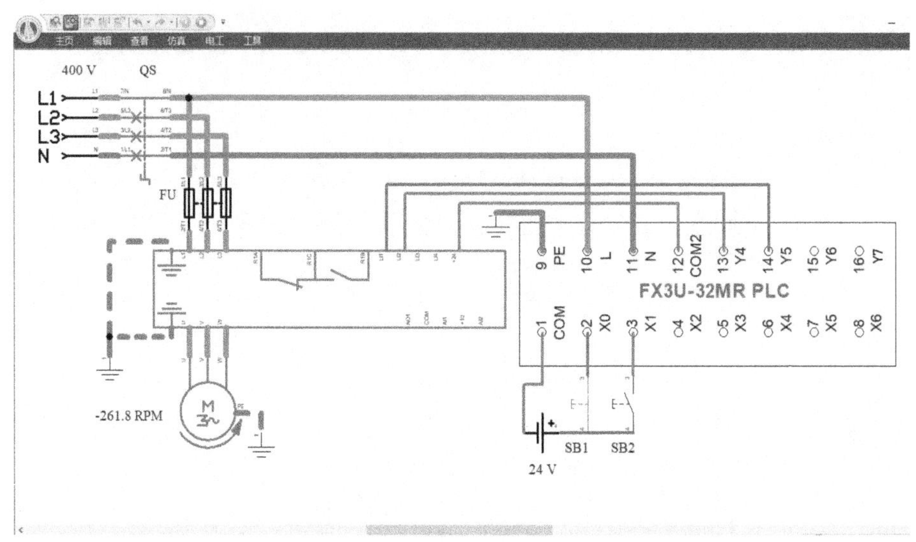

图 3-29　PLC 控制变频器实现电动机反转电路运行仿真界面

图 3-30　PLC 控制变频器实现电动机反转梯形图仿真界面

任务评价

任务评价见表 3-5。

表 3-5　任务评价

序号	评价指标	评 价 内 容	分值	学生自评	小组互评	教师点评
1	创建工程	模板选用正确	10			
2	原理图设计绘制	变频器选型正确	10			
		电路各元器件选用正确	10			
		电路连接正确	10			
		梯形图变量关联正确	10			
3	变频器设置	各元器件变量关联正确	20			
4	电路仿真	电动机正转仿真正确	15			
		电动机反转仿真正确	15			
总分			100			
问题记录和解决方法						

任务拓展

在 Automation Studio 6.3 Educational 软件中，试用 PLC 控制 ATV38 变频器实现三相异步电动机的Y-△运行，并完成仿真操作。

项目四

直流电动机、步进及伺服系统的设计与仿真

任务一　直流电动机系统的设计与仿真

学习目标

1）掌握直流电动机系统的基本结构与工作原理。

2）学会使用 Automation Studio 6.3 Educational 软件设计并仿真直流电动机系统的起停。

任务引入

直流电动机是将直流电能转换为机械能的电动机，是人类发明和应用最早的一种电动机。与交流电动机相比，直流电动机由于结构复杂、维护困难、价格昂贵等缺点制约了其发展，应用不及交流电动机广泛。但由于直流电动机具有优良的起动、调速和制动性能，因此在工业领域中占有一席之地。

本任务使用 Automation Studio 6.3 Educational 软件进行直流电动机系统的设计和仿真，包括传统的接触器控制和 PLC 控制两个部分。

相关知识

如图 4-1 所示，直流电动机应用广泛，其中使用最广泛的就是直流电动工具。在发电厂里，同步发电机的励磁机、蓄电池的充电机等都是直流发电机，锅炉给粉机的原动机也是直流电动机。此外，例如大型轧钢设备、大型精密机床、矿井卷扬机、市内电车、电缆设备等严格要求线速度一致的地方等，通常都采用直流电动机作为原动机来拖动工作机械。直流发电机通常是作为直流电源，向负载输出电能；直流电动机则是作为原动机拖动各种生产机械工作，向负载输出机械能。在控制系统中，直流电动机还有其他用途，例如测速电动机、伺服电动机等。

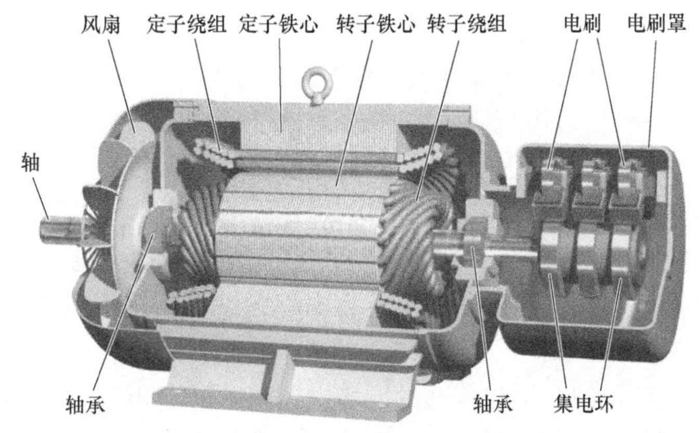

图 4-1　直流电动机

（1）基本构造

直流电动机主要分为两部分：定子和转子。

1）定子由主磁极、机座、换向极、端盖和电刷装置等部件组成。

主磁极——主磁极的作用是建立主磁场，绝大多数直流电动机的主磁极不是用永磁铁而是由励磁绕组通以直流电流来建立磁场的。主磁极由主磁极铁心和套装在铁心上的励磁绕组构成。

机座——机座有两个作用，一是作为主磁极的一部分，二是作为电动机的结构框架。机座中作为磁通通路的部分称为磁轭。机座一般用厚钢板弯成筒形以后焊成，或者用铸钢件制成。机座的两端装有端盖。

换向极——换向极是安装在两相邻主磁极之间的一个小磁极，它的作用是改善直流电动机的换向情况，使电动机运行时不产生有害的火花。换向极结构和主磁极类似，是由换向极铁心和套在铁心上的换向极绕组构成的，并用螺杆固定在机座上。

端盖——端盖装在机座两端并通过端盖中的轴承支承转子，将定子和转子连为一体，同时端盖对电动机内部还具有防护作用。

电刷装置——电刷装置是电枢电路的引出（或引入）装置，它由电刷、刷握、刷杆和连线等部分组成。电刷是由石墨或者金属石墨组成的导电块，放在刷握内，用弹簧以一定的压力安放在换向器的表面，旋转时与换向器表面形成滑动接触。刷握用螺钉固定在刷杆上。每一个刷杆上的一排电刷组成一个电刷组，同极性的各刷杆用线连在一起，再引到出线盒。刷杆装在可移动的刷杆座上，以便调整电刷的位置。

2）转子由电枢铁心、换向器、转轴、轴承和风扇等组成。

电枢铁心部分——电枢铁心既是主磁极的组成部分，又是电枢绕组的支承部分；电枢绕组就嵌放在电枢铁心的槽内。其作用是嵌放电枢绕组和颠末磁通，降低电动机工作时电枢铁心中发生的涡流损耗和磁滞损耗。

电枢部分——电枢绕组由一定数目的电枢线圈按一定的规律连接组成。它是感生电动势产生电磁转矩进行机电能量转换的部分。电枢绕组有许多线圈或玻璃丝包扁钢铜线或强度漆包线。

换向器——换向器是直流电动机的关键部件之一，又称整流子。在直流电动机中，它的作用是将电刷上直流电源的电流变换成电枢绕组内的沟通电流，使电磁转矩的方向稳定不变。在直流发电机中，它将电枢绕组沟通电动势变换为电刷端输出的直流电动势。

（2）分类

1）根据有无电刷分类。

① 无刷直流电动机。无刷直流电动机是将普通直流电动机的定子与转子进行了互换。其转子为永磁铁，产生气隙磁通；定子为电枢，由多相绕组组成。在结构上，它与永磁同步电动机类似。

无刷直流电动机定子的结构与普通的同步电动机或感应电动机相同，在铁心中嵌入多相绕组（三相、四相、五相不等），绕组可接成星形或三角形，并分别与逆变器的各功率管相连，以便进行合理换相。转子按磁极中磁性材料所放位置的不同，可以分为表面式磁极、嵌入式磁极和换新磁极。由于电动机本体为永磁电动机，所以习惯上也把无刷直流电动机称为永磁无刷直流电动机。

② 有刷直流电动机。有刷直流电动机的两个电刷（铜刷或者炭刷）通过绝缘座固定在电动机后盖上，并直接将电源的正负极引入到转子的换向器上，而换向器连通了转子的线圈，3 个线圈极性不断地交替变换，与外壳上固定的两块磁铁形成作用力而转动起来。由于换向器与转子固定在一起，而电刷与外壳（定子）固定在一起，电动机转动时电刷与换向器不断地发生摩擦，产生大量的阻力与热量。所以有刷直流电动机的效率低下，损耗非常大。但是，它具有制造简单、成本及其低廉的优点。

2）根据励磁方式的不同分类。

直流电动机的励磁方式是指励磁绕组如何供电、产生励磁磁通势而建立主磁场。根据励磁方式的不同，直流电动机可分为他励、并励、串励和复励 4 种。

① 他励直流电动机。励磁绕组与电枢绕组无连接关系，而由其他直流电源对励磁绕组供电的直流电动机称为他励直流电动机，接线如图 4-2a 所示，其中 M 表示电动机，若为发电机，则用 G 表示。永磁直流电动机也可以看作他励直流电动机。

② 并励直流电动机。并励直流电动机的励磁绕组与电刷绕组相并联，接线如图 4-2b 所示。作为并励发电机，是由电动机本身发出来的端电压为励磁绕组供电；作为并励电动机来说，励磁绕组与电枢共用同一电源，性能上与他励直流电动机相同。

③ 串励直流电动机。串励直流电动机的励磁绕组与电枢绕组串联后，再接于直流电

源，接线如图 4-2c 所示。这种直流电动机的励磁电流就是电枢电流。

④ 复励直流电动机。复励直流电动机有并励和串励两个励磁绕组，接线如图 4-2d 所示。若串励绕组产生的磁通势与并励绕组产生的磁通势方向相同，则称为积复励；若两个磁通势方向相反，则称为差复励。

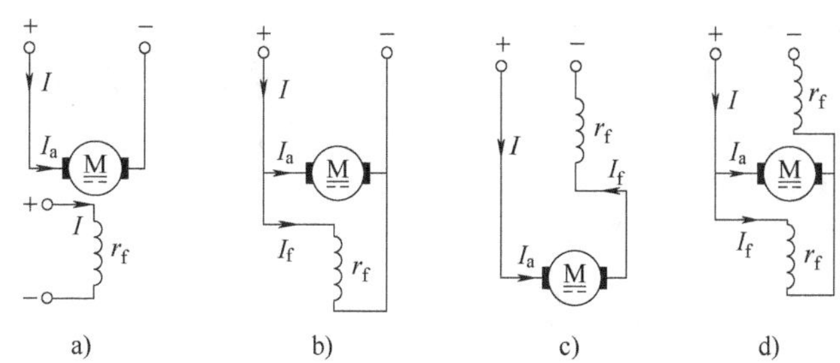

图 4-2　直流电动机励磁方式分类

（3）特点

1）优良的调速特性，调速范围宽广，调速平滑、方便。

2）过载能力大，能承受频繁冲击负载，而且能设计成与负载机械相适应的各种机械特性。

3）能快速起动、制动和逆向运转。

4）能适应生产过程自动化所需要的各种特殊运行要求。

5）易于控制，可靠性高。

6）调速时的能量损耗小。

（4）工作原理

简单来说，直流电动机利用电流产生磁场，即电磁力定律。电动机具有一对磁极，电枢由原动机驱动在磁场中旋转，在电枢线圈中的两根有效边中感应出交变电动势，两电刷同时与和有效边接触的换向片接触，在电刷间产生极性不变的电压，当电刷间有负载时便产生电流。

（5）机械特性

电动机的转速 n 随转矩 T 而变化的特性［$n=f(T)$］称为机械特性，它是选用电动机的一个重要依据。各类电动机都因有自己的机械特性而适用于不同的场合。不同励磁方式的直流电动机有着不同的特性。一般情况下，直流电动机的主要励磁方式是他励式、并励式、串励式和复励式，其中他励直流电动机的机械特性如图 4-3 所示。

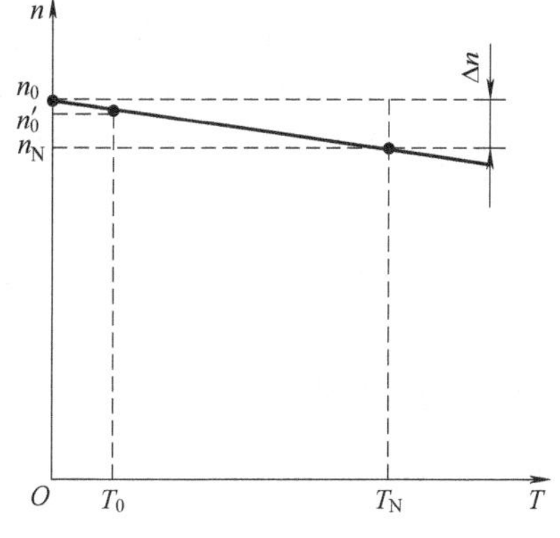

图 4-3　他励直流电动机的机械特性

（6）铭牌和额定值

铭牌通常钉在电动机机座的外表面上，其上标明电动机主要额定数据及电动机产品数据，供使用者参考。铭牌数据主要包括电动机型号、额定功率、额定电压、额定电流、额定转速和额定励磁电流及励磁方式等。此外还有电动机的出厂数据，如出厂编号、出厂日期等。

1）电动机的产品型号表示电动机的结构和使用特点，国产电动机型号一般采用大写的汉语拼音字母和阿拉伯数字表示，其格式：第一部分用大写的拼音表示产品代号，第二部分用阿拉伯数字表示设计序号，第三部分用阿拉伯数字表示机座代号，第四部分用阿拉伯数字表示电枢铁心长度代号。

以 Z2—92 为例说明如下：Z2—92 中的 Z 表示一般用途的直流电动机；2 表示设计序号，第二次改型设计；9 表示机座序号；2 表示电枢铁心长度序号。

第一部分字符的含义如下：

Z 系列：一般用途的直流电动机（如 Z2、Z3、Z4 等系列）；

ZJ 系列：精密机床用的直流电动机；

ZT 系列：调速直流电动机；

ZQ 系列：直流牵引电动机；

ZH 系列：船用直流电动机；

ZA 系列：防爆安全型直流电动机；

ZKJ 系列：挖掘机用直流电动机；

ZZJ 系列：冶金起重机用直流电动机。

2）电动机铭牌上所标的数据称为额定数据，具体含义如下。

额定功率 P_N：指在额定条件下电动机所能供给的功率。对于电动机，额定功率是指电动机轴上输出的最大机械功率；对于发电机，额定功率是指电刷间输出的最大电功率。额定功率的单位为 kW。

额定电压 U_N：指额定工况条件下，电动机出线端的平均电压。对于电动机是指输入额定电压，对于发电机是指输出额定电压。额定电压的单位为 V。

额定电流 I_N：指电动机在额定电压下，运行于额定功率时对应的电流值。额定电流的单位为 A。

额定转速 n_N：指在额定电流、额定电压下，电动机运行于额定功率时所对应的转速。额定转速的单位为 r/min。

额定励磁电流 I_{fN}：指对应于额定电压、额定电流、额定转速及额定功率时的励磁电流，额定励磁电流的单位为 A。

励磁方式：指直流电动机的励磁线圈与其电枢线圈的连接方式。根据电枢线圈与励磁线圈的连接方式不同，直流电动机励磁方式有并励、串励、他励和复励等方式。

此外，电动机的铭牌上还标有其他数据，如励磁电压、出厂日期和出厂编号等。额定值是选用或使用电动机的主要依据。电动机在运行时的各种数据可能与额定值不同，由负载的大小决定。若电动机的电流正好等于额定值，则称为满载运行；若电动机的电流超过额定值，则称为过载运行；若比额定值小得多，则称为轻载运行。长期过载运行将使电动机过热，降低电动机寿命甚至损坏；长期轻载运行会使电动机的容量不能充分利用。故在选择电动机时，应根据负载的要求，尽可能使电动机运行在额定值附近。

子任务一　直流电动机的接触器控制

任务要求

以直流电动机的自锁控制为例，如图 4-4 所示，按下起动按钮 SB2，直流接触器 KM 主触头闭合，直流电动机正转连续运行；按下停止按钮 SB1，直流电动机停止运行。

任务分析

该控制电路的工作原理：接通直流电源，合上断路器 QF，按下起动按钮 SB2，直流接触器 KM 线圈得电，主触头闭合，同时常开辅助触头闭合，直流电动机 M 起动连续运行；按下 SB1 停止，直流接触器 KM 线圈失电，主触头分断，常开辅助触头分断，直流电动机 M 失电停止运行。

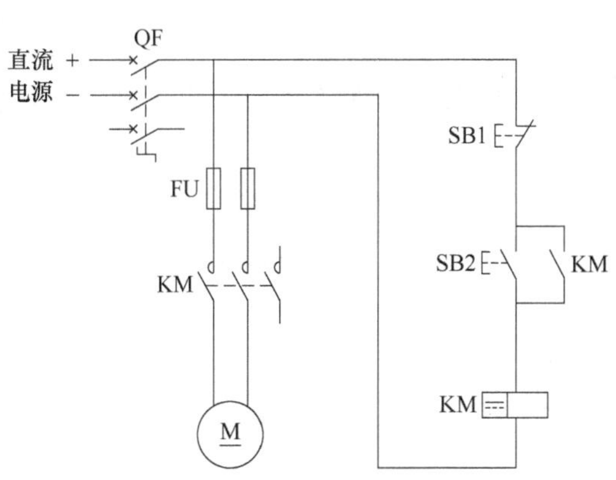

图 4-4　直流电动机接触器自锁控制电路原理图

根据图 4-4，本任务在 Automation Studio 6. 3 Educational 软件中所需要用到的元器件有直流电源（电池）、断路器、熔断器、直流接触器、直流电动机和按钮。

任务实施

打开 Automation Studio 6. 3 Educational 软件，新建一张电工图，单击“新建”工具栏中的 文档 按钮，在下拉菜单中选择“电工图”，打开“电工简图模板”选择窗口，选择“无”，单击“确定”即可新建一个电工图文档，如图 4-5 所示。

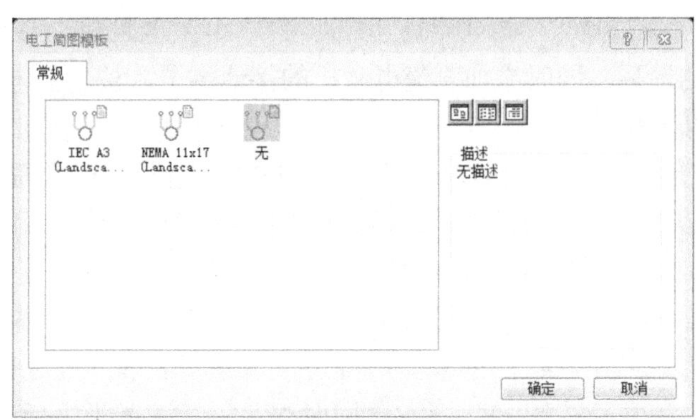

图 4-5　电工图模板选择窗口

1）主电路的连接。

首先在电工图中加入电源，由于本任务中使用的电源为直流电源，所以在“通用组件”中选择“电气工程（IEC 标准）”→“主电路组件”→“电源”→“电池”中的“电池的主要单元或者第二单元”，如图 4-6 所示，并将其图标拖曳至电工图中。

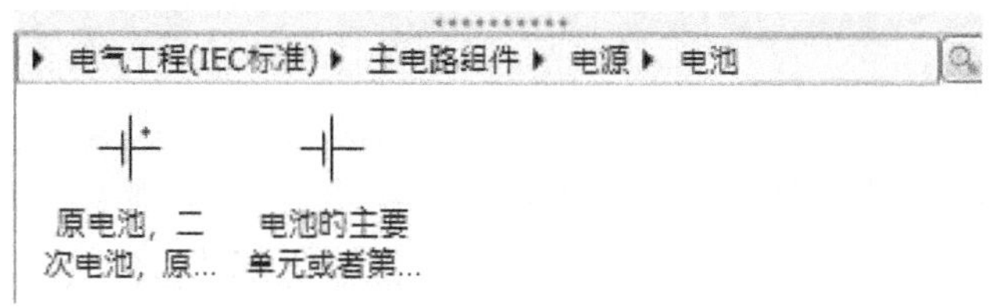

图 4-6　直流电源的选择

然后依次建立保护元件，即断路器 QF 和熔断器 FU，并用“电力线”进行相关的连接，如图 4-7 所示。

在主电路中加入直流接触器主触头的模型，由于在本任务中电源只有正负两条线路，所以在使用直流接触器主触头时，只需要用到前两极，如图 4-8 所示。

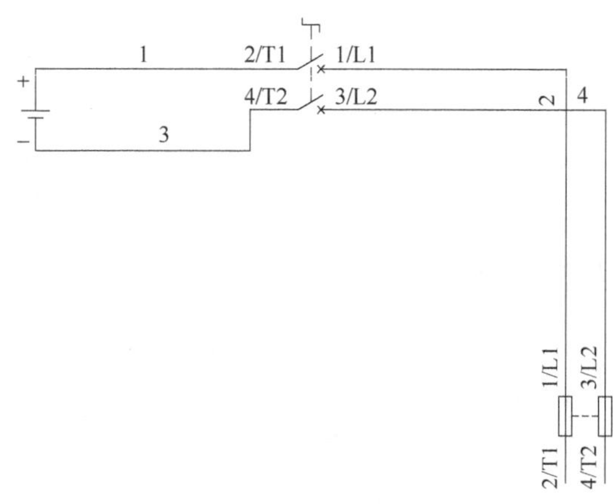

图 4-7　断路器和熔断器的连接

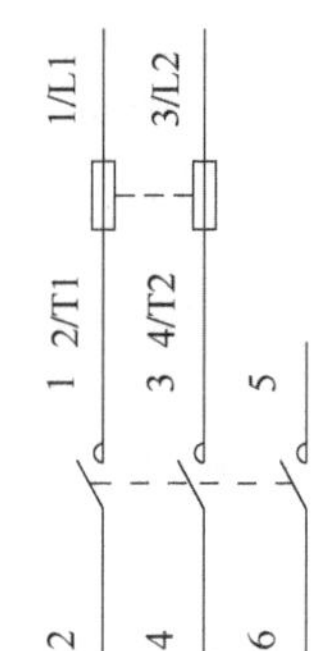

图 4-8　直流接触器主触头的连接

最后添加主电路中的直流电动机，可以在“通用组件”中选择“电气工程（IEC 标准）”→“主电路组件”→“电机”→“直流马达”中的“串激电动机”或者“并励电动机”，并将其放于主电路的最后，同时添加直流电动机的接地端子，整个主电路如图 4-9 所示。

2）控制电路的连接。

在本任务中，使用了常闭按钮作为停止运行的输入电器，以及常开按钮作为直流电动机起动的输入电器，所以在主电路的右侧分别添加 1 个常闭按钮和 1 个常开按钮，分别命名为 SB1 和 SB2，并将其与电源的正极相连，如图 4-10 所示。

在控制电路的最后，需要使用接触器的线圈作为得失电元件，在“通用组件”中选择“电气工程（IEC 标准）”→“辅助电路组件”→“接触器线圈”→“DC 接触器线圈”，命名为 KM，将其连接在常开按钮 SB2 下方，同时将另一端与电源的负极相连，如图 4-11 所示。

由于本任务要求在直流电动机运行的过程中做到自锁，故需要在起动按钮 SB2 旁边并联直流接触器的辅助常开触头，当直流接触器的线圈得电时，其常开辅助触头会闭合，从而使线圈持续得电，直流电动机持续运行。在“通用组件”中选择“电气工程

（IEC 标准）”→“辅助电路组件”→“继电器接点”→“接通接点”，将其并联在常开按钮 SB2 两侧，如图 4-12 所示。

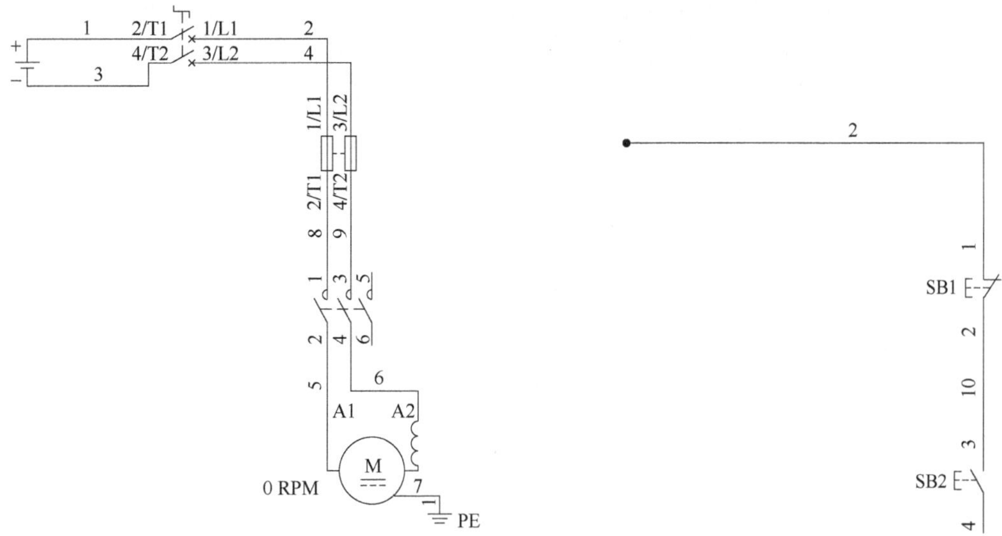

图 4-9　直流电动机接触器自锁控制主电路的连接　　图 4-10　按钮的连接

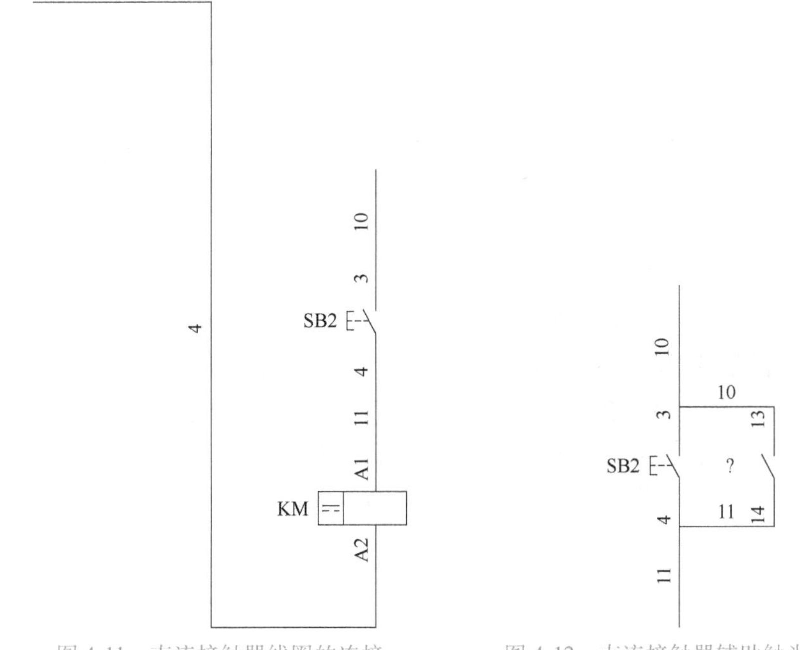

图 4-11　直流接触器线圈的连接　　图 4-12　直流接触器辅助触头的连接

3）直流接触器各部分的关联。由于本任务中所使用的直流接触器主触头、线圈和常开辅助触头三部分均为同一直流接触器元件，为保证在模拟仿真时三者联动，需要将三部分进行关联，具体方法如下。

双击直流接触器主触头，得到其组件属性，如图 4-13 所示；在右侧“兼容仿真变

量”一栏中选择别名为 KM 的元件，双击后在底部“关联”一栏中会显示出一行“KM”，表示已关联成功，如图 4-14 所示，完成后关闭“组件属性”对话框。

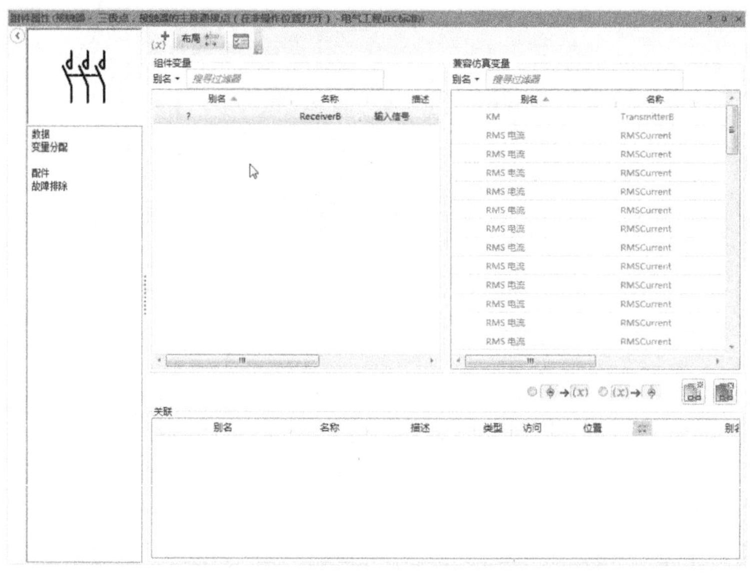

图 4-13　直流接触器主触头的组件属性

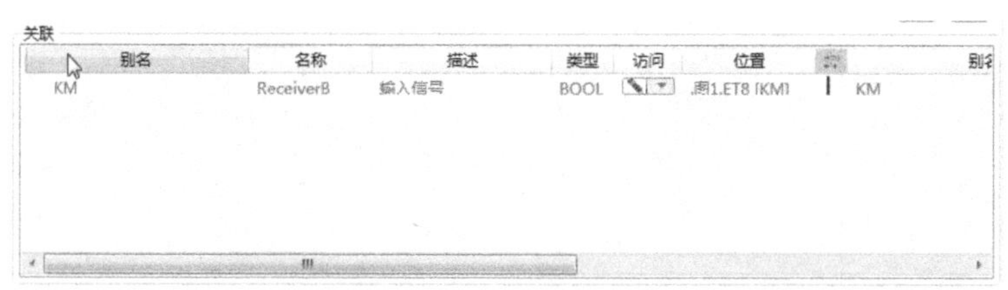

图 4-14　关联成功

同样地，双击直流接触器常开辅助触头，将其与 KM 进行关联。最后完成的直流电动机接触器自锁控制电路如图 4-15 所示。

4）直流电动机接触器自锁控制电路的仿真。在连接好直流电动机接触器自锁控制电路后，我们需要设定直流电源，即电池的电压值，双击电源符号，单击左侧“数据”栏，在右侧显示的“技术-特性”选项中更改电源的电压值，例如直流 220V，如图 4-16 所示。

接下来进行仿真模拟，选择“菜单”栏中的“仿真”选项，单击工具栏中的 正常仿真 按钮，进入仿真状态。根据任务要求，首先合上断路器 QF，按下起动按钮 SB2，直流接触器 KM 线圈得电，主触头闭合，同时常开辅助触头闭合，直流电动机 M 起动连续运行；按下停止按钮 SB1，直流接触器 KM 线圈失电，主触头分断，常开辅助触头分断，直流电动机 M 失电停止运行，如图 4-17 所示。

在仿真过程中，单击该直流电动机，可以设置其电阻力矩，如图 4-18 所示。

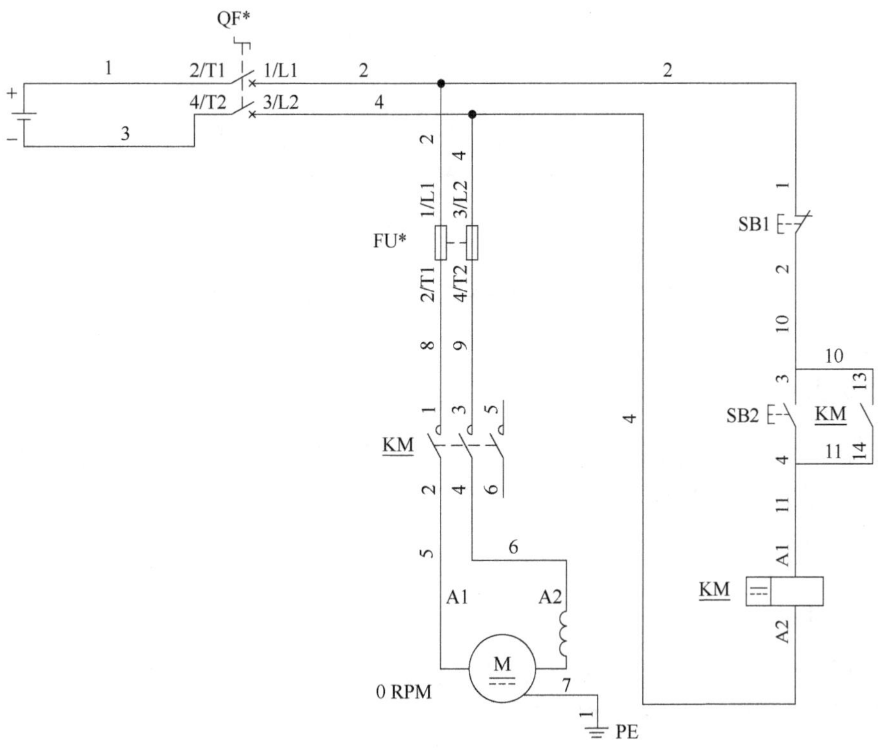

图 4-15　直流电动机接触器自锁控制电路

⊟ 技术 - 特征

★	电池容量	☐	200	A.h	☑	
★	额定电压	☑	220	V	☑	
★	内部电阻	☐	0.2	Ω	☐	

图 4-16　更改电源电压

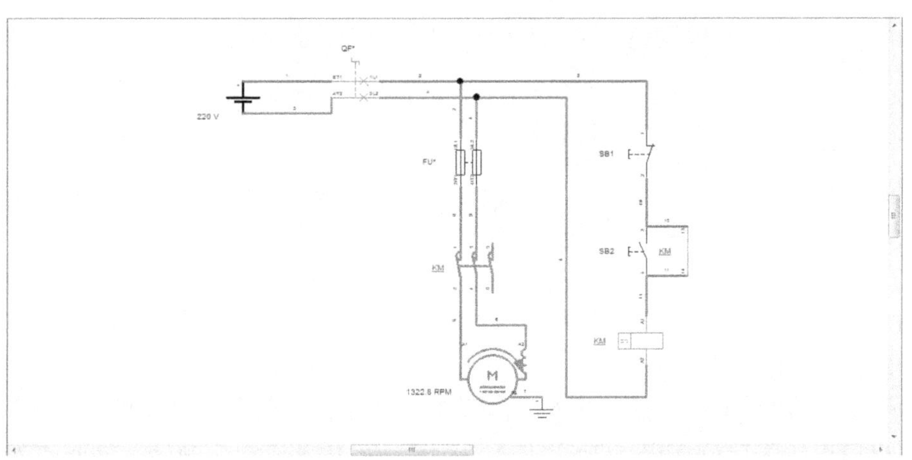

图 4-17　直流电动机接触器自锁控制电路仿真

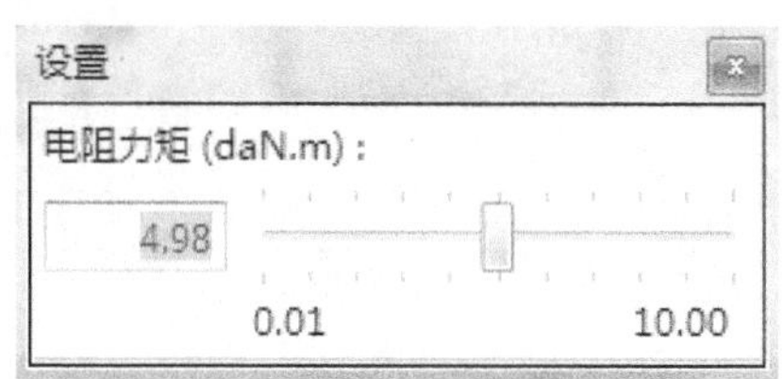

图 4-18 设置直流电动机电阻力矩

子任务二 直流电动机的 PLC 控制

任务要求

与之前的接触器控制不同，在本任务中，我们使用 PLC 完成对直流电动机的自锁运行控制，同样要求按下起动按钮 SB2，直流接触器 KM 主触头闭合，直流电动机正转连续运行；按下停止按钮 SB1，直流电动机停止运行。

任务分析

工作原理与之前相同，由于控制方式由接触器换成了 PLC，故在仿真软件中原有接触器控制的基础上增加一个微型 PLC。

任务实施

1）主电路的连接。主电路与接触器自锁控制电路连接方法相同，不需要更改，故不再详细展开。

2）控制电路的连接。

首先将之前已经组建好的 PLC 拖入电路图中，在“通用组件”中选择“电气工程（IEC 标准）”→“辅助电路组件”→“PLC”→“PLC 组件端子排”，如图 4-19 所示。

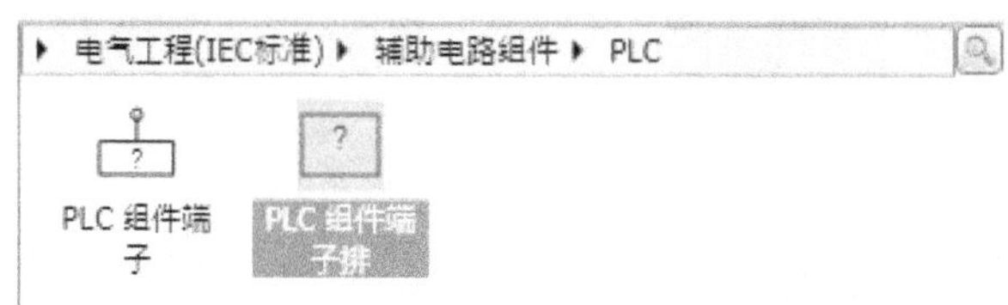

图 4-19 PLC 的选择

在“PLC 组件标识符”的下拉菜单中选择已经建立好的 PLC 名称，同时在“PLC 组件端子”中选择需要的端子，如图 4-20 所示。然后单击“应用”，完成 PLC 组件的建立，如图 4-21 所示。

接下来加入 PLC 电源及保护元件，由于本任务中使用的是三菱 FX3U-16MR 型号的 PLC，其电源电压为交流 220V，所以加入 1 个交流电源和 1 组熔断器，如图 4-22 所示。

PLC 输入部分：首先分配输入输出地址表（见表 4-1），根据地址表加入两个常开按钮、24V 内部电源，并将“24V”端子与“S/S”端子短接，如图 4-23 所示。

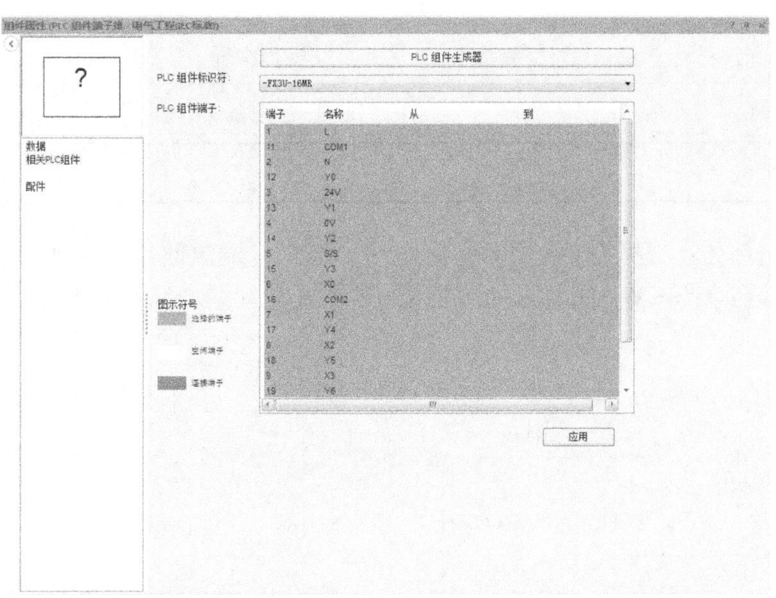

图 4-20　PLC 组件生成器

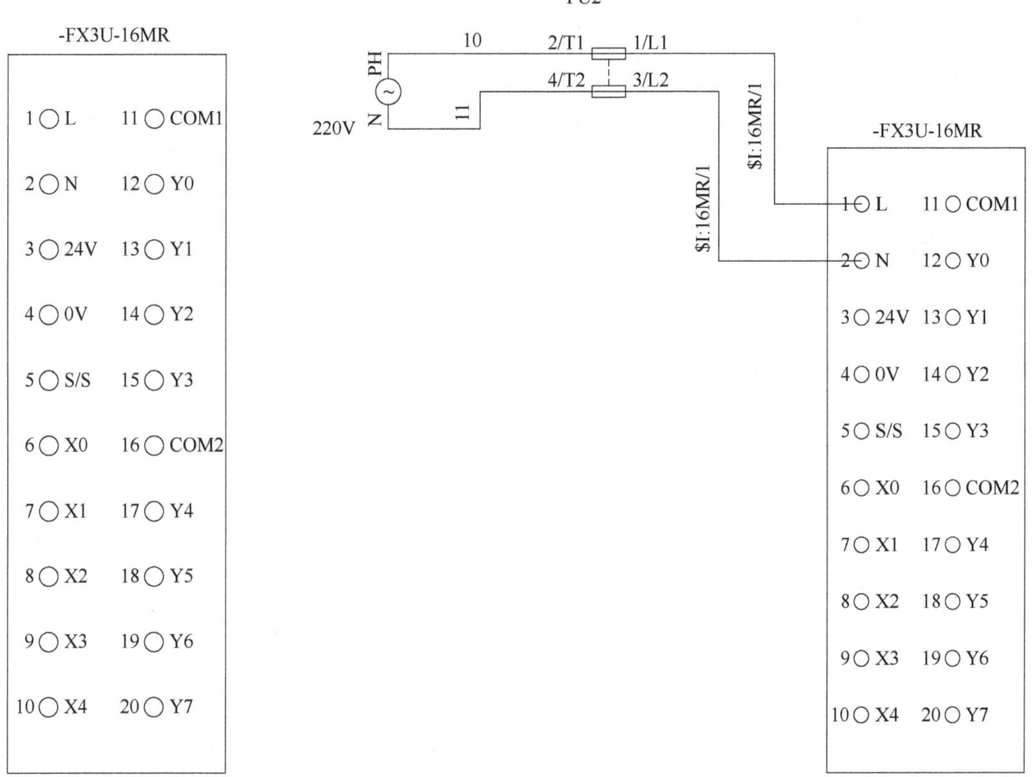

图 4-21　建立好的 PLC 组件

图 4-22　PLC 电源连接

表 4-1　PLC 输入输出地址表

输入变量	输入地址	输出变量	输出地址
起动按钮 SB2	X2	直流接触器线圈	Y4
停止按钮 SB1	X0		

PLC 输出部分：根据表 4-1 中的输出地址，在 PLC 输出回路上添加一个直流接触器线圈，并将其命名为 KM，同时添加一个 220V 直流电源，如图 4-24 所示。

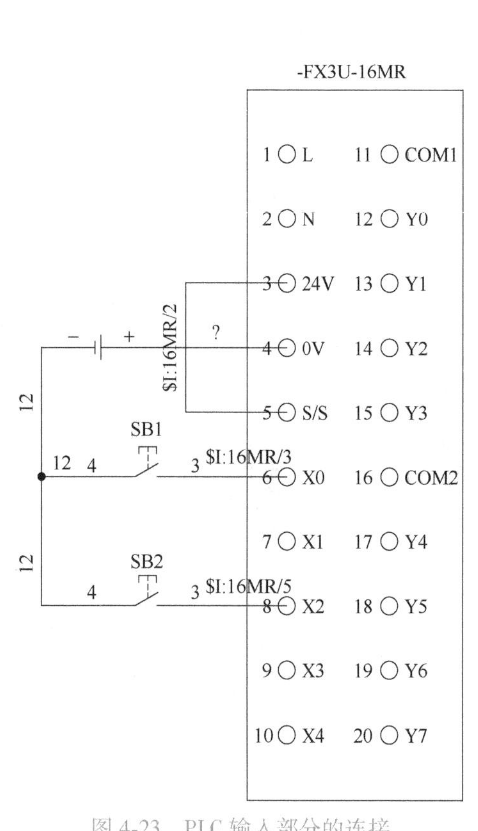

图 4-23　PLC 输入部分的连接

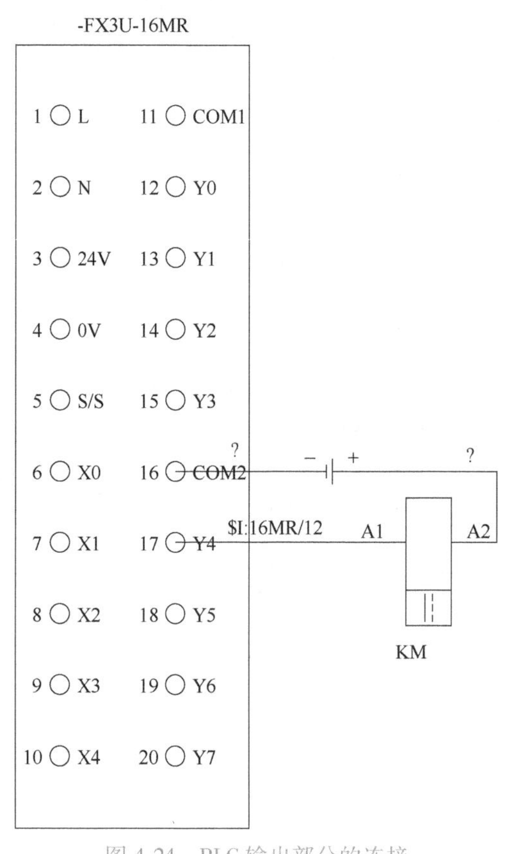

图 4-24　PLC 输出部分的连接

3）直流接触器各部分的关联。双击直流接触器主触头，得到其组件属性，在右侧“兼容仿真变量”一栏中选择别名为 KM 的元件，并双击进行关联，完成之后关闭“组件属性”对话框。

4）PLC 梯形图的绘制。新建一张标准图，PLC 梯形图的绘制需要使用左侧“通用组件”菜单栏，将梯级、常开触头、常闭触头和线圈分别放置在标准图中，建立一个“起—保—停”电路。之后双击各图标将触头及线圈与实际接线图中的 PLC 端子进行关联，其中常开触头（起动）与 X2 关联，常闭触头（断开）与 X0 关联，线圈和常开触头（保持）均与 Y4 关联。最后得到 PLC 梯形图，如图 4-25 所示。

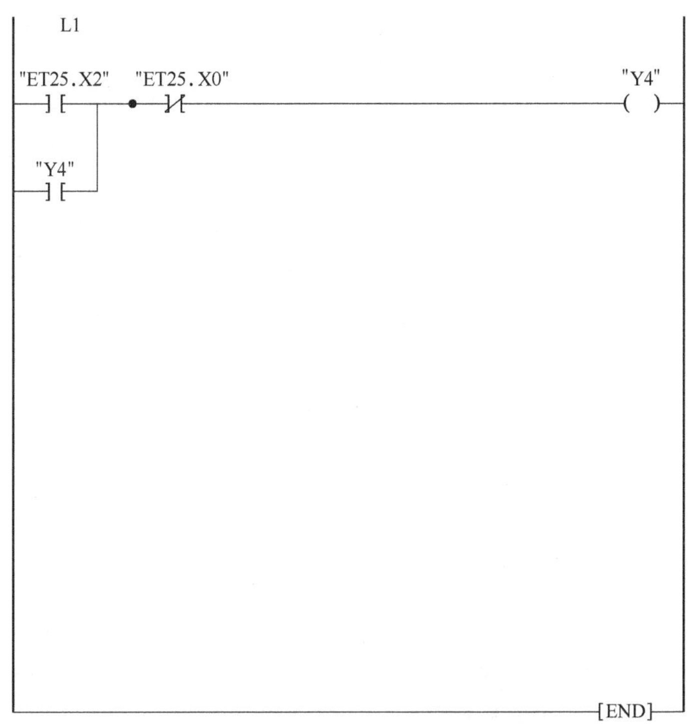

图 4-25　直流电动机 PLC 自锁控制梯形图

5）直流电动机接触器自锁控制电路的仿真。首先分别设定各电源的电压值，其中 PLC 输入端的直流电源电压为 24V，输出端的直流电源电压为 220V，如图 4-26 所示。PLC 控制电路的交流电压为 220V。

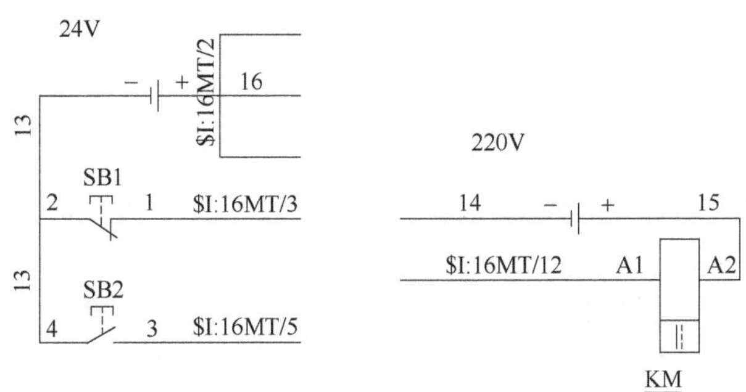

图 4-26　PLC 输入、输出端电源电压值的设定

接下来选择“菜单”栏中的“仿真”选项，进入仿真状态。根据任务要求，首先合上断路器 QF，按下连接在 PLC 上的起动按钮 SB2，直流接触器 KM 线圈得电，主触头闭合，直流电动机 M 起动连续运行；按下停止按钮 SB1，直流接触器 KM 线圈失电，主触头分断，直流电动机 M 失电停止运行，如图 4-27 所示。

同时可以在 PLC 梯形图中观察到对应触头及线圈的得失电情况，如图 4-28 所示。

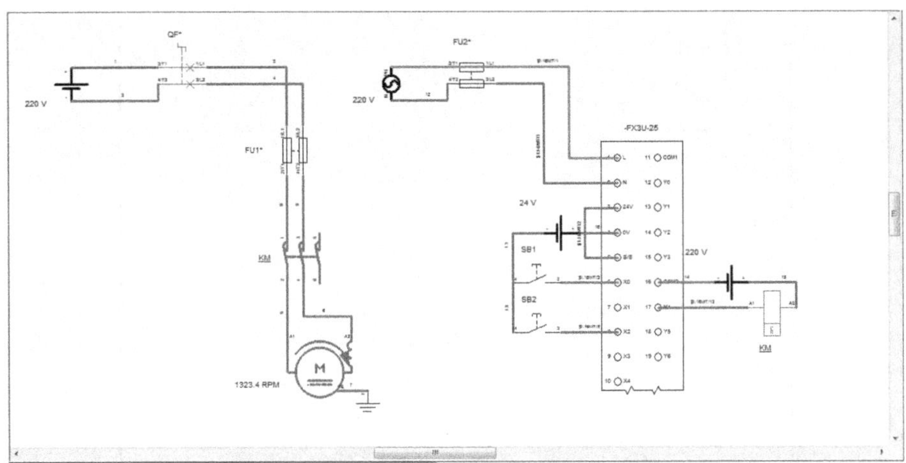

图 4-27　直流电动机 PLC 自锁控制电路的仿真

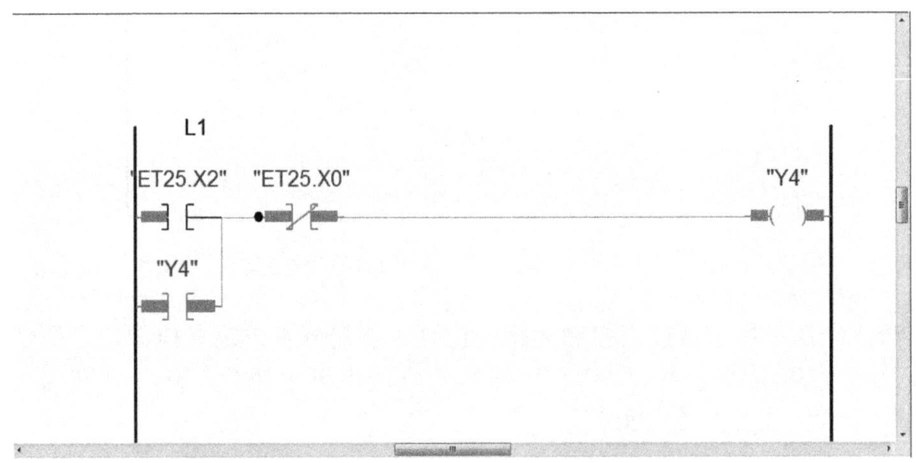

图 4-28　直流电动机 PLC 自锁控制电路的梯形图仿真

任务评价

任务评价见表 4-2。

表 4-2　任务评价

序号	评价指标	评 价 内 容	分值	学生自评	小组互评	教师点评
1	电路建模	元器件选择正确	20			
		电路接线正确	20			
2	元器件的设定	电源电压设置正确	10			
		直流接触器关联正确	15			
3	PLC 程序设计	PLC 梯形图设计正确	15			
4	模拟仿真	模拟仿真正确	20			
总分			100			
问题记录和解决方法						

任务拓展

1）试着分别设计并仿真直流电动机使用接触器和PLC进行正反转的控制。

2）本任务中演示了串励直流电动机，试着将其改成并励、复励直流电动机并进行模拟仿真。

任务二　步进控制系统的设计与仿真

学习目标

1）掌握步进控制系统的基本结构与工作原理。

2）学会使用Automation Studio 6.3 Educational软件设计并仿真步进控制系统的起停。

任务引入

步进电动机是一种用电脉冲控制运转的电动机。每输入一个电脉冲信号，步进电动机按照设定的方向旋转一个固定的角度，这个角度为步距角。在不超载的情况下可以通过控制脉冲个数来控制旋转的角位移，从而达到准确定位的目的；同时可以通过控制脉冲频率来控制电动机旋转的速度和加速度，从而达到调速的目的。

步进电动机是自动控制系统和数字控制系统中广泛应用的执行元件，普遍应用于数控机床、雕刻机、贴标签机、激光制版机、打印机和绘图仪等中大型自动化设备中。

相关知识

步进控制系统主要由可编程序逻辑控制器、步进驱动器和步进电动机三部分组成，如图4-29所示。

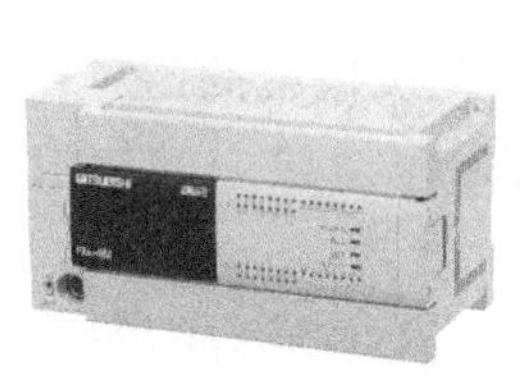
可编程序逻辑控制器

步进驱动器

步进电动机

图4-29　步进控制系统的组成

（1）步进电动机的分类和工作原理

1）步进电动机的分类。

① 步进电动机根据运转方式来分，可分为旋转式、直线式和平面式，其中旋转式应用最为广泛。

② 步进电动机按输出转矩的大小来分，可分为快速步进电动机和功率步进电动机。快速步进电动机工作频率高，但输出转矩小；功率步进电动机输出转矩较大。数控机床

上多采用功率步进电动机。

③ 步进电动机按工作原理来分，可分为可变磁阻式、永磁式和混合式三种类型。

可变磁阻式也称为反应式步进电动机，它是靠改变电动机定子与转子软钢齿之间的电磁引力来改变定子和转子的相对位置，具有步距角小的特点。

永磁式步进电动机的转子铁心装有多条永磁铁，转子的转动与定位是转子和定子之间电磁引力和磁铁吸力共同作用的结果，该电动机的转矩和步距角都很大。

混合式步进电动机综合了反应式和永磁式步进电动机的优点，一方面采用永磁铁来提高转矩；另一方面采用细密的极齿来减小步距角，这种步进电动机在数控机床上应用较多。

④ 步进电动机按励磁绕组的相数来分，可分为二、三、四、五、六相的步进电动机。

⑤ 步进电动机按电流极性来分，可以分为单极性和双极性的步进电动机。

2）步进电动机的工作原理。

① 步进电动机的结构及工作原理。步进电动机由凸极式定子、定子绕组和带 4 个齿的转子组成，图 4-30 所示为一个三相六极反应式步进电动机。

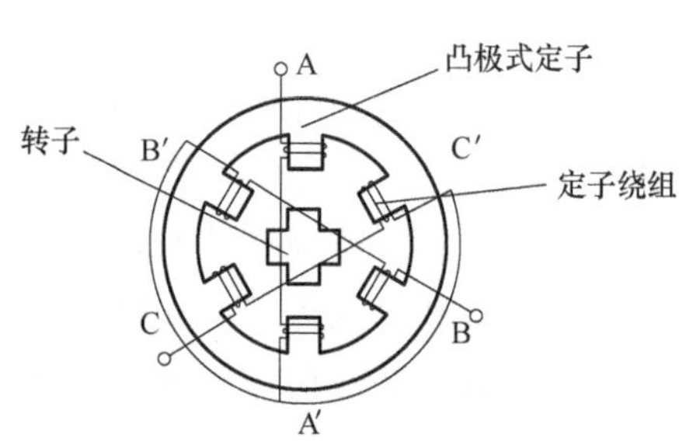

图 4-30　三相六极反应式步进电动机

给某相绕组通电时，对应方向上的转子齿会偏离定子齿一个角度。由于励磁磁通沿磁阻最小路径通过，因此对转子产生电磁吸力，迫使转子齿转动，当转子转到与定子齿位置对齐时，因转子只受径向力而无切向力，故转矩为零，转子被锁定在这个位置上。由此可见，错齿是使步进电动机旋转的根本原因。

步进电动机运动的工作原理如下（见图 4-31）：

当 A 相绕组通电时，根据电磁学原理，便会在 A-A′方向产生一个磁场，在磁场电磁力的作用下，吸引转子，使转子的 1、3 齿与定子 A-A′磁极上的齿对齐。

若 B 相通电，便会在 B-B′方向产生一个磁场，在磁场电磁力的作用下，吸引转子，使转子的 2、4 齿与定子 B-B′磁极上的齿对齐。

若 C 相通电，便会在 C-C′方向产生一个磁场，在磁场电磁力的作用下，吸引转子，使转子的 3、1 齿与定子 C-C′磁极上的齿对齐。

如果控制电路不停按 A-B-C-A…的顺序控制步进电动机绕组的通、断电，步进电动机的转子将不停地按逆时针转动。

如果通电顺序改为 A-C-B-A…，步进电动机将按顺时针不停地转动。显然步进电动机的速度取决于通电脉冲的频率，频率越高，转速越快。

② 步进电动机的通电方式。步进电动机的通电方式有单三拍、六拍及双三拍等，图 4-31所示为三相单三拍通电方式时反应式步进电动机转子的位置。

“单”指的是每次只有一相绕组通电；“双”指的是每次有两相绕组通电；“相”指

的是定子绕组为几组；“拍”指的是通电次数（即从一种通电状态转到另一种通电状态）。

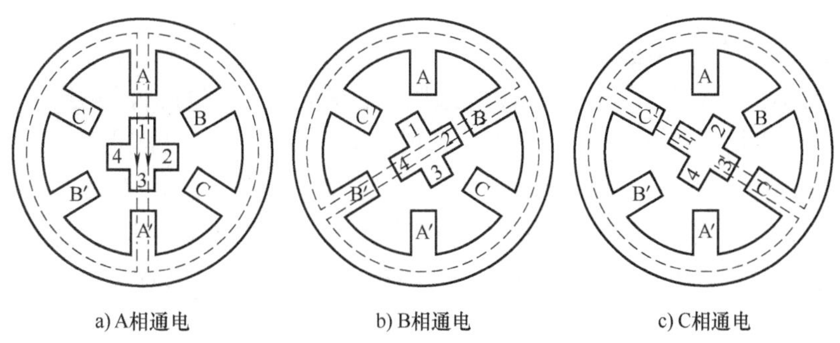

图 4-31　三相单三拍通电方式时转子的位置

按 A-B-C 方式通电，称为三相单三拍运行。

按 A-AB-B-BC-C-CA-A 方式通电，称为三相六拍运行。

按 AB-BC-CA 方式通电，称为三相双三拍运行。

若以三相六拍通电方式工作，当 A 相通电转为 A 和 B 同时通电时，转子的磁极将受到 A 相绕组产生磁场和 B 相绕组产生磁场的共同吸引，转子的磁极只好停在 A 和 B 两相磁极之间，这时它的步距角 α 等于 30°。当由 A 和 B 两相同时通电转为 B 相通电时，转子磁极再沿顺时针方向旋转 30°，与 B 相磁极对齐，其余依此类推。采用三相六拍通电方式，可使步距角 α 缩小一半。

通电方式的不同不仅会影响步进电动机的步距角，而且会影响运行的稳定性。在单三拍运行时，每次只有一相绕组通电，在切换过程中，容易发生失步，并且单靠一相绕组吸引转子，其运行稳定性也不好，容易在平衡位置附近产生振荡，所以这种方法用得很少。在双三拍运行时，每次都有两相绕组同时通电，而且在切换过程中始终有一相绕组保持通电状态，因此工作很稳定，其步距角与单三拍时相同。在六拍运行时，因切换时始终有一相绕组通电，且步距角小，所以工作稳定性最好，虽电源复杂但实际应用中多采用这种运行方式。

无论是三相三拍还是三相六拍步进电动机，它们的步距角都比较大，均不能满足精度要求。为了减小步距角，实际的步进电动机通常在定子和转子上开很多小齿，这样可以大大减小步距角。

③ 步进电动机的步距角。步进电动机绕组的通断电状态每改变一次，转子所转过的角度称为步距角。步进电动机的步距角与定子绕组的相数 m、转子的齿数 z、通电方式系数 k 有关。

$$\alpha = 360°/kmz$$

式中，m 为定子绕组相数；z 为转子齿数，一般为 1 个转子上有 10 个小齿，共 4 个转子；k 为通电方式系数（m 相 m 拍时，$k=1$；m 相 $2m$ 拍时，$k=2$）。

若是三相三拍通电方式步进电动机，$\alpha = 360°/(3\times40\times1) = 3°$。

若是三相六拍通电方式步进电动机，$\alpha = 360°/(3\times40\times2) = 1.5°$。

实用步进电动机的步距角多为3°和1.5°。

(2) 步进电动机的基本参数和特点

1) 步进电动机的基本参数。

① 步进电动机固有步距角。它表示控制系统每发一个步进脉冲信号，电动机所转动的角度。电动机出厂时给出了一个步距角的值，这个步距角可以称之为“电动机固有步距角”，它不一定是电动机实际工作时的真正步距角，真正的步距角和驱动器有关。

② 步进电动机的相数。步进电动机的相数是指电动机内部的线圈组数，目前常用的有二相、三相、四相、五相步进电动机。电动机相数不同，其步距角也不同，一般二相电动机的步距角为0.9°/1.8°、三相的步距角为0.75°/1.5°、五相的步距角为0.36°/0.72°。在没有细分驱动器时，用户主要靠选择不同相数的步进电动机来满足步距角的要求；如果使用细分驱动器，则“相数”将变得没有意义，用户只需在驱动器上改变细分数，就可以改变步距角。

③ 保持转矩。保持转矩是指步进电动机通电但没有转动时，定子锁住转子的力矩。通常步进电动机在低速时的力矩接近保持转矩。由于步进电动机的输出力矩随速度的增大而不断衰减，输出功率也随速度的增大而变化，所以保持转矩就成为衡量步进电动机最重要的参数之一。例如，当人们说2N·m的步进电动机，在没有特殊说明的情况下是指保持转矩为2N·m的步进电动机。

④ 钳制转矩。钳制转矩是指步进电动机没有通电的情况下，定子锁住转子的力矩。由于反应式步进电动机的转子不是永磁材料，所以它没有钳制转矩。

⑤ 精度。一般步进电动机的精度为步进角的3%~5%，且不累积。

⑥ 空载起动频率。步进电动机在空载情况下能够正常起动的脉冲频率即为空载起动频率。如果脉冲频率高于该值，电动机不能正常起动，可能发生失步或堵转。在有负载的情况下，起动频率应更低。如果要使电动机达到高速转动，脉冲频率应该有加速过程，即起动频率较低，然后按一定加速度升到所希望的高频（电动机转速从低速升到高速）。

2) 步进电动机的特点

① 步进电动机外表温度正常为80~90℃。步进电动机温度过高时会使电动机的磁性材料退磁，从而导致力矩下降乃至失步，因此电动机外表允许的最高温度应取决于不同电动机磁性材料的退磁点。一般来讲，磁性材料的退磁点都在130℃以上，有的甚至高达200℃以上。

② 步进电动机的力矩会随转速的升高而下降。当步进电动机转动时，电动机各相绕组的电感将形成一个反向电动势，频率越高，反向电动势越大。在它的作用下，电动机相电流随频率（或速度）的增大而减小，从而导致力矩下降。

③ 步进电动机低速时可以正常运转，但若高于一定速度就无法起动，并伴有啸叫声。

(3) 步进驱动器

步进电动机工作时需要提供脉冲信号，这需要专门的电路来完成。将这些电路做成一个设备即步进驱动器，在YL-163A实训考核装备中，提供了“步科”2M530型步进

驱动器，如图 4-32 所示。它的作用是在控制设备（PLC 或单片机）的控制下，为步进电动机提供工作所需的幅度足够的脉冲信号。

1）步进驱动器的结构。按照步进驱动器的内部组成可分为环形分配器和功率放大器。

① 环行分配器。步进电动机的各相绕组必须按一定顺序通电才能正常工作，使电动机绕组的通电顺序按一定规律变化的部分为环行分配器，又称脉冲分配器。

② 功率放大器（功率驱动器）。由于环行分配器提供的脉冲电流只有几毫安，而步进电动机绕组需要 1~10A 的电流才能驱动步进电动机旋转。功率放大器的作用就是将脉冲电流放大，增大到几至十几安，从而驱动步进电动机旋转。

图 4-32　两相混合式步进驱动器外形图

从步进电动机的转动原理可以看出，要使步进电动机正常运行，必须按规律控制步进电动机的每一相绕组得电。步进驱动器接收外部的信号是方向信号和脉冲信号。另外步进电动机在停止时，通常有一相得电，电动机的转子被锁住，所以当需要转子松开时，可以使用脱机信号。

2）步进驱动器和步进电动机的接线。

① 输入信号接线。如图 4-33 所示，在 YL-163A 实训考核装备中，所使用的是型号为 2M530 两相混合式步进驱动器。输入信号有 3 个端子，分别是脉冲信号输入、方向信号输入、脱机信号输入。

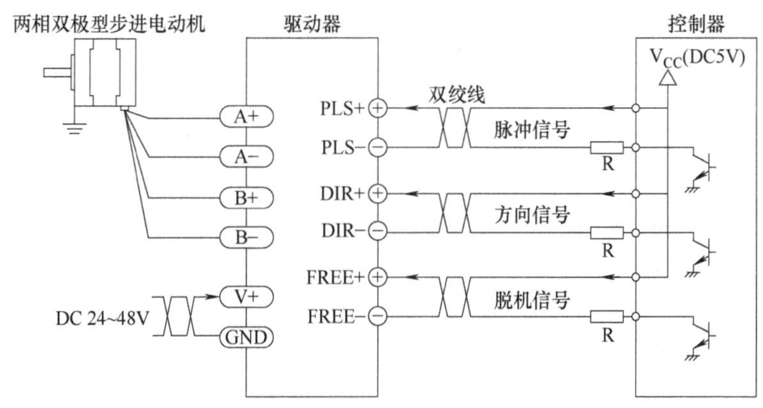

图 4-33　两相混合式步进驱动器接线图

脉冲信号输入：共阳极时该脉冲信号下降沿被驱动器解释为一个有效脉冲，并驱动电动机运行一步。为了确保脉冲信号的可靠响应，共阳极时脉冲低电平的持续时间不应少于 10μs。本驱动器的信号响应频率为 70kHz，过高的输入频率将可能得不到正确响应。

方向信号输入：该端信号的高电平和低电平控制电动机的两个转向。共阳极时该端悬空被等效认为输入的是高电平。控制电动机转向时，应确保方向信号领先脉冲信号至少 10μs，可避免驱动器对脉冲的错误响应。

脱机信号输入：该端接收控制器输出的高/低电平信号，共阳极低电平时电动机相电流被切断，转子处于自由状态（脱机状态）。共阳极高电平或悬空时，转子处于锁定状态。

要注意的是，本驱动器可以通过修改程序实现对双脉冲工作方式的支持。当工作于双脉冲方式时，方向信号端输入的脉冲被解释为反转脉冲，脉冲信号端输入的脉冲为正转脉冲。另外，标准共阳极驱动器也可以修改成共阴极驱动器。驱动器的接线端子采用可插拔端子，可以先将其拔下，接好线后再插上。注意为避免端子上的螺钉意外丢失，在不接线时也应将端子的螺钉拧紧。

② 电源信号和输出信号接线。型号为 2M530 的两相混合式步进驱动器电源与输出信号有 6 个端子，分别是 V+，GND，A+，A-，B+，B-。

电源信号：V+，GND。驱动器内部的开关电源设计保证了可以适应较宽的电压范围，用户可根据各自的情况在 DC24~48V 间选择。一般来说，较高的额定电源电压有利于提高电动机的高速转矩，但却会增加驱动器的损耗和温升。

输出信号：A+、A-端子，A 相脉冲输出；B+、B-端子，B 相脉冲输出。A+、A-互调，电动机的运转方向会改变；B+、B-互调，电动机的运转方向也会相应改变。步进电动机绕组接线如图 4-34 所示。

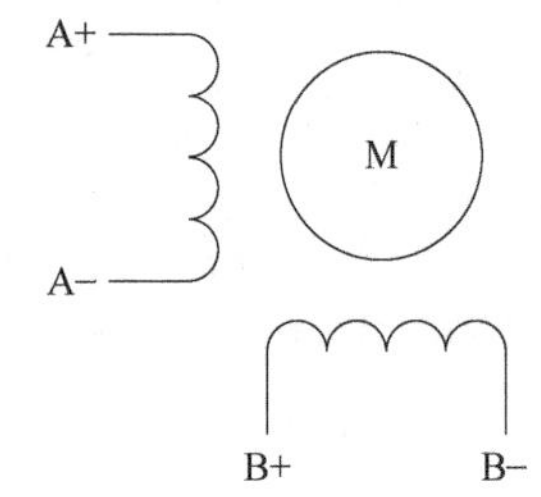

图 4-34　步进电动机绕组接线

3）输出电流选择。本驱动器最大输出电流值为 3A/相（峰值），通过驱动器面板上八位拨码开关的第 6、7、8 三位可组合出八种状态，对应八种输出电流，1.2~3.5A 以配合不同的电动机使用，见表 4-3。

表 4-3　输出电流的设置

DIP6	DIP7	DIP8	输出电流
ON	ON	ON	1.2A
ON	ON	OFF	1.5A
ON	OFF	ON	1.8A
ON	OFF	OFF	2.0A
OFF	ON	ON	2.5A
OFF	ON	OFF	2.8A
OFF	OFF	ON	3.0A
OFF	OFF	OFF	3.5A

例如：若要将步进驱动器电流设置为 1.5A，则将八位拨码开关的第 6、7、8 分别调至 ON、ON、OFF，即可实现。

4）细分设置。为了提高步进电动机控制的精度，目前的步进驱动器都有细分功能。所谓细分就是通过驱动器使步距角减小。例如假设原来步距角为 1.8°，那么设置成 5 细分后，步距角就是 0.36°，即原来一步可以走完的，设置成细分后需要走 5 步。

一般步进驱动器有三种基本的驱动模式：整步、半步、细分。其主要区别在于电动机线圈电流的控制精度（即激磁方式），如图 4-35 所示。

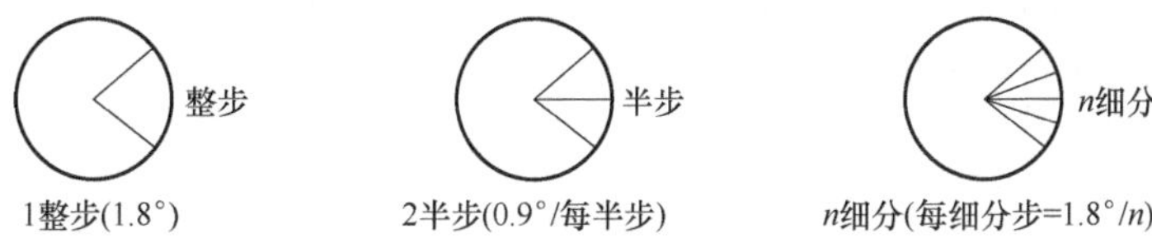

图 4-35　步进驱动器的驱动模式

细分驱动模式具有低速振动极小和定位精度高两大优点。在需要低速运行（即电动机转轴有时工作在 60r/min 以下）或定位精度要求小于 0.90°的步进应用中，细分驱动器应用广泛。其基本原理是对电动机的两个线圈分别按正弦形状和余弦形状的台阶进行精密电流控制，从而使得一个步距角的距离分成若干个细分步来完成。例如 16 细分的驱动方式可使每圈 200 标准步的步进电动机达到每圈 200×16＝3200 步的运行精度（即步距角为 0.1125°）。

设置细分时要注意的事项：

① 一般情况下细分数不能设置过大，因为在控制脉冲频率不变的情况下，细分越大，电动机的转速越慢，而且电动机的输出力矩越小。

② 驱动步进电动机的脉冲频率不能太高，一般不超过 2kHz，否则电动机输出的力矩会迅速减小。

本驱动器可提供整步、半步、4 细分、5 细分、8 细分、10 细分、16 细分、25 细分、32 细分、50 细分、64 细分、100 细分、128 细分、200 细分和 256 细分共 15 种运行模式，利用驱动器面板上八位拨码开关的第 1、2、3、4 四位可组合出不同的状态，见表 4-4。

表 4-4　细分模式的选择

DIP2	DIP3	DIP4	DIP1 为 ON	DIP1 为 OFF
ON	ON	ON	无效	2
OFF	ON	ON	4	4
ON	OFF	ON	8	5
OFF	OFF	ON	16	10
ON	ON	OFF	32	25
OFF	ON	OFF	64	50
ON	OFF	OFF	128	100
OFF	OFF	OFF	256	200

例如：若要将步进驱动器细分设置为2细分，则将八位拨码开关的第1、2、3、4分别调至OFF、ON、ON、ON，即可。

任务要求

在Automation Studio 6.3 Educational软件中设计一个简单的步进控制系统，要求通过正转和反转按钮实现步进电动机正反转的持续运行，同时每隔2s自动旋转一个步距角，按下停止按钮后，步进电动机立即停止运行。

任务分析

根据任务要求，本任务在Automation Studio 6.3 Educational中所需要用到的元器件有“步进马达、直流电源、数字输出接通节点型AC-DC和人机界面中的瞬时按钮”，同时我们需要根据步进电动机的工作原理，建立步进电动机在正反转运行过程中每一步的真值表，并创建对应的顺序功能图，对两相绕组分别进行得失电设定，从而实现该任务。

结合YL-163A实训考核装备中所使用的2M530型步进驱动器，在本任务中我们选择二相四线式的步进电动机，同时其步距角为1.8°，通过每次改变A+、A−、B+、B−的得失电状态，可以让步进电动机持续运行，而改变其得电的顺序即可控制正向与反向运行。

任务实施

打开Automation Studio 6.3 Educational软件，新建一张电工图，单击“文档”按钮，在下拉菜单中选择“电工图”，模板选择“无”，单击“确定”。

（1）步进电动机电气回路及按钮的连接。首先我们需要在软件中建立一个简单的步进控制系统，其电气回路由“步进马达、直流电源和数字输出接通节点型AC-DC”组成。

1）步进电动机电气回路的连接。

① 在“通用组件”中选择“电气工程（IEC标准）”→“主电路组件”→“电机”→“步进马达”中的“步进马达，2相4线式”，如图4-36所示，并将其拖入电工图中。

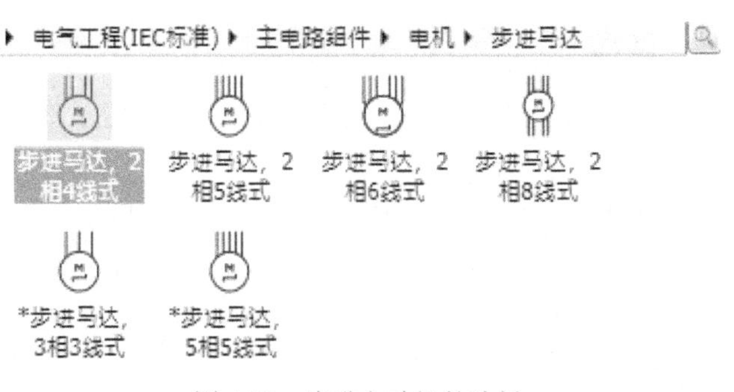

图4-36　步进电动机的选择

② 在“通用组件”中选择“电气工程（IEC标准）”→“主电路组件”→“电源”→

“电池”中的“原电池，二次电池，原电池或二次电池的电池组”，在电工图中创建4组该电池，并将其正负极按图4-37连接。

③ 在“通用组件”中选择“电气工程（IEC标准）”→“黑盒子”中的“数字输出接通节点型AC-DC”，放入电工图中，与每组电池相连，最后分别连接至步进电动机的另外两相，如图4-38所示。

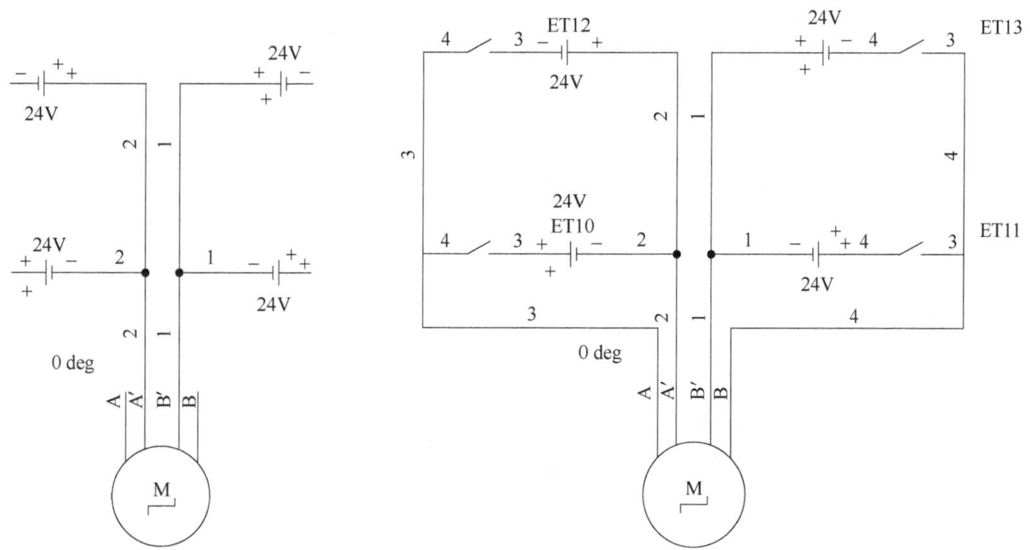

图4-37　电池组的连接　　图4-38　“数字输出接通节点型AC-DC”的连接

本任务中建立的4个“数字输出接通节点型AC-DC”名称分别为“ET10”“ET11”“ET12”和“ET13”，后续我们会与步进电动机运行时的真值表进行相互关联。

2）按钮的连接。在“通用组件”中选择3个“人机界面和控制面板”中的“瞬时按钮，圆型”，如图4-39所示，将其放在步进电动机的下方，并分别命名为“正转”“反转”和“停止”，最后效果如图4-40所示。

图4-39　瞬时按钮的选择

（2）顺序功能图的绘制与设定

步进电动机实现自动运行，需要建立顺序功能图，模拟其工作过程。先来新建一张顺序功能图，单击“文档”按钮，在下拉菜单中选择“顺序功能图”，模板选择“无”，单击“确定”。

1）在“顺序功能图（SFC）”菜单栏中选择“步骤”→“插入初始步骤”，如图4-41所示，重新命名为第0步，并放在顺序功能图中。

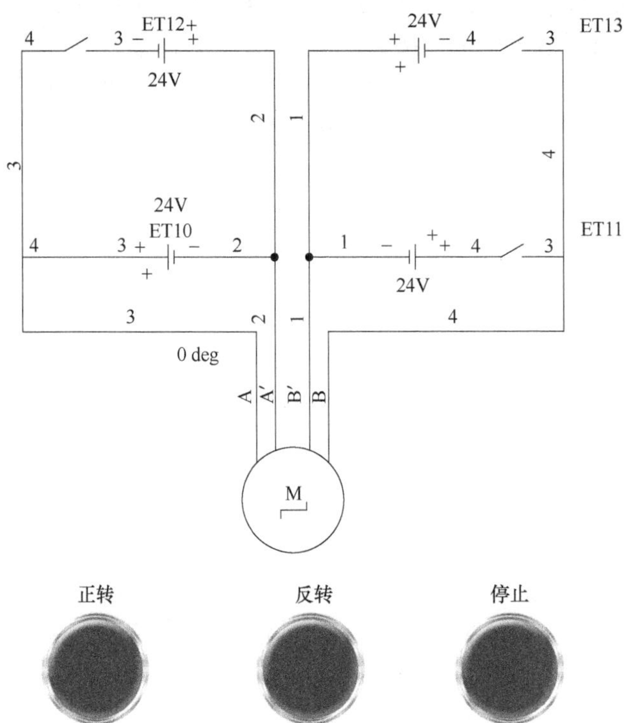

图 4-40　步进电动机电气回路效果图

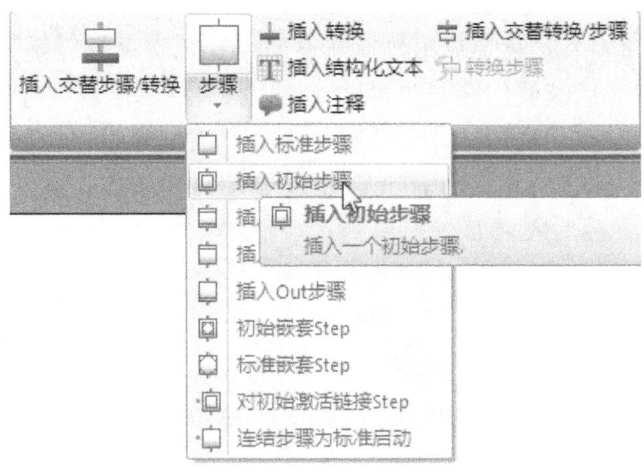

图 4-41　插入初始步骤

2）绘制正转控制的顺序功能图，然后选择“顺序功能图（SFC）”菜单栏中的“插入转换”，将初始步和转换条件连接起来，如图 4-42 所示。

在“顺序功能图（SFC）”菜单栏中选择“步骤”→“插入标准步骤”，如图 4-43 所示。

同时在下面放置相应转换，依此类推，最终将正转控制的顺序功能图绘制完成，如图 4-44 所示。

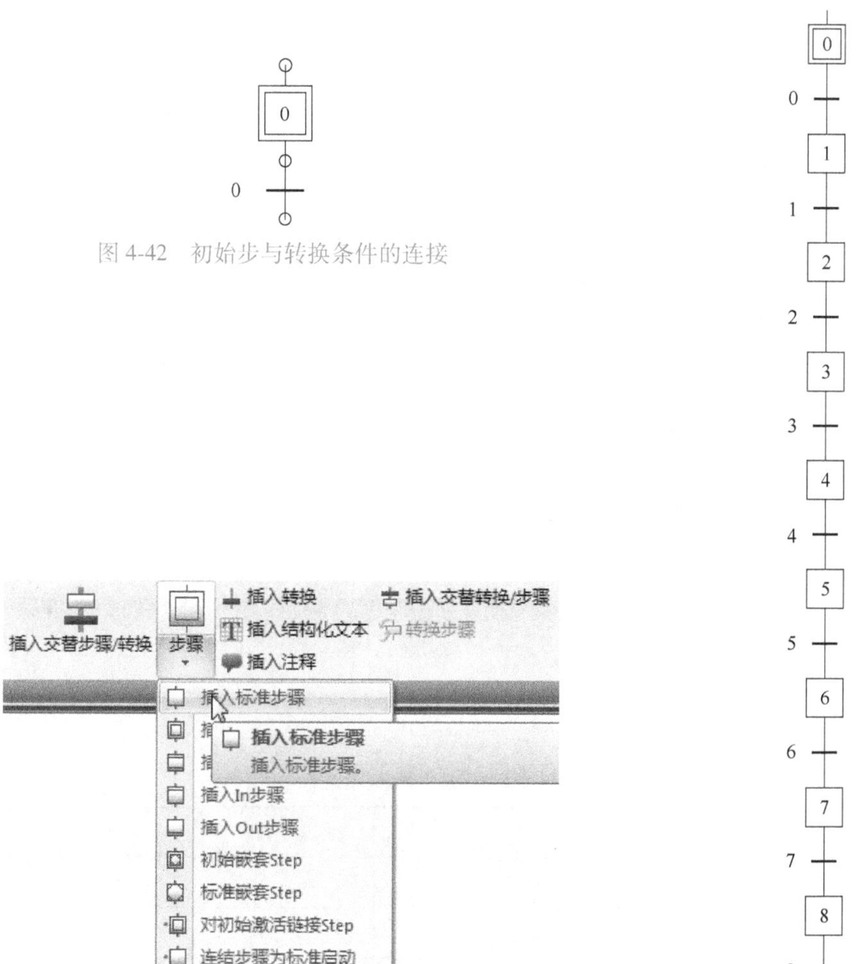

图 4-42　初始步与转换条件的连接

图 4-43　插入标准步骤

图 4-44　正转控制顺序功能图

3）接下来绘制反转控制的顺序功能图，由于正反转控制属于并行分支结构，所以在初始步之后，新建一个转换条件，如图 4-45 所示。

然后完善反转控制的顺序功能图，结构与正转部分相同，不详细说明，最终完成的顺序功能图如图 4-46 所示。

图 4-45　并行分支结构

（3）二相步进电动机真值表的设计

根据二相四线式的步进电动机特性，每旋转一个步距角需要让不同的相序依次得电，所以顺序功能图中每一步必须与“ET10”~“ET13”这 4 个“数字输出接通节点型 AC-DC”相互对应，故根据 2M530 型步进驱动器的工作原理和内部结构，可以得到如下正反转真值表，见表 4-5 和表 4-6，其中“1”为得电状态，“0”为失电状态。

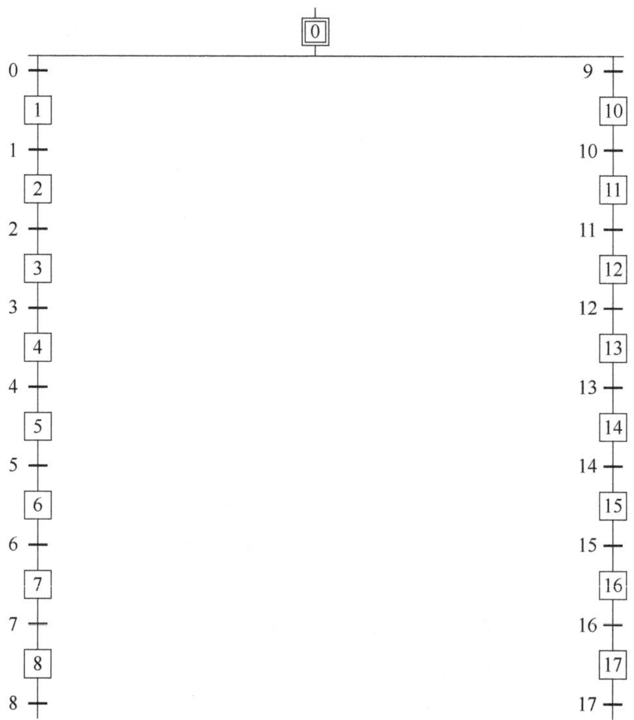

图 4-46　完整的顺序功能图

表 4-5　步进电动机正转时的真值表

角　　度	ET10	ET11	ET12	ET13
0°	1	0	0	0
1. 8°	1	1	0	0
3. 6°	0	1	0	0
5. 4°	0	1	1	0
7. 2°	0	0	1	0
9°	0	0	1	1
10. 8°	0	0	0	1
12. 6°	1	0	0	1
14. 4°	1	0	0	0

表 4-6　步进电动机反转时的真值表

角　　度	ET10	ET11	ET12	ET13
0°	1	0	0	0
-1. 8°	1	0	0	1
-3. 6°	0	0	0	1

（续）

角　度	ET10	ET11	ET12	ET13
-5.4°	0	0	1	1
-7.2°	0	0	1	0
-9°	0	1	1	0
-10.8°	0	1	0	0
-12.6°	1	1	0	0
-14.4°	1	0	0	0

（4）顺序功能图的设定

1）初始步的设定：结合建立的真值表，在顺序功能图中进行相应的设定。首先是初始步，在初始步中，步进电动机对应的角度为0°，从表4-5和表4-6中可以得知，对应的“ET10”~“ET13”状态分别为1、0、0、0，在顺序功能图中，双击初始步，弹出“组件属性（步骤—SFC）”对话框，找到“动作”一栏，并输入“ET10."?"：=1；ET11."?"：=0；ET12."?"：=0；ET13."?"：=0；”，如图4-47所示，保存后关闭。

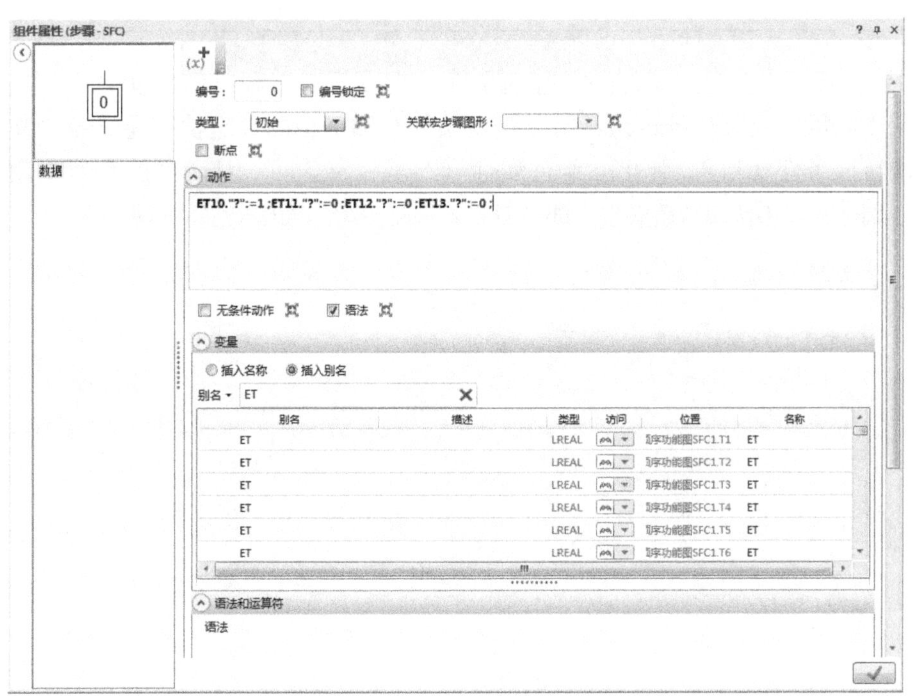

图4-47　初始步的设定

2）标准步的设定：同样地，根据步进电动机正反转控制对应的真值表，将第1~8步（对应表4-5），第10~17步（对应表4-6）全部进行设定，动作设定值见表4-7。

表 4-7 标准步的设定

步 序 号	正 转 控 制	步 序 号	反 转 控 制
第 1 步	ET10."?": =1; ET11."?": =1; ET12."?": =0; ET13."?": =0;	第 10 步	ET10."?": =1; ET11."?": =0; ET12."?": =0; ET13."?": =1;
第 2 步	ET10."?": =0; ET11."?": =1; ET12."?": =0; ET13."?": =0;	第 11 步	ET10."?": =0; ET11."?": =0; ET12."?": =0; ET13."?": =1;
第 3 步	ET10."?": =0; ET11."?": =1; ET12."?": =1; ET13."?": =0;	第 12 步	ET10."?": =0; ET11."?": =0; ET12."?": =1; ET13."?": =1;
第 4 步	ET10."?": =0; ET11."?": =0; ET12."?": =1; ET13."?": =0;	第 13 步	ET10."?": =0; ET11."?": =0; ET12."?": =1; ET13."?": =0;
第 5 步	ET10."?": =0; ET11."?": =0; ET12."?": =1; ET13."?": =1;	第 14 步	ET10."?": =0; ET11."?": =1; ET12."?": =1; ET13."?": =0;
第 6 步	ET10."?": =0; ET11."?": =0; ET12."?": =0; ET13."?": =1;	第 15 步	ET10."?": =0; ET11."?": =1; ET12."?": =0; ET13."?": =0;
第 7 步	ET10."?": =1; ET11."?": =0; ET12."?": =0; ET13."?": =1;	第 16 步	ET10."?": =1; ET11."?": =1; ET12."?": =0; ET13."?": =0;
第 8 步	ET10."?": =1; ET11."?": =0; ET12."?": =0; ET13."?": =0;	第 17 步	ET10."?": =1; ET11."?": =0; ET12."?": =0; ET13."?": =0;

3）起动条件的设定：接着设定起动条件，当按下正转和反转按钮后，顺序功能图就从初始步向第 1 或第 9 步转换，所以转换条件 0 和 9 中的设定值就是正反转按钮的起动，双击转换条件 0 和 9，弹出“组件属性（步骤—SFC）”对话框，找到“动作”一栏，并分别输入“HMI1."正转"”和“HMI2."反转"”，如图 4-48 所示。

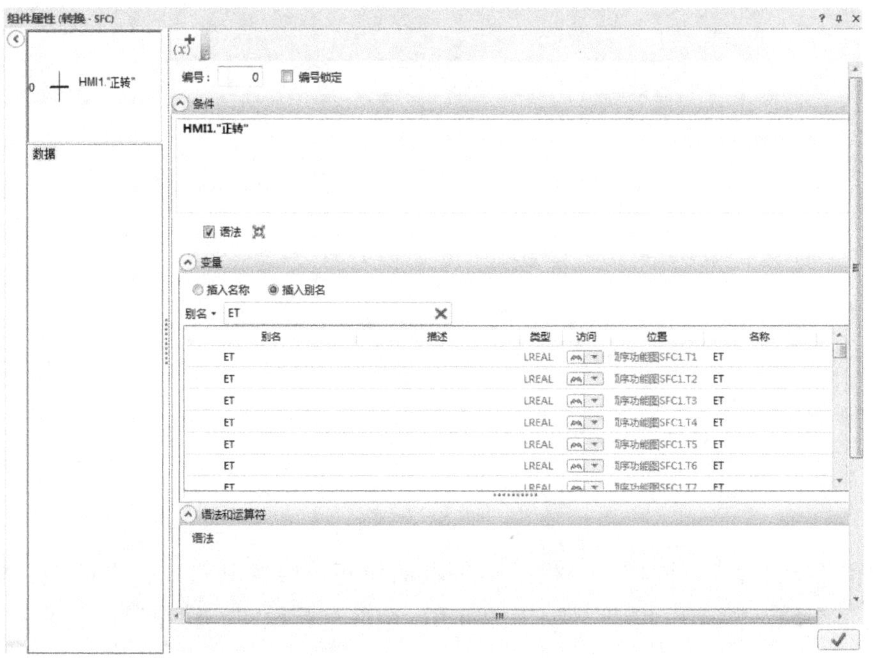

图 4-48 转换条件的设定

其中“HMI1”和“HMI2”为正转按钮和反转按钮对应的组件名称，可以通过双击按钮找到，如图 4-49 所示。

图 4-49　按钮的组件名称

4）转换条件的设定：对于标准步之间的转换条件，任务要求每隔 2s 自动旋转一个步距角，故所有的转换条件均为一个 2s 的定时器，双击每一个转换条件，加入一条语句，即 TON/X#. X/T#a/，在本语句中，“#”为每个转换条件的编号，“a”为需要设定的时间。根据任务要求，加入一个 2s 的定时器，完成全部设定，条件设定值见表 4-8。

表 4-8　转换条件的设定值

序　号	正转控制	序　号	反转控制
转换条件 1	TON/X1. X/T#2s/	转换条件 10	TON/X10. X/T#2s/
转换条件 2	TON/X2. X/T#2s/	转换条件 11	TON/X11. X/T#2s/
转换条件 3	TON/X3. X/T#2s/	转换条件 12	TON/X12. X/T#2s/
转换条件 4	TON/X4. X/T#2s/	转换条件 13	TON/X13. X/T#2s/
转换条件 5	TON/X5. X/T#2s/	转换条件 14	TON/X14. X/T#2s/
转换条件 6	TON/X6. X/T#2s/	转换条件 15	TON/X15. X/T#2s/
转换条件 7	TON/X7. X/T#2s/	转换条件 14	TON/X16. X/T#2s/
转换条件 8	TON/X8. X/T#2s/	转换条件 17	TON/X17. X/T#2s/

5）持续运行的设定：步进电动机在正反转运行过程中需要持续运行，故顺序功能图在执行完 1 个周期之后，将重新循环，所以将转换条件 8 与第 1 步连接，转换条件 17 与第 10 步连接，如图 4-50 所示，从而实现正反转的持续运行。

6）停止按钮的设定：在步进电动机运行过程中，当按下停止按钮后，步进电动机会立即停止，所以需要在每一个标准步中增加一条新的语句“X#. X ：=0 IF HMI3. "停止"；X0. X ：=1 IF HMI3. "停止"；”，其中“#”为每个标准步的编号。此语句的含义：当按下停止按钮（组件名称为 HMI3）后，当前的标准步立即停止，同时立即跳转到初始步（第 0 步）。完成之后的顺序功能图如图 4-51 所示。

（5）步进控制系统的仿真

首先设定步进电动机的步距角。步进电动机为二相四线式，其步距角为 1. 8°，双击

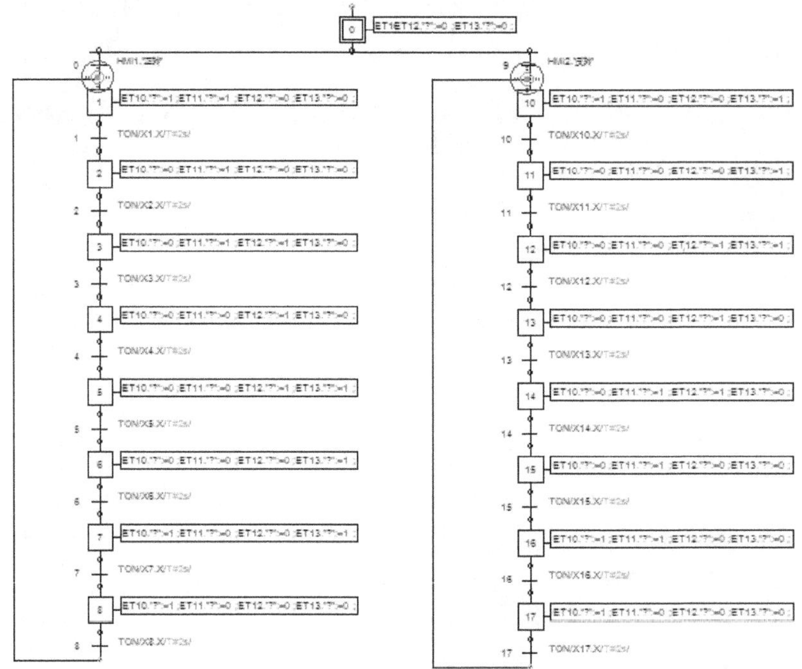

图 4-50　正反转持续运行的设定

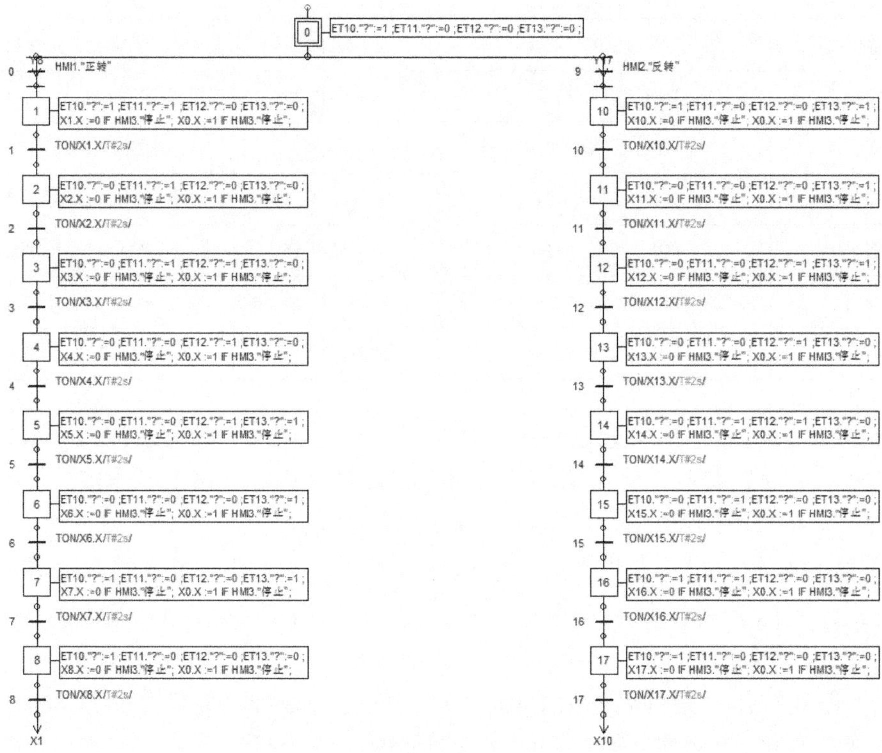

图 4-51　完成之后的顺序功能图

步进电动机图标，在弹出的“组件属性”中，将“步进角度”改为3.6°，如图4-52所示，保存并关闭。

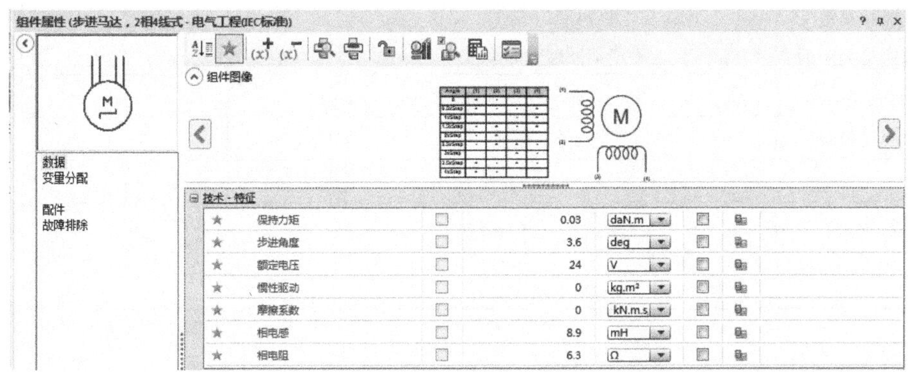

图4-52　步进角度的设定

选择“菜单”栏中的“仿真”选项，进入仿真状态。根据任务要求，按下正转按钮，步进电动机以1.8°的步距角正向运行，同时每隔2s旋转一次，如图4-53所示。按下停止按钮之后，再通过反转按钮，可以实现步进电动机的反向运行，如图4-54所示。

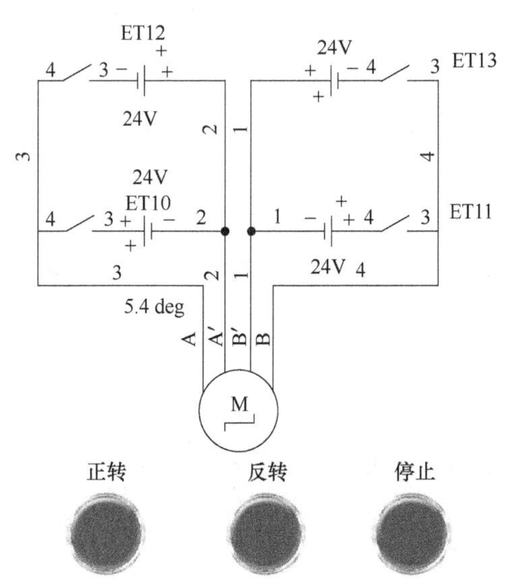

图4-53　步进电动机的正向运行

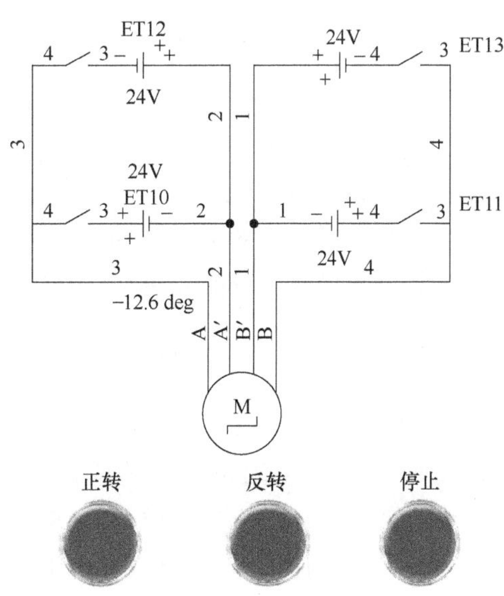

图4-54　步进电动机的反向运行

任务评价

任务评价见表4-9。

表4-9　任务评价

序号	评价指标	评 价 内 容	分值	学生自评	小组互评	教师点评
1	电路连接	元器件选择正确	15			
		电路接线正确	10			

（续）

序号	评价指标	评 价 内 容	分值	学生自评	小组互评	教师点评
2	按钮的连接	按钮选择正确	10			
3	顺序功能图的绘制与设定	顺序功能图绘制正确	20			
		顺序功能图设定正确	25			
4	模拟仿真	模拟仿真正确	20			
总分			100			
问题记录和解决方法						

任务拓展

1）除了绘制顺序功能图之外，还可以通过编写结构化文本实现该任务，请试着编写一段结构化文本。

2）试着使用一个二相六线式的步进电动机实现该任务。

任务三　伺服控制系统的设计与仿真

学习目标

1）掌握伺服系统的基本结构与工作原理。

2）学会使用 Automation Studio 6. 3 Educational 软件设计并仿真伺服系统的起停。

任务引入

伺服电动机是自动控制系统和计算装置中广泛应用的一种执行元件，其功能是把接收的电信号转换为电动机转轴角位移或角速度输出。在自动控制系统中常作为执行元件，所以伺服电动机又称为执行电动机。伺服电动机在加工中心、自动车床、电动注塑机、机械手、印刷机、包装机、弹簧机、三坐标测量仪、电火花加工机等方面有广泛的应用。

相关知识

（1）交流伺服系统的结构和工作原理

1）交流伺服系统的组成。交流伺服系统是以交流伺服电动机为控制对象的自动控制系统，它主要由伺服控制器、伺服驱动器和伺服电动机组成。

2）交流伺服系统主要控制模式。交流伺服系统主要有 3 种控制模式，分别是速度控制模式、转矩控制模式和位置控制模式，可以根据控制要求选择其中的一种或两种。

① 速度控制：维持电动机的转速不变。当负载增大时，转矩也随之变大，转速不变；

当负载减小时，转矩也随之减小，转速仍然不变。速度的设定可以通过模拟量 DC0～±10V（电压的正负表示旋转方向）或参数来调整。如果通过参数来设定转速时，最多可以设置 7 种不同的速度，此时功能与变频器类似。

② 转矩控制：维持电动机的输出转矩不变，如恒张力、收卷系统等需要严格控制转矩的场合。在转矩控制模式下，当转矩一定时，负载变化，转速也随之发生变化。转矩的设定可以通过模拟量 DC0～±10V（电压的正负表示力矩的方向）或参数来调整。电动机输出的转矩由负载决定，负载越大，转矩越大，但不能超过负载的额定转矩。

③ 位置控制：位置控制模式一般是通过上位机产生的脉冲来控制伺服电动机的转动。用脉冲的频率来确定转动速度的大小，通过脉冲的个数来确定转动的角度（定角）或工作台移动的距离（定长），所以一般应用于定位装置，例如数控机床的工作台控制就属于位置控制模式。

（2）伺服电动机与编码器

1）伺服电动机。实际应用中广泛使用的伺服电动机通常为永磁同步电动机，它的外形如图 4-55 所示。它内部引出两条电缆，一组与编码器连接（与 X6 端口相接），另一组与电动机的内部连接（与 X2 端口相接）。

交流伺服电动机主要由端盖、定子铁心与绕组、转轴与转子、机座和编码器以及引出线组成。

当定子三相绕组中通入三相电源后，就会在电动机的定子、转子之间产生一个旋转磁场，这个旋转磁场的转速称为同步转速，由于转子是一个永磁体，因此，转子的转速也就是旋转磁场的转速。

为了实现同步控制，必须对转子角位移进行即时和精确的测量，为此，在电动机上通常同轴安装有光电编码器。

图 4-55　伺服电动机的外形

2）编码器。如图 4-56 所示，编码器是把角位移或直线位移转换成电信号的一种装置。前者称为码盘，后者称为码尺。按照读出方式编码器可以分为接触式和非接触式两种。接触式采用电刷输出，电刷接触导电区或绝缘区来表示代码的状态是“1”还是“0”；非接触式的接收元件是光敏元件或磁敏元件，采用光敏元件时以透光区和不透光区来表示代码的状态是“1”还是“0”。根据检测原理，编码器可分为光学式、磁式、感应式和电容式。根据其刻度方法及信号输出形式，可分为增量式、绝对式以及混合式三种。

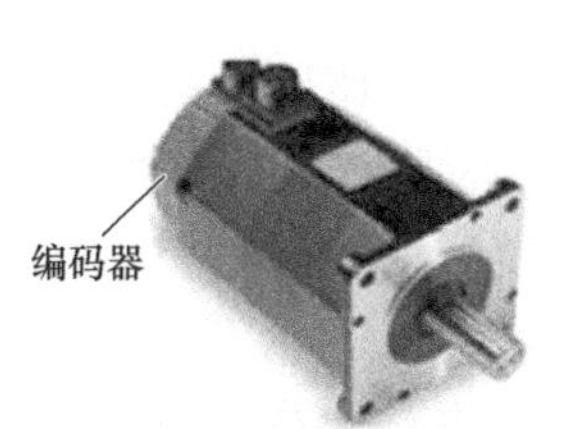

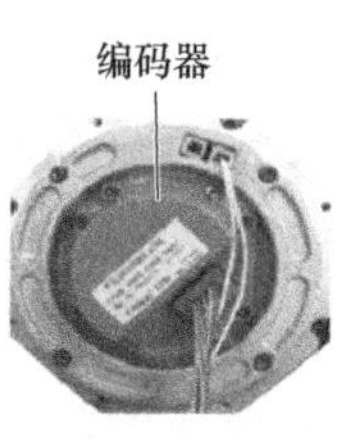

图 4-56　编码器的外形

① 增量式编码器是将位移转换成周期性的电信号，再把这个电信号转变成计数脉冲，用脉冲的个数表示位移的大小。每旋转一定的角度或移动一定的距离会产生一个脉冲，脉冲会随着位移的增加而不断增多。

a. 增量式编码器的结构。增量式光电编码器是一种常用的增量式编码器，它主要由玻璃码盘、LED、光敏元件、光栏板、透光条纹、零位标志和整形电路组成，如图 4-57 所示。

在码盘的一边是发光二极管或白炽灯光源，另一边则是接收光线的光电器件。在与被测轴同心的码盘上刻制了按一定编码规则形成的遮光和透光部分，码盘随着被测轴的转动使得透过码盘的光束产生间断，通过光电器件的接收和电路的处理，产生特定电信号的输出，再经过数字处理可计算出位置和速度信息。通过计算每秒光电编码器输出脉冲的个数就能反映当前电动机的转速。此外，为判断旋转方向，码盘还可提供相位相差 90°的两路脉冲信号。其原理示意图如图 4-58 所示。

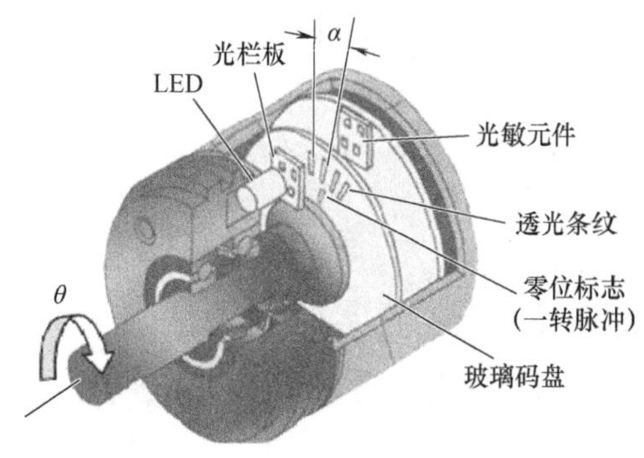

图 4-57 编码器的结构图

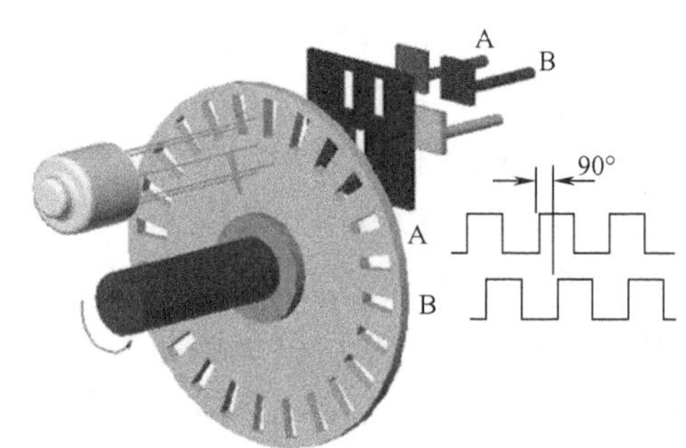

图 4-58 增量型光电编码器码盘方向的辨别

玻璃码盘从外往里分为三个环，依次为 A 环、B 环、Z 环，各部分黑色部分不透明，白色部分可透过光线，玻璃码盘与转子同轴转动。

输出信号为一串脉冲，每一个脉冲对应一个分辨角 α，对脉冲进行计数 N，就是对 α 的累加，即角位移 $\theta = \alpha N$。其中，$\alpha = 360°/$条纹数，即 $\alpha = 360°/1024 \approx 0.352°$

如 $\alpha = 0.352°$，脉冲 $N = 1000$，则 $\theta = 0.352° \times 1000 = 352°$。

b. 用信号 A、B 相信号辨别方向。光敏元件所产生的信号 A、B 彼此相差 90°相位，用于辨别方向。

当码盘正转时，信号 A 超前信号 B 90°；当码盘反转时，信号 B 超前信号 A 90°。因此通过判断 A、B 的相位情况就可以判断码盘的旋转方向。

c. 信号 Z 用于零位标志（一转脉冲）。在码盘里圈还有一条狭缝 Z，每转一次能产生一个脉冲，该脉冲信号又称“一转信号”或零位标志脉冲，作为测量的起始基准，如图 4-59 所示。零位标志在数控系统工作方式中的功能是回参考点，按下回参考点的开关，自动回到 X、Y、Z 轴的参考点。

d. 分辨率与倍频电路。一个脉冲对应的转角表示码盘的分辨率和静态误差，所以码盘的分辨率首先取决于码盘转一周所产生的脉冲数。脉冲数与码盘刻的窄缝数成正比。

码盘直径越大，窄缝越多，码盘的分辨率和精度越高。分辨率又称位数、脉冲数，对于增量型编码器而言，就是轴旋转一圈编码器输出的脉冲个数；对于绝对型编码器来说，则相当于把一圈 360°等分成多少份，例如分辨率是 131072P/R，则等于把一圈 360° 等分成了 131072 份，每旋转 2.74′左右输出一个码值。分辨率的单位是 P/R。

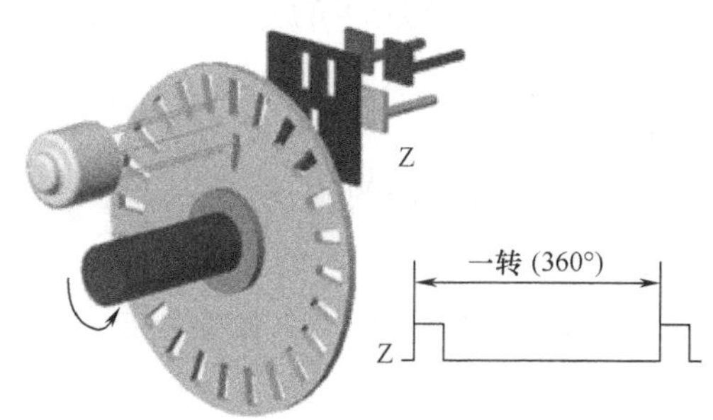

图 4-59　增量型光电编码器码盘的零位标志

码盘转一个节距，只输出 1 个脉冲。对上述电路进行改进，可得到 2 倍、4 倍、8 倍…… 的脉冲个数，相应地，一个脉冲代表的角位移就变为原来的 1/2、1/4、1/8 …… 从而明显提高了分辨率。具有这种功能的电路称为倍频电路或电子细分电路。

e. 增量式编码器的作用。增量式编码器可以实现速度和位置反馈。

编码器转动一周产生的脉冲数除以转动一周所需要的时间就可以计算出转速。

脉冲的个数乘以脉冲当量（例如 2μm）就可以计算出工作台移动的距离。

② 绝对式编码器。增量式编码器通过输出脉冲的频率反映电动机的转速，通过 A、B 相脉冲的相位关系反映电动机的转向。如果系统突然断电，而相对脉冲个数未储存，再次通电后系统无法知道执行机构的当前位置，需要让电动机回到零位重新开始并检测位置，即使移动执行机构，通电后系统会认为执行机构还在断电前的位置，继续工作时会出现困难。而绝对式编码器可以解决增量编码器测位时存在的问题，如图 4-60 所示。

光通过光学系统，若穿过码盘的透光区被窄缝后面的光敏元件接收，则输出为“1 ”；若被不透明区遮挡，则光敏元件输出 为“0”。各个码道的输出编码组合就表示码盘的转角位置。二进制编码盘中每一个码道代表二进制的一位，最外层的码道为二进制的最低位，因为最低位的码道要求分割的明暗段数最多，而最外层周长最大，容易分割。

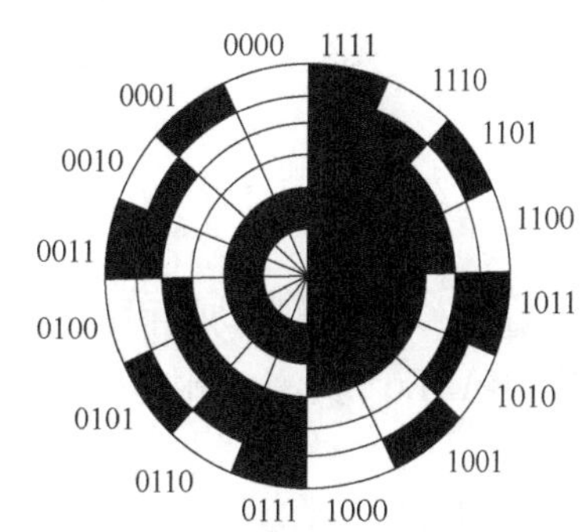

图 4-60　绝对式编码器的码盘

输出 n 位二进制编码，每一个编码对应唯一的角度。0000 代表 0°；0001 代表 22.5°；0010 代表 55°；1111 代表 337.5°。

4 个电刷导电为“1”，非导电为“0”。

最小分辨角 $\alpha=360°/2n$，如当 $n=4$ 时，$\alpha=360°/24=15°$。

③ 各种编码器的比较。

a. 增量式编码器的特点：精度高（可用倍频电路进一步提高精度）；体积较小；开机后先要调至零位；在脉冲传输过程中，若由于干扰而丢失脉冲或窜入脉冲时将会产生误差，此误差不会自行消除。

b. 绝对式编码器的特点：可以直接读出角度坐标的绝对值；没有累积误差；电源切除后位置信息不会丢失；通电开机时立刻就能显示出绝对转角位置，不必“调零”；结构复杂，几何尺寸略大，价格贵。

c. 混合式编码器的特点：基本结构是绝对式码盘，内部也具有增量式码盘的结构。但码道较少，精度较低，起“粗测”作用；而增量式码盘部分起到“精测”作用。

从码盘输出到信号处理装置是模拟信号，抗干扰能力优于纯光电增量式码盘的脉冲信号。一通电就知道绝对位置，不必“调零”。采用增量式码盘结构，可对输出信号进行倍频处理来提高精度。体积要比同精度的纯绝对式码盘小。

3）伺服驱动器的面板介绍与接线。伺服驱动器的品牌很多，有发那科、松下、西门子等。图 4-61 中列出了一些常见的伺服驱动器及电动机。

西门子S120书本型驱动器

西门子1FK7交流伺服电动机

松下伺服驱动器及伺服电动机

FANUC αi系列放大器

图 4-61　一些常见的伺服驱动器及电动机

① 安川伺服驱动器面板与接线端子。在 YL-163A 实训考核装备中，采用了安川 SG-MJV-04ADE6S 交流伺服电动机及 SGDV-2R8A01A 交流伺服驱动装置，其面板如图 4-62 所示。

② 接线。SGDV-□□□A 型伺服驱动器面板上有多个接线端口，如图 4-63 所示，其中：

主电路电源输入端子 L1 ~ L3：主电路电源输入接口，AC 220V 电源连接到 L1、L2 主电源端子。

控制电源输入端子 L1C、L2C：控制电源输入接口，连接到控制电源端子 L1C、L2C 上。

伺服电动机接线端子 U、V、W：U、V、W 端子用于连接电动机。必须注意，电源电压务必按照驱动器铭牌上的指示，电动机接线端子（U、V、W）不可以接地或短路，交流伺服电动机的旋转方向不像感应电动机可以通过交换三相相序来改变，必须保证驱

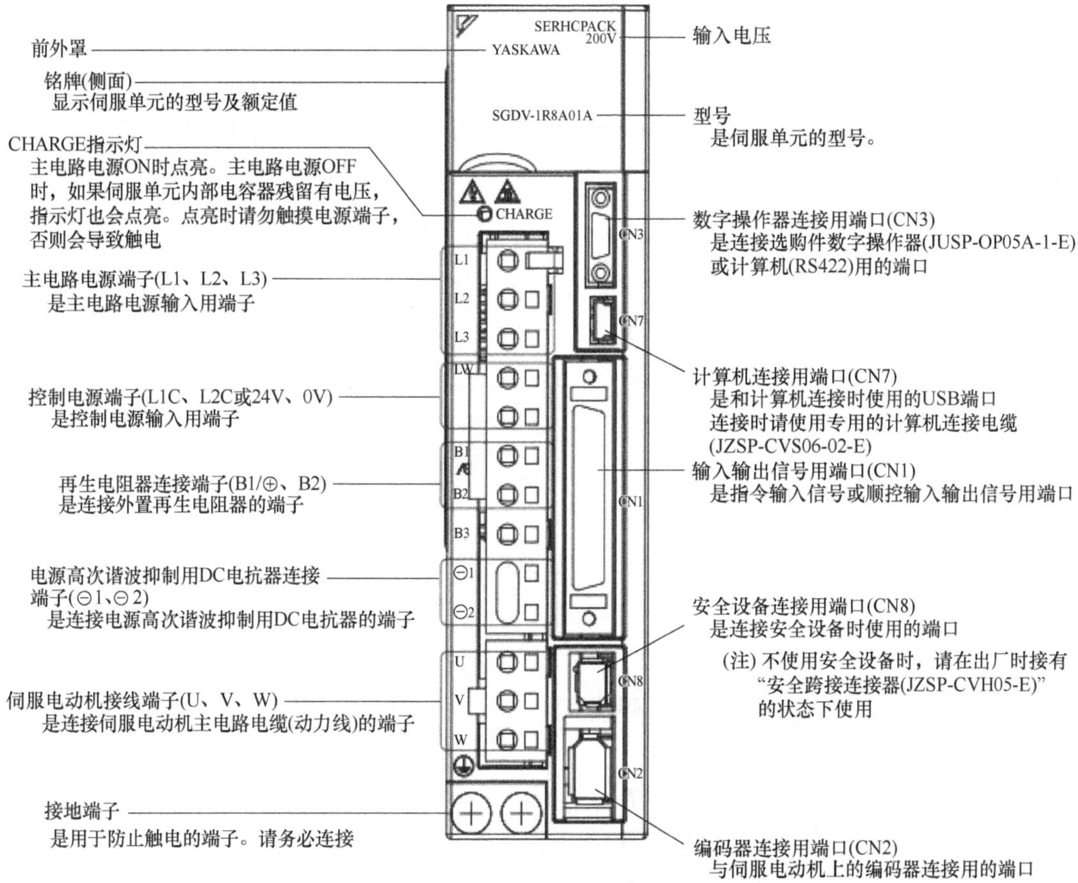

前外罩

铭牌(侧面)
显示伺服单元的型号及额定值

CHARGE指示灯
主电路电源ON时点亮。主电路电源OFF时，如果伺服单元内部电容器残留有电压，指示灯也会点亮。点亮时请勿触摸电源端子，否则会导致触电

主电路电源端子(L1、L2、L3)
是主电路电源输入用端子

控制电源端子(L1C、L2C或24V、0V)
是控制电源输入用端子

再生电阻器连接端子(B1/⊕、B2)
是连接外置再生电阻器的端子

电源高次谐波抑制用DC电抗器连接端子(⊖1、⊖2)
是连接电源高次谐波抑制用DC电抗器的端子

伺服电动机接线端子(U、V、W)
是连接伺服电动机主电路电缆(动力线)的端子

接地端子
是用于防止触电的端子。请务必连接

SERHCPACK 200V YASKAWA

SGDV-1R8A01A

CHARGE

L1 L2 L3 B1 B2 B3 ⊖1 ⊖2 U V W

CN3 CN7 CN1 CN8 CN2

输入电压

型号
是伺服单元的型号。

数字操作器连接用端口(CN3)
是连接选购件数字操作器(JUSP-OP05A-1-E)或计算机(RS422)用的端口

计算机连接用端口(CN7)
是和计算机连接时使用的USB端口
连接时请使用专用的计算机连接电缆(JZSP-CVS06-02-E)

输入输出信号用端口(CN1)
是指令输入信号或顺控输入输出信号用端口

安全设备连接用端口(CN8)
是连接安全设备时使用的端口
(注) 不使用安全设备时，请在出厂时接有"安全跨接连接器(JZSP-CVH05-E)"的状态下使用

编码器连接用端口(CN2)
与伺服电动机上的编码器连接用的端口

图 4-62 安川伺服驱动器的面板与接线端子

动器上的 U、V、W 接线端子与电动机主电路接线端子按规定的次序一一对应，否则可能造成驱动器的损坏。电动机的接线端子和驱动器的接地端子以及滤波器的接地端子必须保证可靠地连接到同一个接地点上。

③ 伺服驱动器的参数设置。安川伺服驱动器有 12 种控制运行方式，即速度控制（模拟量指令）、位置控制（脉冲序列指令）、转矩控制（模拟量指令）、内部设定速度控制（接点指令）、内部设定速度控制（接点指令）⇔速度控制（模拟量指令）、内部设定速度控制（接点指令）⇔位置控制（脉冲序列指令）、速度控制（接点指令）⇔转矩控制（模拟量指令）、位置控制（脉冲序列指令）⇔速度控制（模拟量指令）、位置控制（脉冲序列指令）⇔转矩控制（模拟量指令）、转矩控制（模拟量指令）⇔速度控制（模拟量指令）、速度控制（模拟量指令）⇔零位固定、位置控制（脉冲序列指令）⇔位置控制（INHIBIT）。

SGDV-2R8A01 伺服驱动器的参数共有 146 个，可以在驱动器面板上进行设置，也可以通过驱动器上的操作面板来完成。操作面板如图 4-64 所示，各个按钮的说明见表 4-10。

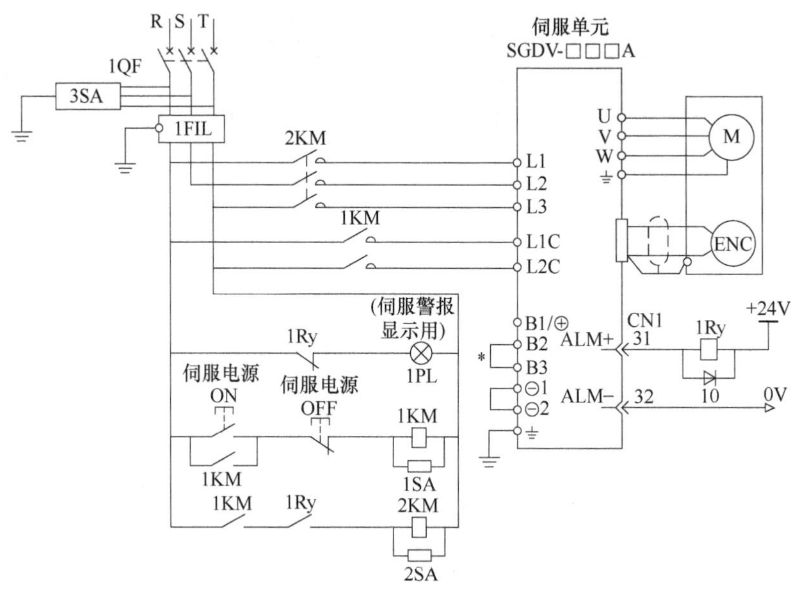

图 4-63 伺服驱动器电气接线图

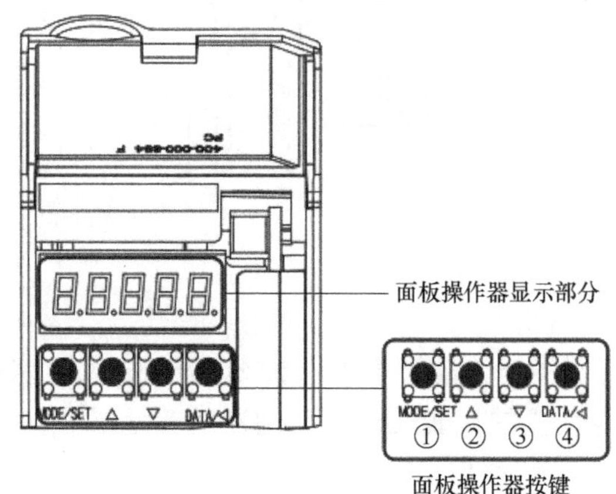

图 4-64 伺服驱动器操作面板

表 4-10 伺服驱动器面板按钮的说明

编　号	按 钮 名 称	功　能
①	MODE/SET 键	1. 用于切换显示 2. 确定设定值
②	△键	增大设定值
③	▽键	减小设定值
④	DATA/◁键	1. 显示设定值。此时，要按住“DATA/◁”键持续约 1s。 2. 将数位向左移一位（数位闪烁时）

其功能及参数切换方法如图 4-65 所示，具体参数的设定方法见表 4-11（以 Pn100 从 40 更改到 100 为例）。

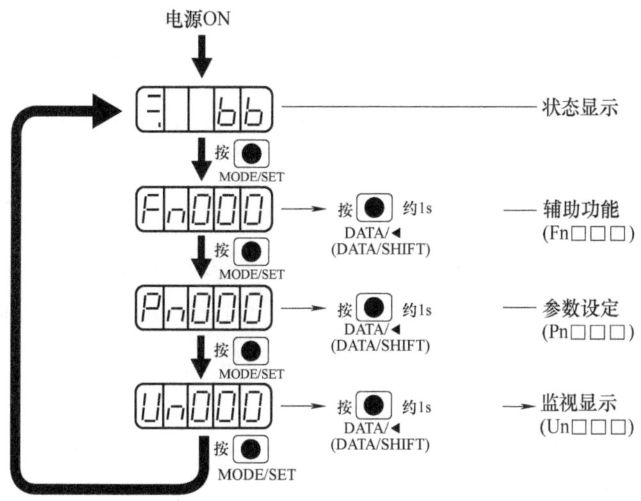

图 4-65　功能及参数切换方法

表 4-11　具体参数设定方法

步骤	操作后的面板显示	使用的按键	操　　作
1	Pn100	MODE/SET ▲ ▼	按 MODE/SET 键进入参数设定状态。若参数编号显示的不是 Pn100，则按 UP 或 DOWN 键显示“Pn100”
2	0040.0	DATA ◄	按 DATA/◁键约 1s，显示 Pn100 的当前设定值
3	0040.0	DATA ◄	按 DATA/◁键，移动闪烁显示的数位，使 4 闪烁显示（可变更闪烁显示的数位）
4	0100.0	▲	按△键 6 次，将设定值变更为 100.0
5	0100.0 （闪烁显示）	MODE/SET	按 MODE/SET 键后，数值显示将会闪烁。这样，设定值便从 40.0 变成了 100.0

（续）

步骤	操作后的面板显示	使用的按键	操　作
6	Pn100	DATA◀	按 DATA/◁ 键约 1s 后，将返回“Pn100”的显示

任务要求

Automation Studio 6.3 Educational 版本软件中暂无伺服电动机的模型，所以我们在 YL-163A 实训考核装备中使用现有的设备完成以下任务：通过 PLC 控制一台伺服电动机实现连续反转，按下停止按钮后立即停止。

任务分析

根据任务要求，我们将使用到一台交流伺服电动机、一台交流伺服驱动器、三个按钮以及三菱 FX3U 系列 PLC（晶体管型）。针对位置模式，我们需要通过 PLC 将脉冲信号发送到伺服驱动器的 8 号引脚，而反转功能是通过让伺服驱动器的 12 号引脚得电，同时在 PLC 程序中使用脉冲指令，实现伺服电动机的运行。

任务实施

（1）伺服驱动器的连接

首先完成伺服驱动器的接线，如图 4-66 所示。SGDV-2R8A01 型伺服驱动器的输入电压为 AC 220V，将交流单相电源分别引入到主电路电源端子 L1、L2 和控制电路电源端子 L1C、L2C 上。同时引入一电压为 24V 的直流电源，连接到伺服驱动器的 47 和 40 号引脚。

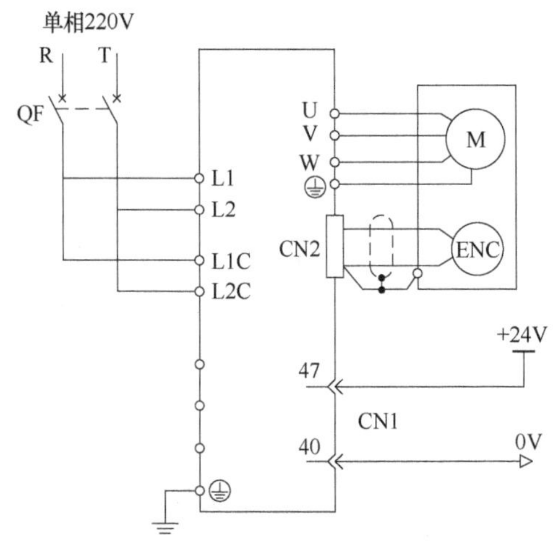

图 4-66　伺服驱动器的接线图

（2）伺服电动机的连接

如图 4-67 所示，将伺服电动机的主电路电缆和编码器电缆与伺服驱动器相互连接，其中主电路电缆与伺服驱动器的 U、V、W 端子连接，注意要保证驱动器上的 U、V、W 接线端子与电动机主电路接线端子按规定的次序一一对应，否则可能造成驱动器的损坏。另外，编码器电缆与伺服驱动器右下角的 CN2 端口直接连接，从而完成伺服电动机与伺服驱动器之间的连接。

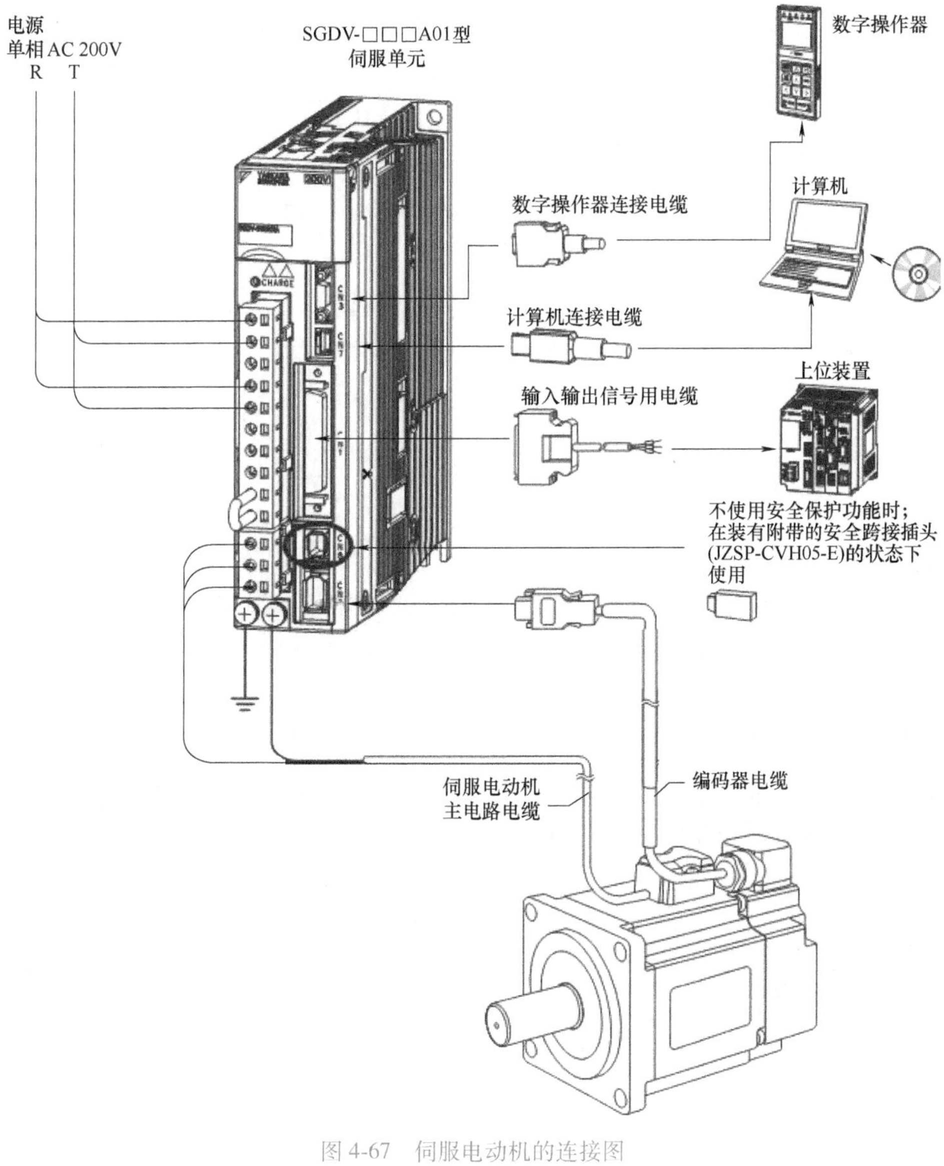

电源
单相AC 200V
R T
SGDV-□□□A01型
伺服单元
数字操作器
计算机
数字操作器连接电缆
计算机连接电缆
上位装置
输入输出信号用电缆
不使用安全保护功能时；
在装有附带的安全跨接插头
(JZSP-CVH05-E)的状态下
使用
伺服电动机
主电路电缆
编码器电缆

图 4-67 伺服电动机的连接图

（3）伺服驱动器与 PLC 的连接

如图 4-68 所示，完成 PLC 的接线，本任务中以三菱 FX3U-32MT 型 PLC 为例，其中 SB1 为起动按钮，SB2 为方向控制按钮，SB3 为停止按钮；输出回路中，Y0、Y1 为晶体管型输出端口，控制着脉冲信号与方向信号，分别与伺服驱动器的 8 号引脚及 12 号引脚相连。

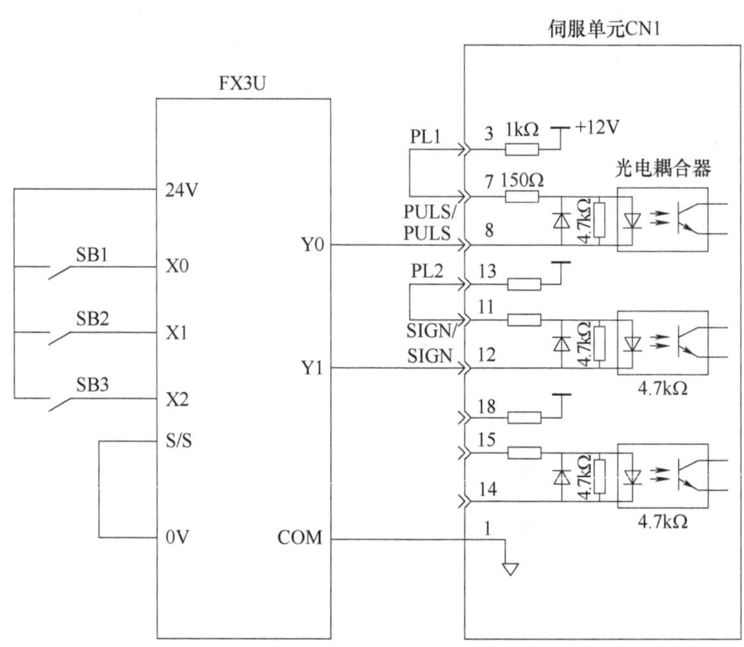

图 4-68　PLC 与伺服驱动器的接线图

（4）伺服驱动器参数设定

在完成电路的连接之后，需要在伺服驱动器中设定相应参数，以实现其位置模式的运行，首先可以将伺服驱动器进行初始化出厂设置，选择参数 Fn005，按下“确认”。

伺服驱动器在位置模式下的控制原理如图 4-69 所示，所以需要设定的主要参数有位置模式选择 Pn000、指令脉冲形态 Pn200、电子齿数比 Pn210 和 Pn20E 等。查阅相关资料，可以得到具体的参数值，见表 4-12。

表 4-12　位置模式参数设定表

作　用	参　数	参 数 值
位置模式设置	Pn000	0010
单相电设置	Pn00B	0100
PLC 控制	Pn200	1000
电子齿数比（分子）	Pn20E	1048576
电子齿数比（分母）	Pn210	2000

（5）PLC 程序设计

根据任务要求，可以设计如下 PLC 程序，如图 4-70 所示，其中 DPLSY 为脉冲指

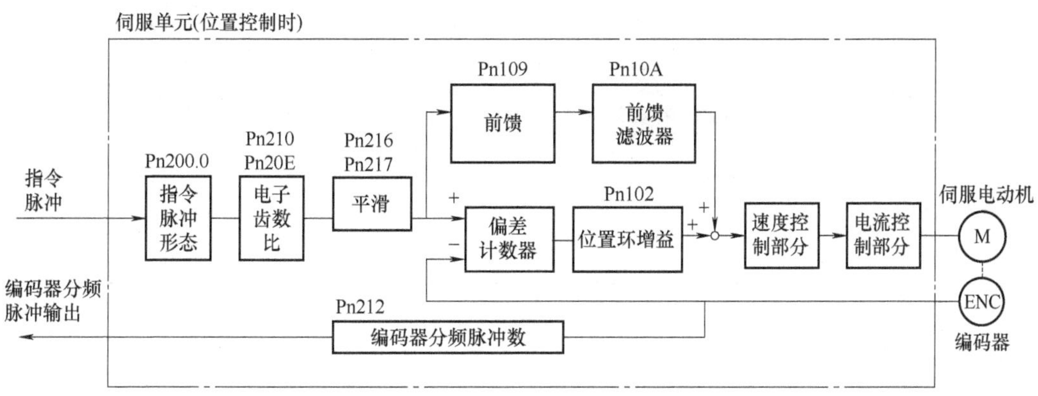

图 4-69　位置模式的控制原理

令，K1000 为运行速度，Y0 为脉冲信号引脚（即 8 号引脚），Y1 为方向信号引脚（即 12 号引脚）。

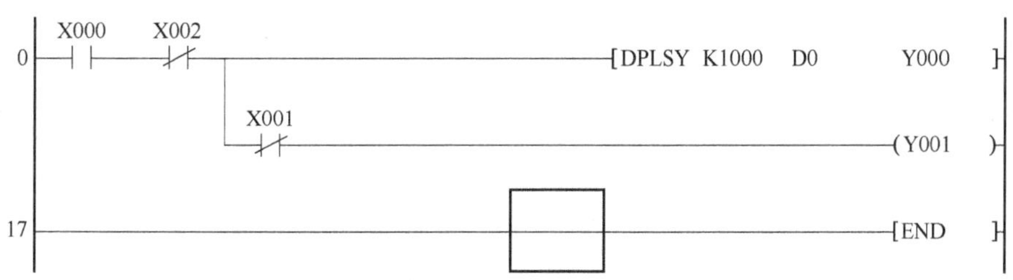

图 4-70　PLC 程序设计图

（6）功能调试

接通电源，按下 SB1 按钮，检查伺服电动机是否运行，同时可以通过 Fn000 参数查看伺服电动机当前转速大小。

任务评价

任务评价见表 4-13。

表 4-13　任务评价

序号	评价指标	评价内容	分值	学生自评	小组互评	教师点评
1	硬件连接	伺服驱动器接线正确	10			
		伺服电动机接线正确	10			
		PLC 接线正确	15			
2	参数设定	位置模式参数设定正确	10			
3	程序设计	PLC 程序设计正确	15			
4	功能调试	程序检查、调试方法正确	10			
		功能正确	20			

（续）

序号	评价指标	评 价 内 容	分值	学生自评	小组互评	教师点评
5	安全文明	工具与仪表使用正确	5			
		按要求穿戴工作服、绝缘鞋	5			
总分			100			
问题记录和解决方法						

任务拓展

除了位置控制之外，安川伺服驱动器还提供了速度控制、转矩控制等，试着查阅相关资料完成对应的接线和 PLC 程序设计。

项目五

自动供料系统的设计与仿真

YL-335B 自动化生产线包括供料单元、加工单元、装配单元、分拣单元和输送单元五个工作单元，是一个典型的集成化系统，涵盖了气动回路设计与连接、电气线路设计与连接、PLC 程序设计以及人机界面等，利用 Automation Studio 软件可进行集成系统仿真，从而完成 YL-335B 自动线设备的仿真调试；也可以通过该软件对系统进行改进，并予以仿真验证等。本项目将利用 Automation Studio 软件实现对 YL-335B 供料单元进行设计与仿真，使读者进一步了解如何利用 Automation Studio 软件对自动供料系统设计与模拟的方法。

YL-335B 供料单元的主要结构如图 5-1 所示，主要包括料仓及其底座、物料检测传感器及其支架、推料气缸和顶料气缸及其支架、电磁阀组、接线端子排、底板等组成。其功能是将料仓内的物料推出到物料台上。

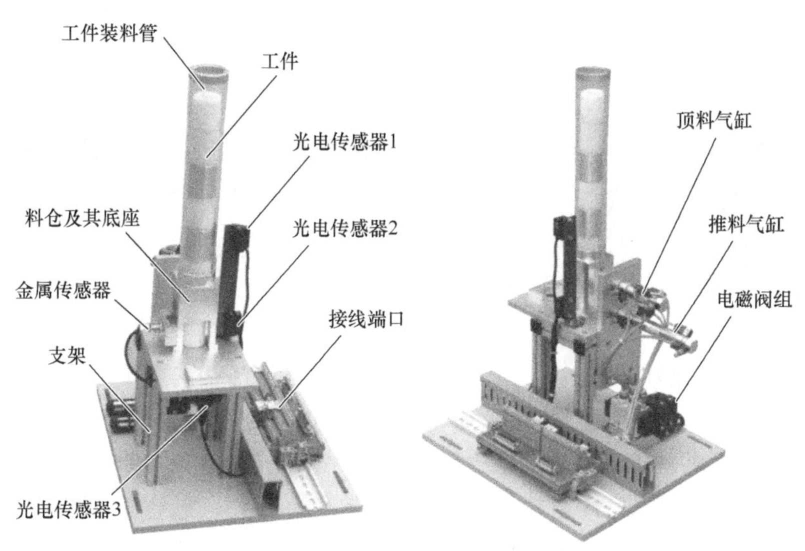

图 5-1 供料单元的主要结构

供料单元的功能要求：

1）能够自动检查料仓内的物料是否充足、执行机构是否处于初始状态。果物料充足且处于初始状态，相应传感器工作，检测信号输入至 PLC，当 PLC 初始化检查成功后，则 PLC 输出控制信号，工作单元能够将物料供给到物料台上。工作单元没有接收到停止信号时，完成一次供料后，如果物料充足，继续向系统供料。

2）在系统运行过程中，还应能够提供物料状态信号，如果物料检测传感器检测不到信号，说明物料不足，系统发出物料不足的报警信号；如果缺料传感器检测不到信号，说明物料已经没有，系统发出物料没有的报警信号。

注意：物料不足和缺料的判断时间应根据供料执行速度和程序设计流程综合考虑，防止供料间隙发出误判。

3）在供料单元运行过程中，接收到停止信号时，应该等当前供料结束后，工作单元再停止，防止供料单元突然停止，执行器件卡在中途或物料中途掉落，发生不必要的事故。

任务一　气动控制回路设计与仿真

学习目标

1）掌握气动控制回路的设计与仿真。

2）学会使用 Automation Studio 6.3 Educational 软件设计并仿真气动控制回路。

任务引入

气动控制回路是包括气动执行元件、控制元件和气源处理组件等在内的能够实现一定功能的气动回路，其元器件符号符合气动符号国家标准。在连接气动元件之前，需设计气动回路图，该图能够满足一定的要求，在发密科软件中可进行气动回路图设计，并进行仿真验证。

（1）新建并保存项目

在菜单栏选择“主页”，单击“新建”工具栏中的 项目 按钮，打开“项目模板”窗口，如图 5-2 所示，“项目模板”有多种可以选择，这里选择“无”，单击“确定”即创建一个新项目，在窗口右侧的“项目资源管理器”中右击项目 1，在弹出命令中选择“项目另存为”，保存项目名称为“供料单元”。

（2）文档修改

在新建的项目中已默认创建了一个标准图文档，在右侧的“项目资源管理器”中可以查看，单击项目前面的加号即可展开项目内所包含的所有文档，如图 5-3 所示，将“图 1”重命名为“供料单元气动回路图”。在同一个项目中可以创建多个相同或不同的文档类型，单击“新建”工具栏中的“文档”下方的箭头，选择需要创建的文档格式。文件格式有标准图、电工图、单线图、电工技术面板布局、连接图、3D 图、顺序功能图（SFC）电气文件、表单报告、网页、连接文档等。

在新建好的标准图文档中，绘制图形文件，根据绘制的图形类型（气动图、电工

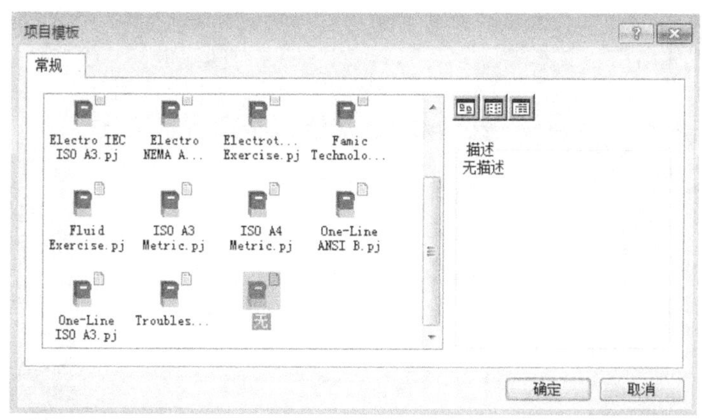

图 5-2 “项目模板”窗口

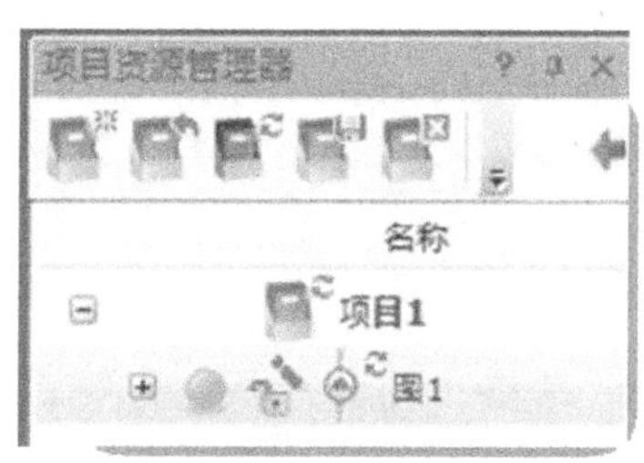

图 5-3 项目资源管理器

图、人机界面等）在相应库资源中查找并使用相应的元器件。库资源管理器在用户窗口右侧，主要包括了液压、气动、比例气动、电气控制（IEC 标准）、数字电子电路、梯形图（IEC 标准）等，用户可以通过按钮添加已有的库或创建新的库，如图 5-4 所示。

默认已包含的所有库可以通过库资源管理器的配置菜单查看，方法是单击配置菜单按钮，打开库资源管理器标准配置窗口，如图 5-5 所示，在需要的库文件前面的复选框中打钩即可。

气动回路图（后简称为气动图）所需的元器件在气动元件库中基本都可以找到，因此，绘制气动图，只需要在库资源管理器中显示气动元件库即可。气动元件库中包括实际生产中常用的气动元件，有压缩机和动力装置、换向阀、流量阀、传感器等，满足教学与工程实践的需求。气动图的设计需在标准图文档中进行。

任务要求

YL-335B 自动化生产线的功能是将供料单元提供的物料进行加工、装配处理后，搬运到分拣单元进行分拣入仓的过程，是一个典型的自动化生产线设备，各个工作单元的主要执行机构都是由气动元件进行驱动，尤其是供料、加工和装配三个单元，分拣单元的动力机构增加了三相异步电动机及其调速装置，输送单元机械手的传动则是由交流伺服控制系统驱动完成。那么，在连接气动元件之前，需根据实际需要明确所需的气动元

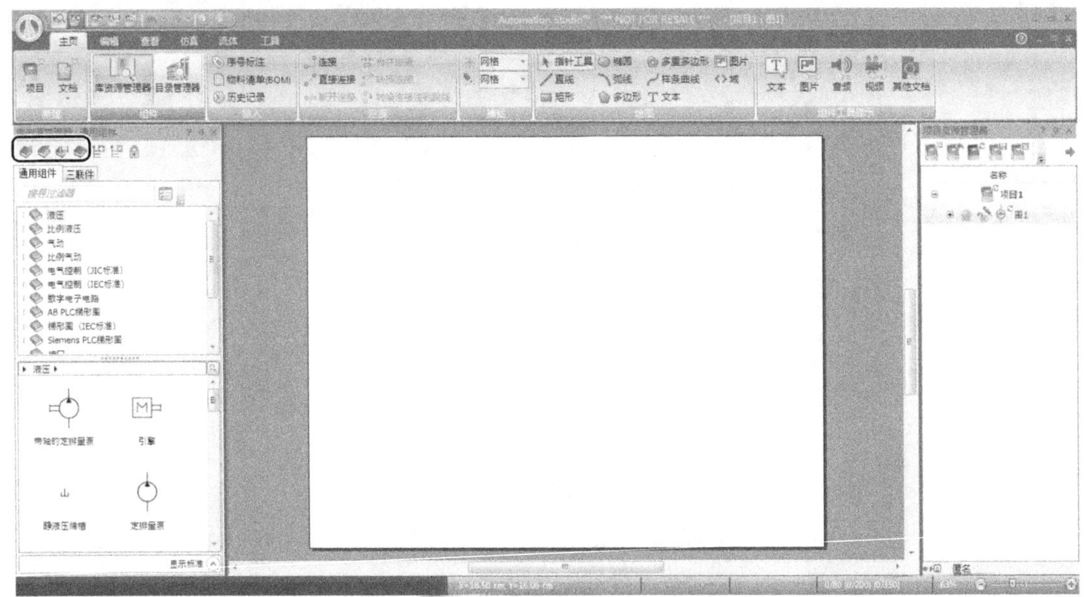

图 5-4 项目窗口

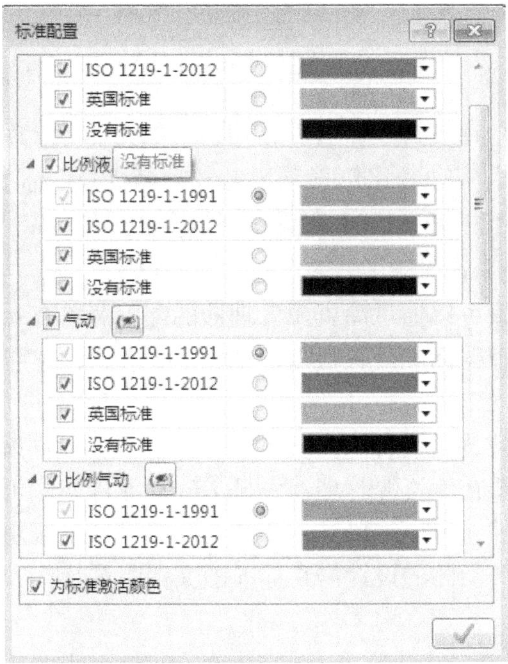

标准配置

ISO 1219-1-2012
英国标准
没有标准
比例液 没有标准
ISO 1219-1-1991
ISO 1219-1-2012
英国标准
没有标准
气动
ISO 1219-1-1991
ISO 1219-1-2012
英国标准
没有标准
比例气动
ISO 1219-1-1991
ISO 1219-1-2012
为标准激活颜色

图 5-5 标准配置窗口

件及其相关参数，按照原理设计并连接气动控制回路，对所设计的回路图进行仿真，帮助理解气动回路图工作原理、器件动作方式、器件及回路参数设置等。

本任务主要完成供料单元的气动回路设计与模拟运行，供料单元的气动回路图如

图 5-6所示。

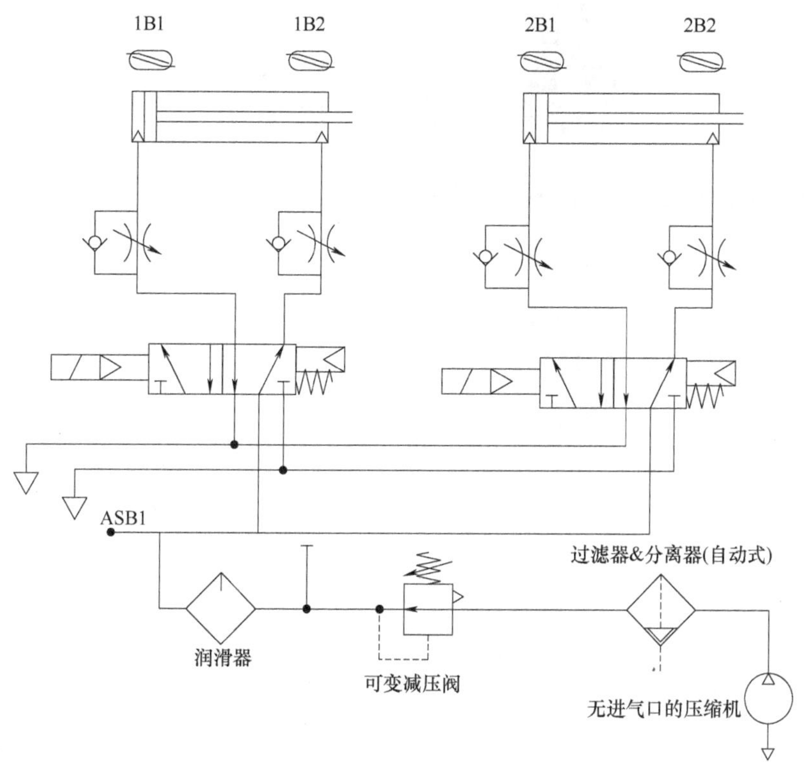

图 5-6　供料单元的气动回路图

相关知识

供料单元的功能是在两个直线气缸（推料、顶料）的相互作用下，将料仓内物料推出到物料台上的操作。根据供料单元的工作原理和气动回路图可知供料单元使用的气动元件主要有双作用直线气缸、单向节流阀和带内部先导的两位五通电磁换向阀。电磁换向阀采用集中供气的方式，气源由气源处理组件供给。

（1）气源处理装置（气动三联件）

在气动技术中，将空气过滤器（F）、减压阀（R）和油雾器（L）三种气源处理元件组装在一起，称为气动三联件，用以对进入气动仪表的气源进行净化过滤并减压至仪表供给额定的气源压力，相当于电路中电源变压器的功能。YL-335B 的气源处理组件及其回路原理图如图 5-7 所示。

由于气动图所需气源都是由气源处理组件供给的，因此，在绘制气动图之前首先绘制并组装气源处理组件。

1）气动三联件：气动三联件包括过滤器、减压阀和油雾器（包含润滑器和压缩机），从气动元件库的不同类别中找到气动三联件所包含的气动元件。气动三联件的元器件符号及其所在类别见表 5-1。

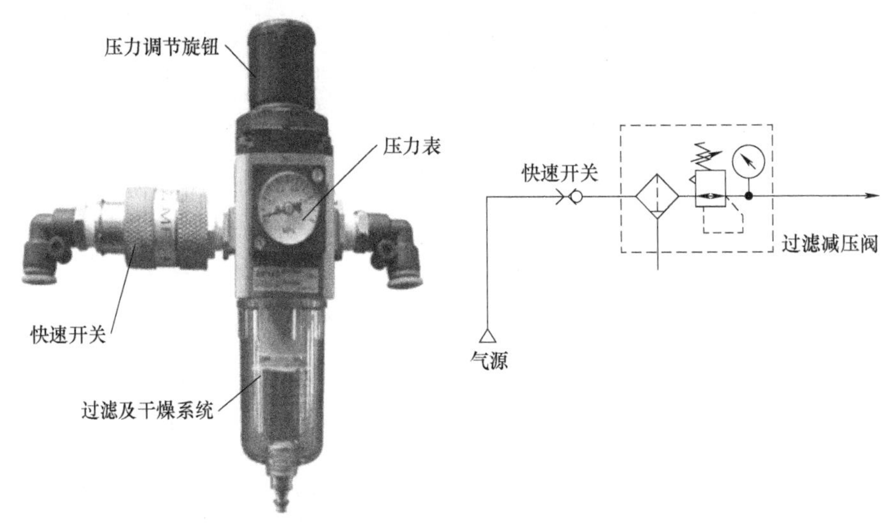

a) 气源处理组件实物图　　b) 气动原理图

图 5-7　气源处理组件及其原理图

表 5-1　气动三联件元器件符号及类别

组 件 名 称	组件图形符号	数量	类　别
过滤器 & 分离器（自动式）		1	流体调节器
减压阀		1	压力控制
润滑器		1	流体调节器
无进气口的压缩机		1	压缩机和动力装置

2）气动元件的连接：气动元件上的圆形接口表示一个连接口，将光标放置在该接口上，会出现一个圆形图标，单击并移动到下一个要连接的点，即完成一个有效连接，依次按照图 5-8 完成气动三联件的连接。在后续的气动回路设计中，经常要用到气动三联件，因此将组建好的气动三联件合并成一个整体，方便后面的气动图中直接调用。合并的方法是选中气动三联件中的所有元器件，右击选择“组装”，即完成组装。

（2）供料单元气动图其他气动元件

组成供料单元气动图的其他元器件还包括双作用气缸、电磁换向阀和单向节流阀

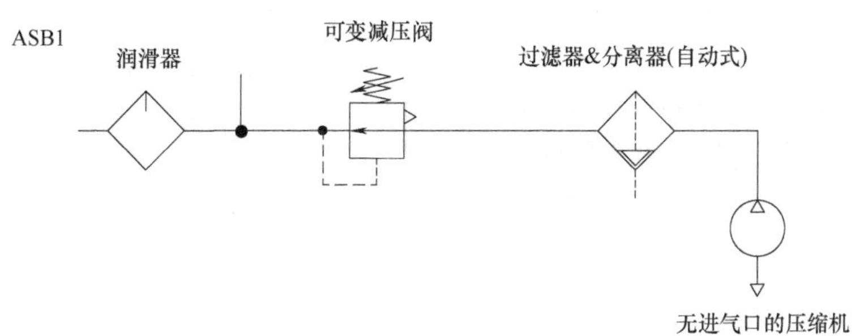

图 5-8　气动三联件

等，这些元器件分属在气动库中不同类别中，具体的图形符号及类别见表 5-2。

表 5-2　供料单元气动图主要元器件图形符号及类别

组件名称	组件图形符号	数量	类　别
双作用缸		2	执行器
磁性传感器		4	传感器
可变止回节流阀		4	流量阀
5/2-常开阀		2	换向阀
直接排放式		1	管线与管接头

单击展开元件库的相应类别，找到所需的元器件，放置在合适位置，并调整其大小、方向和形式。

1）双作用直线气缸及其状态检测传感器（磁性开关）。其所在位置为“气动”→“执行器”，直接拖动鼠标将其放置在设计窗口的合适位置即可。在 YL-335B 设备上所使用的气缸都是双作用气缸，有笔形、旋转形、夹爪形，还有薄型气缸、双杆气缸和带导杆的双作用气缸。通常在供料单元上使用的是普通的笔形气缸。若需要使用气动夹爪，则只需要将气缸末端的形状修改为夹爪即可，方法是双击气缸，打开其气缸属性设置窗口，选择“生成器”选项，在气缸杆头位置双击打开“适配器”窗口，根据需要选择不同的末端，若是夹爪，选择夹爪后，单击“√”确认即可，如图 5-9 所示。

在 YL-335B 的装配单元和输送单元中都要用到旋转缸，旋转缸在“气动”→“执行器”→“其他组件”类别中，其图形符号为。

带磁环的气缸通常通过磁性开关来检测其运行状态，因此，在双作用直线气缸的伸出和缩回位置分别放置磁性开关作为活塞杆位置检测的装置，磁性开关为“气动”（库）→“传感器”类别→“进程传感器”类别中的磁性传感器，其图形符号见表5-2。磁性传感器的放置方法如下：

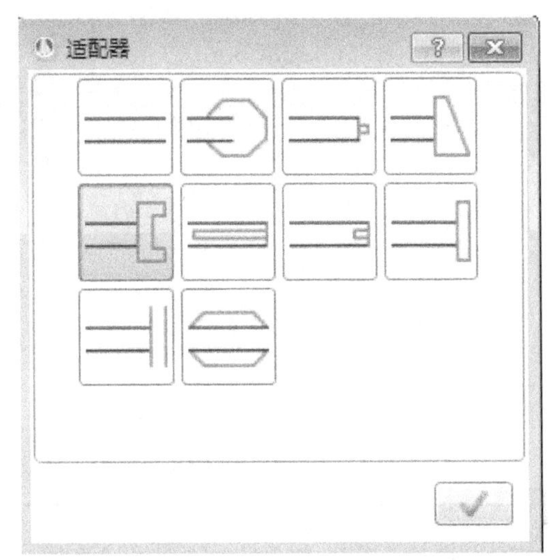

图 5-9　气缸末端适配器选择窗口

单击选中磁性传感器后，拖动鼠标将其放置在设计窗口中，放置时注意传感器上的菱形接口，该接口表示一个机械接口。若要磁性传感器能够检测活塞位置，必须将传感器的机械接口与气缸上的活塞杆到位点的机械接口相对应连接。默认情况下，在气缸缩回到位的位置也有一个机械接口，退回到位信号只需将传感器的机械接口与该接口吻合即可。若气缸上没有伸出到位的机械接口，双击气缸打开“气缸组件属性”窗口，选择左侧的“生成器”选项，在右侧窗口中，将“活塞位置（%）”设置成100，然后单击窗口下面的“✓”按钮，完成设置，如图5-10所示。这样，在绘图窗口中可以看到气缸活塞杆伸出100%，且伸出位置有菱形机械接口，此时再按照上述放置缩回到位磁性传感器的方法，放置伸出到位传感器。气缸上的两个磁性传感器放置好后，恢复气缸的原有设置。若要气缸在运行过程中检测多个位置信号，则可按照同样的方法设置活塞杆的位置，并放置磁性传感器。

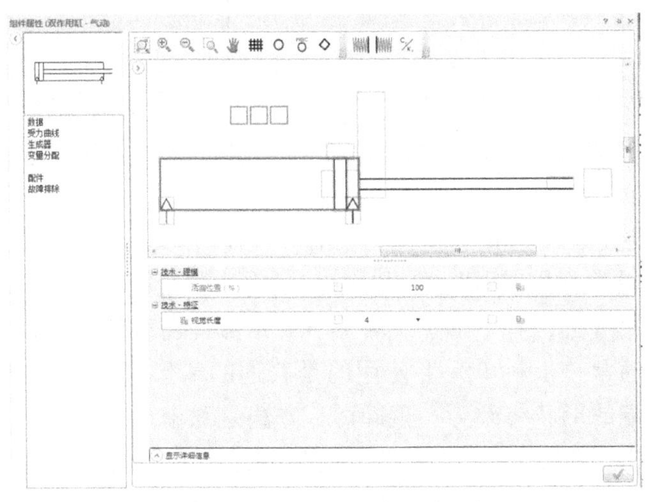

图 5-10　气缸“组件属性”设置窗口

在气动图中，由于机械运动会产生一些信号，这些信号通过传感器检测后需要转换成电信号输入到PLC供其编程使用，在供料单元气动图中产生的信号主要是顶料和推料

气缸上磁性传感器信号。我们在放置磁性传感器后，会弹出一个“修改变量”窗口，如图 5-11 所示，设置传感器的“别名”，该“别名”就是该传感器的名称，将顶料气缸缩回到位和伸出到位分别设置成 1B1 和 1B2，推料气缸的缩回到位和伸出到位分别设置成 2B1 和 2B2。如果在放置时忽略了此窗口，也可以通过双击磁性传感器打开其“组件属性”窗口，在“组件属性”窗口左侧选择“变量分配”选项，在右侧的窗口中将“别名”改成对应的信号名称即可，如图 5-12 所示，这样就可以使用磁性传感器产生电信号了。

图 5-11　磁性传感器“修改变量”窗口

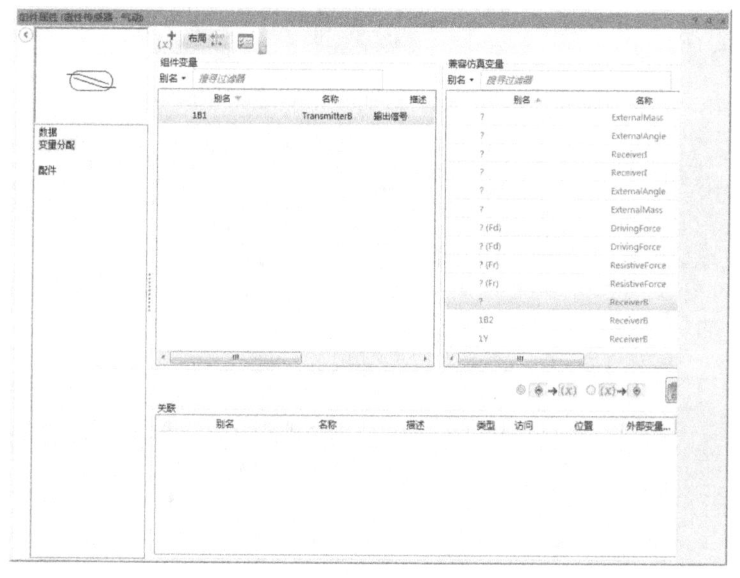

图 5-12　磁性传感器“组件属性”窗口

2）单向节流阀。单向节流阀即可变止回节流阀，其所在位置为“气动”→“流量阀”→“带止回阀流量控制阀”，选中后拖动鼠标将其放置在设计窗口的合适位置。为方便连接成排气节流型回路，需要调整其方向，调整方法是选中需要调整方向的元器件，右击选择“转换”选项，可进行旋转 180°、左旋转、右旋转、垂直翻转、水平翻转四种操作。图 5-13 是单向节流阀水平旋转 180°方向调整示例。

3）带内部先导的二位五通电磁换向阀。在 YL-335B 自动线设备上所使用的电磁换向阀均是带内部先导的二位五通电磁阀换向阀，而供料单元中使用的是单电控方式，其图形见表 5-2 所示，所在位置为“气动”→“换向阀”→“5/2-换向阀”的 5/2-常开阀，选中后拖动鼠标将其放置在设计窗口的合适位置。当然，也可以选择普通的不带先导的 5/2-常开阀，但需要人工进行设置，将其变成带先导的换向阀，设置的方法是双击打开 5/2-换向阀的“组件属性”窗口，选择左侧窗口的“生成器”，如图 5-14 所示。双击电磁信号端，在打开的“控制机构”窗口中选择“内部先导气动设备”，如图 5-15所示。双击选择先导装置左侧的“?”，在控制机构中选择螺线圈。按照同样的方法，双击弹簧上端的“?”，选择“内部先导气动设备”，设置完成后即可显示相应换向阀。

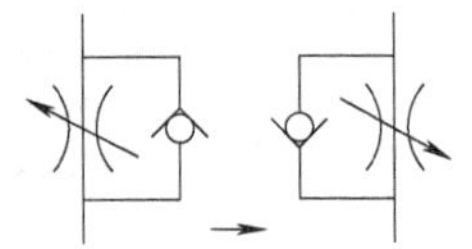
图 5-13　单向节流阀方向调整

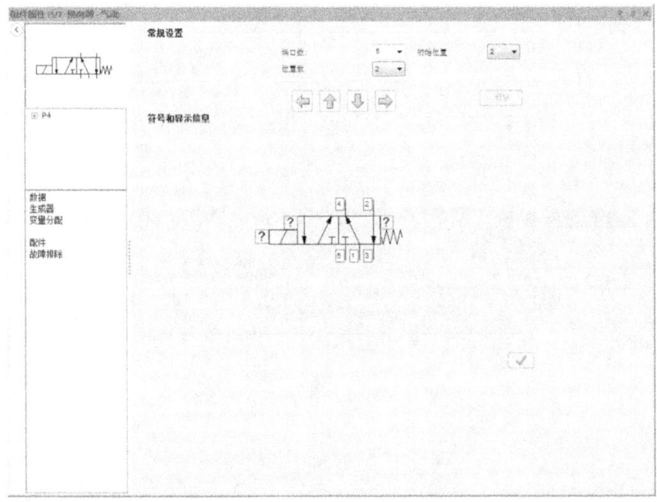

图 5-14　5/2-换向阀“组件属性”窗口

图 5-15　“控制机构”窗口

电磁换向阀有单电控和双电控，在供料单元中使用的是单电控方式，而在有的地方则需要使用双电控电磁换向阀。如 YL-335B 的输送单元机械夹爪的夹紧和松开、旋转气缸的左右摆动等，就是由双电控二位五通电磁阀控制的，但是在 Automation Studio 软件中没有双电控阀。那么，如何完成二位五通双电控电磁换向阀的设置呢？和设置先导的方法一样，通过双击控制端的“?”打开“控制机构”窗口进行选择。如图 5-16 所示，在打开的电磁阀“组件属性”设置窗口中，选中左侧的“生成器”选项，在右侧窗口中，选中弹簧位置，按删除键将其删除。单击先导后的“?”，在打开“控制机构”窗口中选择螺线圈，即完成了带内部先导的双电控电磁阀的设置。

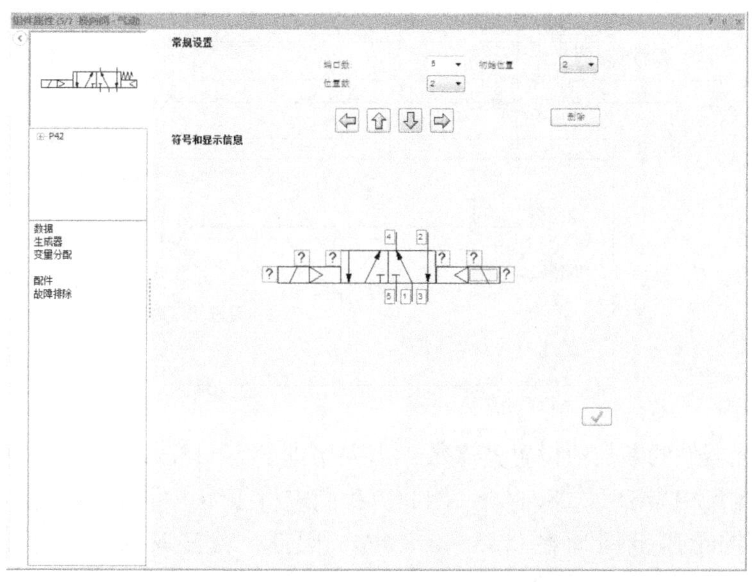

图 5-16　双电控电磁换向阀的设置

注意：放置后的元器件，根据绘图，需要调整其大小，而初始放置的元器件都是锁定尺寸的。若要调整器件的尺寸大小，右击需要调整大小的元器件，选择“锁定尺寸”，则取消锁定；若需要再次锁定，只要选中“锁定尺寸”选项即可。

（3）气路连接

气路连接要考虑每个执行气缸的初始状态，对于 YL-335B 供料单元而言，顶料和推料气缸的初始状态均为缩回状态，且采用排气节流型连接，其他参照连接气动三联件的方法即可。

（4）文档说明

为规范文档的设计且方便识图，气动图中的主要元器件应标注其功能，即放置说明性文字，增强图的可读性。放置的方法：在工具栏中找到 T 文本 工具并单击，在绘图窗口的相应位置拖动，输入需要说明的文字，按回车键完成输入。双击打开文本的“组件属性”窗口，可重新设置文本内容，并修改字体大小、下划线、粗细等。标注完成后的气动图如图 5-17 所示。

在连接好的气动图中，为与实际工作现场相符，仍需要对元器件和管线的参数进行设

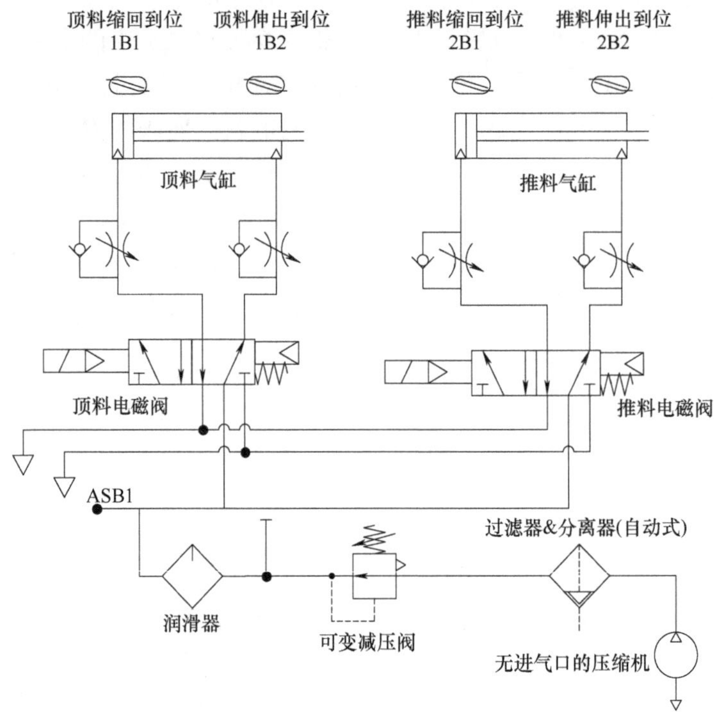

图 5-17　说明性文字标准完成后的气动图

置。根据实际元器件的参数值设置其参数，当采用排量为 118L/min、转速为 1400r/min 的压缩机时，其排量相当于 84.28cm³/r，因此，我们应将压缩机的排量设为 84.28cm³/r。所有气动元器件的承压范围均在 0.15～0.8MPa，因此，减压阀应设在中间值位置（以 0.6MPa 为例），其他元器件的压力设置值满足实际各个元器件的使用压力范围即可（参考相应元器件说明书）。先导电磁阀线圈端的弹力设置为 350N，如图 5-18 所示。

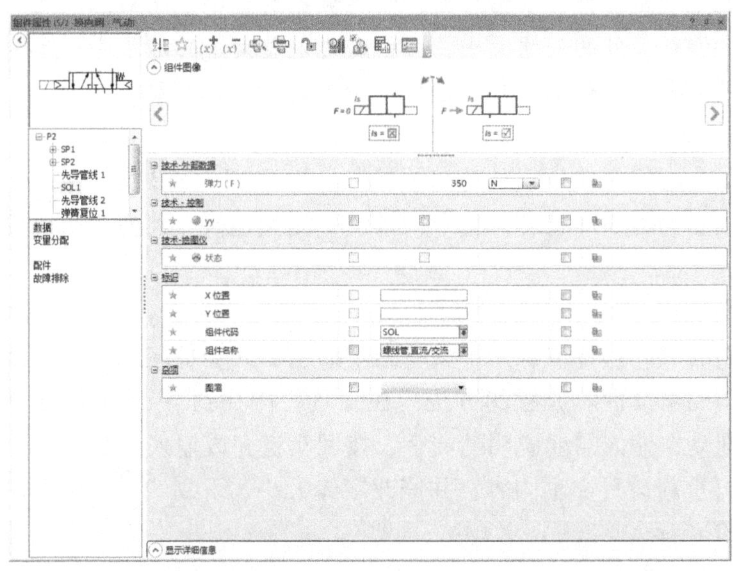

图 5-18　线圈弹力设置

将连接气路的管线均设置成理想管线，以免在仿真运行时因压力过大，造成管线出错报警。设置方法：双击管线，打开管线的“组件属性”窗口，在窗口右侧管线类型“理想管线”后面的复选框中打钩，后面的下拉菜单选择“是”，如图 5-19 所示。

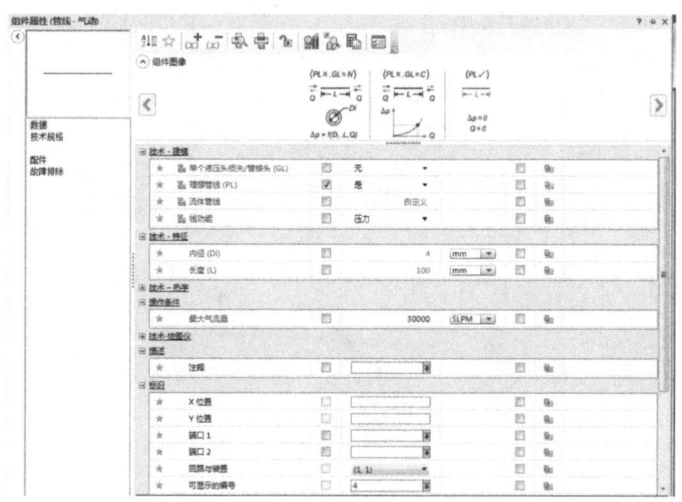

图 5-19　管线“组件属性”设置窗口

任务实施

（1）绘制气动图

根据供料单元的气动回路图，分析供料单元气动回路设计所需的元器件，列出清单，放置气动元器件，并连接气路，设置元器件的参数和管线的属性后，即可对气路进行模拟运行了，首先是功能的仿真，其次对气路的故障进行模拟和查找。

（2）功能仿真

进行功能仿真时，由于所有电磁换向阀没有关联信号，可以通过“强制”的方式先对气路图进行模拟，例如调节节流阀等的开度，观察气缸的动作；与实际操作相似，在模拟仿真气路中也可以强制电磁换向阀得电或复位，方法：在仿真状态下，单击电磁阀控制端，则电磁阀得电，可以看到在电磁阀控制端出现红色“√”号；单击弹簧复位端，电磁阀失电复位，同样在复位端也会将“√”号取消。当电磁换向阀的某一端有“√”时，则处于强制状态，除非单击控制信号处或是复位弹簧位置，取消对应端的“√”。

选择“菜单”→“仿真”，单击工具栏中的正常仿真按钮，进入仿真状态，则可通过上述操作，对气路图进行模拟，并动态设置元器件的参数等。当选择逐步仿真和慢步仿真时，可以查看气流和元器件慢动作，仿真效果如图 5-20 所示，其中红色表示进气，蓝色表示出气，此外，运行中的元器件也会变成红色。

（3）故障模拟

用 Automation Studio 软件设计的气动回路图中所用的元器件与实物是对等的，模型中各项参数与实际值也是一致的，因此，可以通过仿真设置来模拟气路中是否存在故

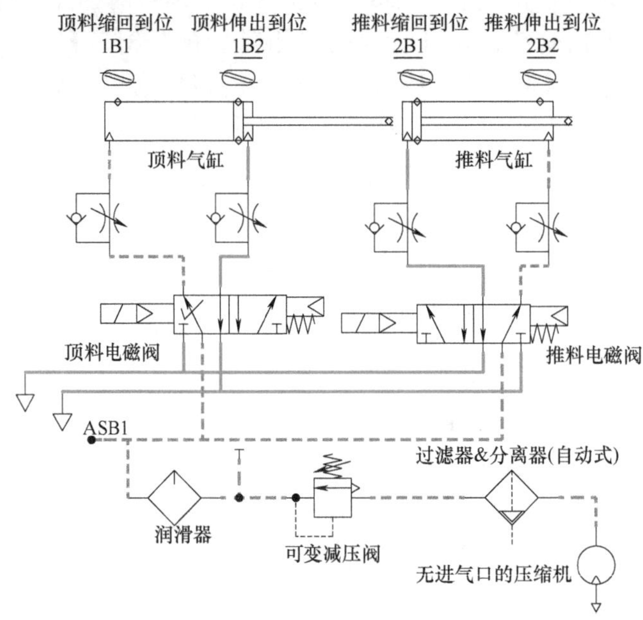

图 5-20　供料单元气动回路仿真界面

障，帮助设计者及时发现问题，并予以改进。

在菜单栏中选择“仿真”菜单项，在下面的工具栏中找到“仿真选项”，单击打开“项目属性”设置窗口，进行项目的仿真参数设置，如图 5-21 所示。在“显示故障组件”前面的复选框中打钩，然后单击窗口右下角的 ✓ 按钮，完成仿真设置。还可以在“项目属性”窗口中根据需要设置仿真步调、仿真时长等。

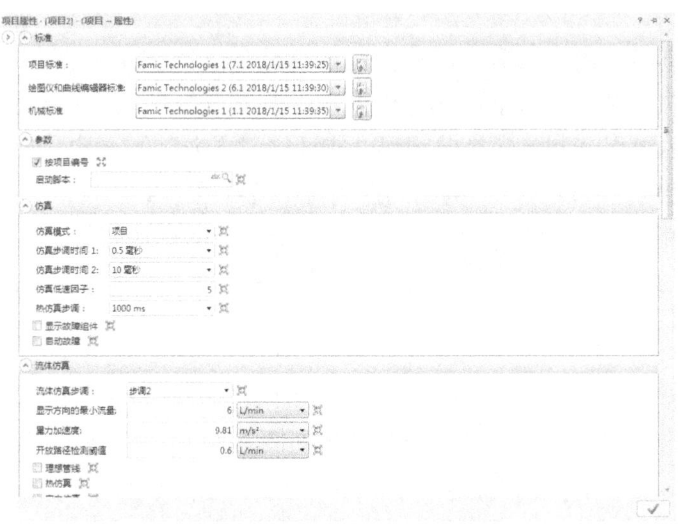

图 5-21　“项目属性”窗口

注意：在没有经过任何参数设置，尤其是管线类型的设置前，选中“显示故障组件”进行仿真时，在存在故障的位置将出现感叹号进行警示。经过正确设置后，再次进行仿真时，将不会出现此提醒。

（4）仪器仪表

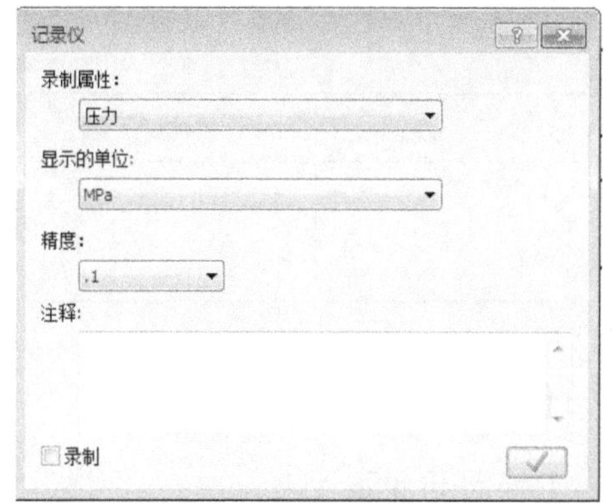

图 5-22　“记录仪”设置窗口

在仿真回路中，可通过放置一些仪器仪表来观测某一节点或某些节点之间的压力关系和变化曲线，在菜单栏中选择“仿真”选项，单击工具栏中的节点动态测量仪按钮，拖动鼠标，在设计窗口中将出现带黑点的仪表图标，将黑点位置放置在气路的圆形节点处，然后再次拖动鼠标，弹出“记录仪”窗口，如图 5-22 所示。可设置录制属性、显示的单位、精度和注释等信息，节点动态测量仪放置示例如图 5-23所示。若系统仿真时需要动态显示两个节点压力差值，可通过差动动态测量仪实现，方法：单击工具栏中的差动动态测量仪按钮，在设计窗口中移动鼠标将出现带有两个黑心实点的仪表图标，在第一个节点处单击，再拖动到第二个节点处单击，然后在弹出的“记录仪”窗口中进行设置，差动动态测量仪放置示例如图 5-24 所示。

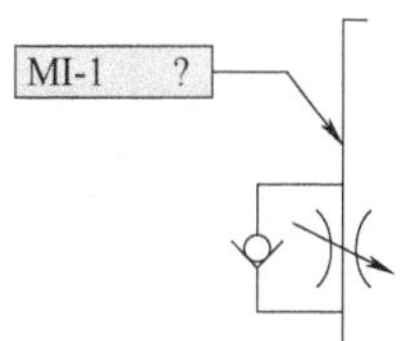

图 5-23　节点动态测量仪放置示例

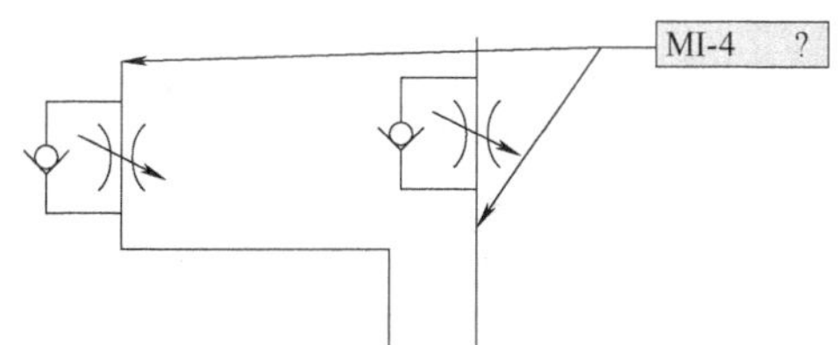

图 5-24　差动动态测量仪放置示例

在 Automation Studio 软件中，还提供了绘图仪、示波器、压力表、万用表等仪器仪表用于动态显示节点值的变化特性。上述放置的节点动态测量仪和差动动态测量仪的测量值都可以放置在绘图仪中，进一步观察其变化动态的曲线，用于分析系统的响应特性。如图 5-25 所示为顶料气缸进、排气口的压力变化曲线，横坐标表示时间，纵坐标表示压力值。

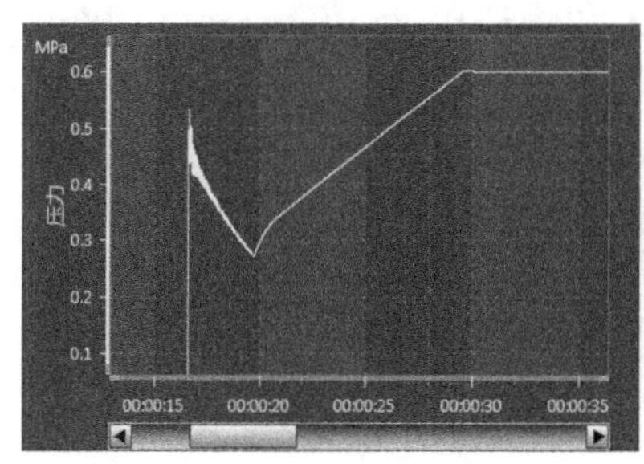

a) 初始起动时

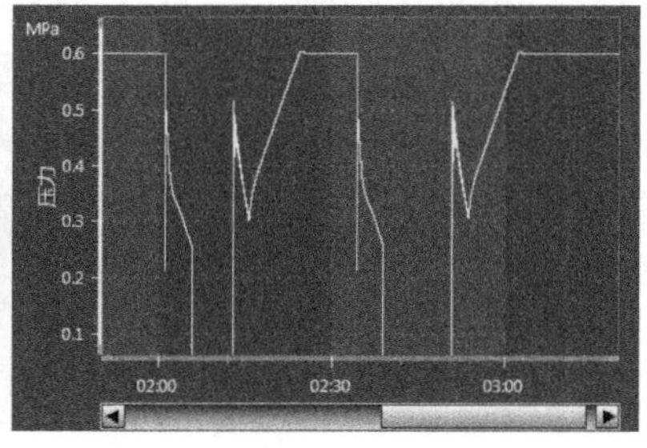

b) 正常起动后伸缩气缸

图 5-25　气缸进排气口压力仿真效果图

（5）记录模拟过程中出现的故障

强制操作电磁阀信号，通过故障仿真和仪器仪表记录下模拟运行过程中遇到的问题，见表 5-3 中。

表 5-3 故障记录

故 障 点	故 障 现 象	解 除 措 施

任务评价

任务评价见表 5-4。

表 5-4 任务评价

序号	评价指标	评 价 内 容	分值	学生自评	小组互评	教师点评
1	气路设计	气动元器件选择正确	20			
		气路连接正确	10			
2	参数设置	管线参数设置正确	10			
		气动元器件硬件参数正确	10			
3	功能仿真	顶料气缸动作正确	5			
		推料气缸动作正确	5			
		仪器仪表使用正确	10			
		压力曲线合理	5			
4	故障模拟	正确消除故障，并记录	10			
5	安全文明	软件操作规范	5			
		按要求使用计算机设备	5			
		按要求穿戴绝缘鞋和工作服	5			
总分			100			

任务拓展

试设计 YL-335B 自动线加工、装配、分拣和输送单元的气动回路，修改其参数，并进行模拟仿真。

任务二 电气控制回路设计与仿真

学习目标

1）掌握电气控制回路的设计与仿真。

2）学会使用 Automation Studio 6.3 Educational 软件设计并仿真电气控制回路。

在 YL-335B 自动线设备上，采用 PLC 进行信号采集与控制，PLC 电气控制回路以 PLC 为核心，连接了包括传感器检测元件、电磁阀和按钮/指示灯等在内所采集的信号，其元器件符号符合国家标准。在连接电气线路前，需要规划理清设备所有输入输出信号，进而分配 PLC 的 I/O 地址，连接好的电气回路能够满足一定的要求，符合电气规范。

任务引入

（1）供料单元的电气原理图

YL-335B 设备上所有工作单元的电气控制都是集成形式，其分布如图 5-26 所示，主要包括 PLC、开关电源、PLC 接线端子排和按钮/指示灯控制模块。PLC 使用的是三菱 FX3U 系列继电器输出型。

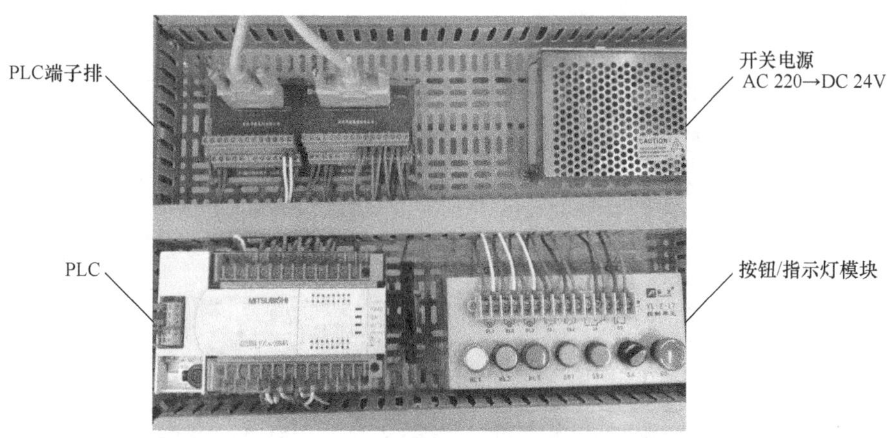

图 5-26　供料单元电气控制部分组成

PLC 作为 YL-335B 各工作单元控制系统中的核心元器件，其输入信号主要为按钮/开关和传感器信号，传感器包括用于物料检测的传感器的接近式传感器，主要有光电接近传感器、电感接近传感器，此外还有用于气缸活塞杆位置检测的磁性传感器；输出控制信号包括指示灯模块上黄、绿、红三色指示灯和设备上的电磁阀信号。

供料单元电气控制回路如图 5-27 所示。

根据供料单元的电气控制回路图可知，供料单元按钮/开关输入信号分别有起动按钮、停止按钮、单机/全线转换开关、急停按钮，光电接近传感器有料仓物料有无传感器、料仓缺料传感器和物料台出料检测传感器，电感接近传感器用于金属物料的检测；其中磁性传感器有顶料气缸缩回到位、顶料气缸伸出到位、推料气缸缩回到位和推料气缸伸出到位，将这些信号 PLC 的 I/O 地址分配见表 5-5。

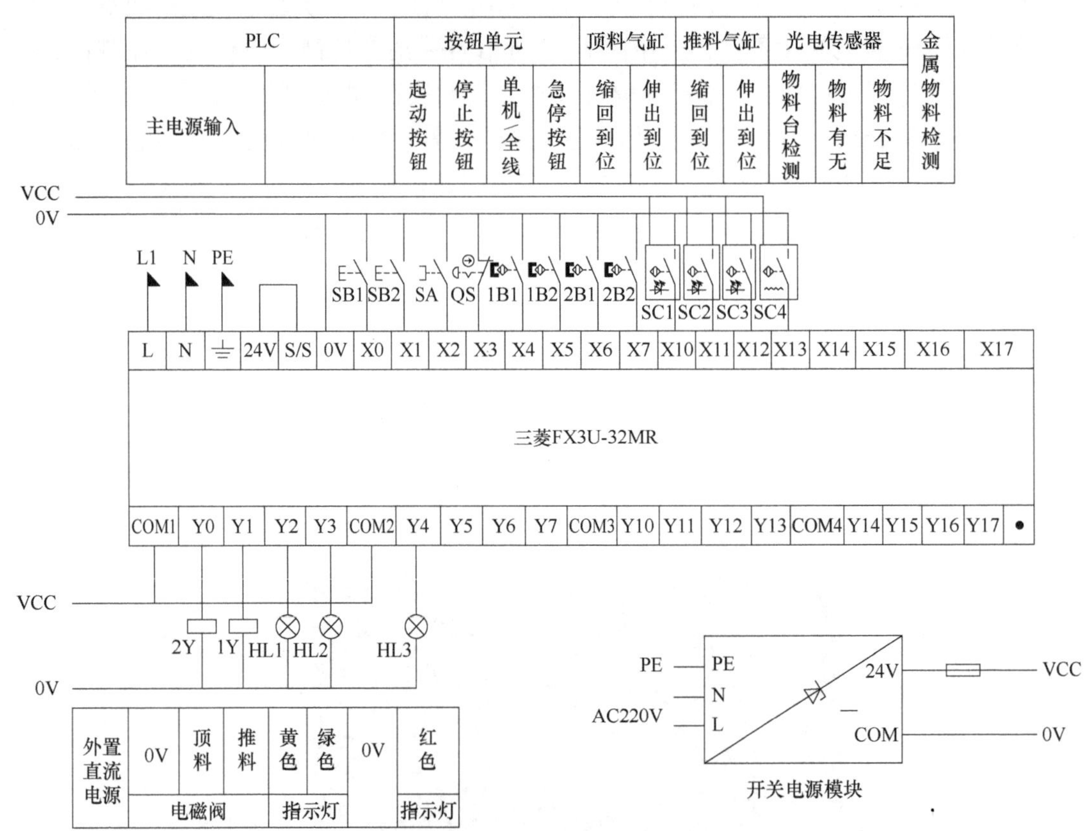

图 5-27 供料单元的电气控制回路图

表 5-5 供料单元 PLC 的 I/O 地址表

输入信号				输出信号			
序号	地址	符号	功能	序号	地址	符号	功能
1	X0	SB1	起动按钮	1	Y0	1Y	顶料气缸电磁阀控制端
2	X1	SB2	停止按钮	2	Y1	2Y	推料气缸电磁阀控制端
3	X2	SA	单机/全线转换开关	3	Y2	HL1	黄色指示灯
4	X3	QS	急停按钮	4	Y3	HL2	绿色指示灯
5	X4	1B1	顶料气缸缩回到位	5	Y4	HL3	红色指示灯
6	X5	1B2	顶料气缸伸出到位				
7	X6	2B1	推料气缸缩回到位				
8	X7	2B2	推料气缸伸出到位				
9	X10	SC1	物料台出料检测				
10	X11	SC2	物料有无检测				
11	X12	SC3	物料充足检测				
12	X13	SC4	金属物料检测				

（2）新建电工图文档

在供料单元项目中，单击“新建”工具栏中 按钮，在下拉菜单中选择“电工图”，打开“电工简图模板”选择窗口，如图 5-28 所示，模板选择“无”，单击确认即可新建一个“电工图”文档，在用户窗口右侧的项目管理器中可以打开该电工图文档，如图 5-29 所示。

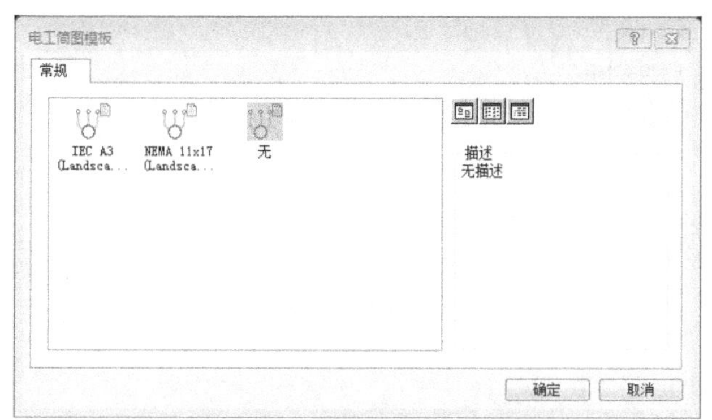

图 5-28　电工图模板选择窗口

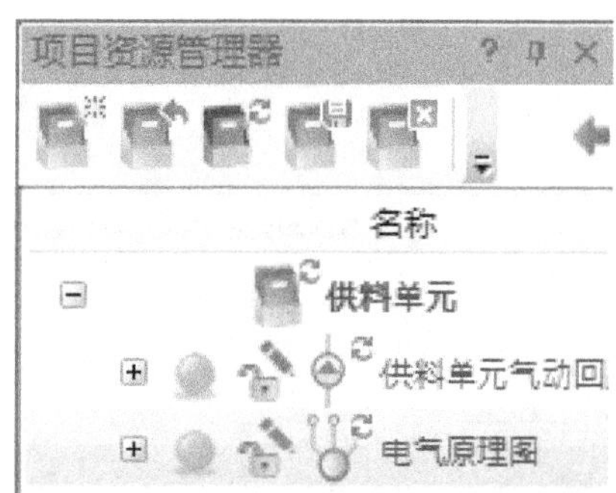

图 5-29　项目资源管理器

在电工图中绘制电气控制回路图，需使用电气工程库中的元器件，在 Automation Studio 软件中有两个电气工程库，分别是 IEC 标准和 NEMA 标准，两个库都可以使用，只是元器件的表示形式不同而已，本任务中使用 IEC 标准。

任务要求

根据 YL-335B 自动线供料单元的信号分配，利用 PLC 设计并连接电气控制回路，从而进一步掌握 PLC 组件的创建方法、利用电工图进行电气回路的绘制方法，以及电气工程库元器件的使用方法。

相关知识

（1）三菱 PLC

在 Automation Studio 6. 3 Educational 软件的库资源管理器的“MTSUBISHI FX3U 库”中找到“FX3U-32MR”型号的 PLC，该 PLC 输入电源为 AC 220V，如图 5-30 所示。

PLC 使用单相 220V 交流电源，单击展开“电气工程（IEC 标准）”库，在“主电路组件”→“电源”→“两相”类别中可找到单相交流电；在“线路与连接”→“端子”类别中找到接地符号，分别将电源和接地连接到 PLC 的 L、N 和 PE 端，连接好后的电路图如图 5-31 所示。

（2）按钮

起动和停止按钮使用“接通节点按钮开关（手动返回）”，具体操作为在电气工程（IEC 标准）库的“辅助电路组件”类别中选择“开关”类别，将其展开，找到“接通节点按钮开关” ，单击选中后将其放置在设计窗口中 PLC 的输入端。在放置按钮时，

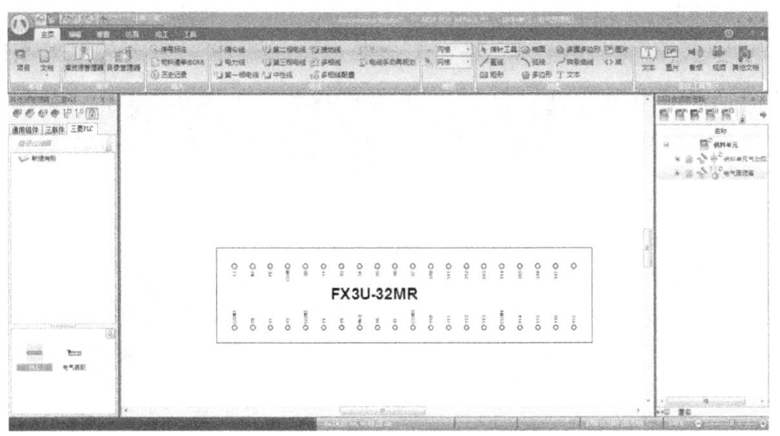

图 5-30　放置三菱“FX3U-32MR”型号 PLC

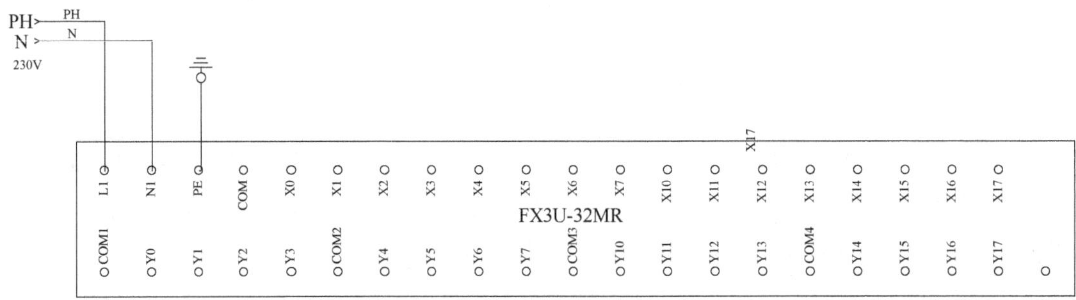

图 5-31　PLC 电源与接地连接

松开鼠标后，会弹出“修改变量”窗口，如图 5-32 所示，在别名中输入 SB1，单击窗口下方的“√”确认按钮，即可完成 SB1 起动按钮的放置。依次放置 SB2 停止按钮，修改名称为 SB2。修改变量还可以通过双击元器件，打开其“组件属性”设置完成，如图 5-33 所示，在左侧选择“数据”选项，右侧的一栏中输入 SB2，也可以达到同样的设置效果。最后将放置好的起、停按钮文字符号拖动到合适位置，方法：选择文字符号，拖动鼠标即可，完成后松开鼠标。放置好起、停按钮的电气控制回路如图 5-34 所示。

修改变量

名称：TransmitterB

别名：?

描述：输出信号

图 5-32　按钮的修改变量窗口

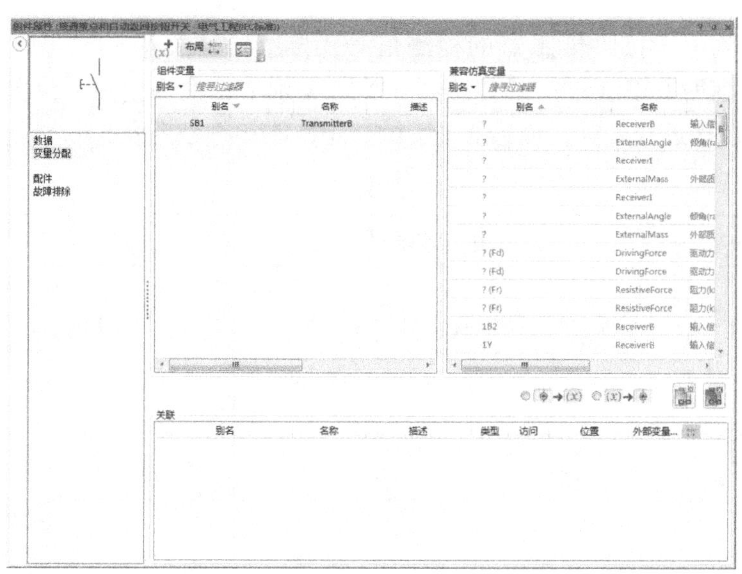

图 5-33　按钮的“组件属性”设置窗口

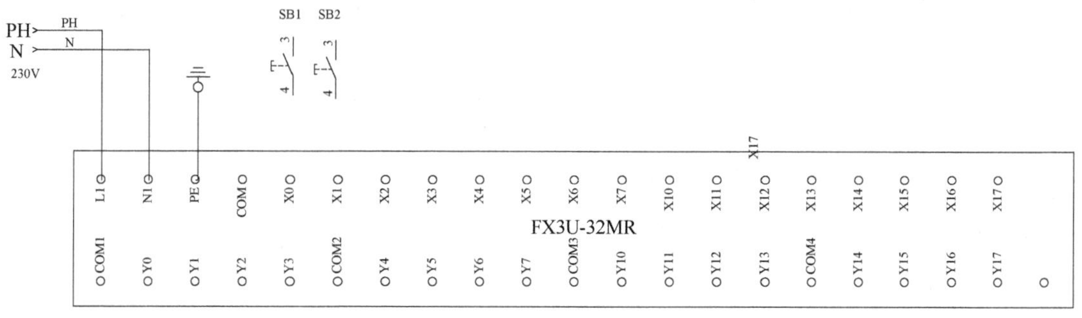

图 5-34　放置起、停按钮的电气控制回路

按照同样的方式放置断开节点转换开关 SA 和急停按钮 QS，急停按钮采用：蘑菇按钮、紧急停止、断开节点，如图 5-35 所示。

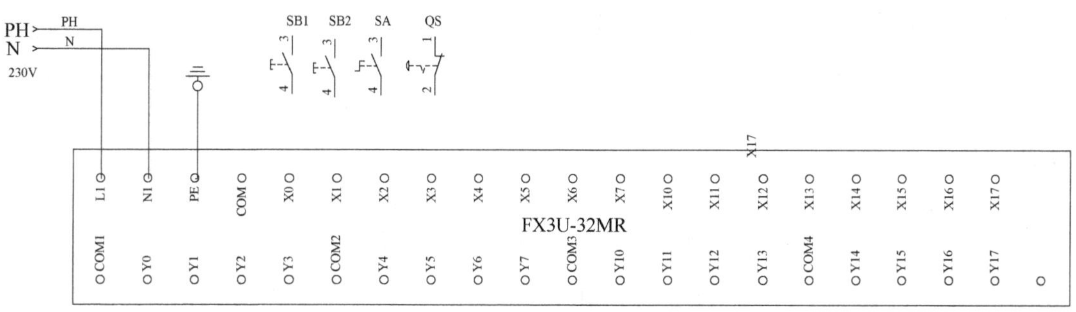

图 5-35　按钮、开关的放置

（3）传感器开关

传感器开关用于接收传感器的检测信号，传感器开关均在“电气工程（IEC 标准）”库的“辅助电路组件”→“传感器开关”类别中，主要包括了位置开关、离心开关、液位开关、接近开关等。传感器开关的选用性能和符号见表 5-6。

表 5-6　传感器开关选用

传感器开关类别	对应库中的选用类别	图形符号	数量
磁性传感器开关	接近开关，由磁体接近操作，接通接点		4
光电接近传感器开关	接近开关，接通接点		3
电感接近传感器开关	接近开关，由铁质材料接近操作，接通接点	FE	1

根据任务需要在 PLC 的输入端放置相应数量的传感器开关，如图 5-36 所示。

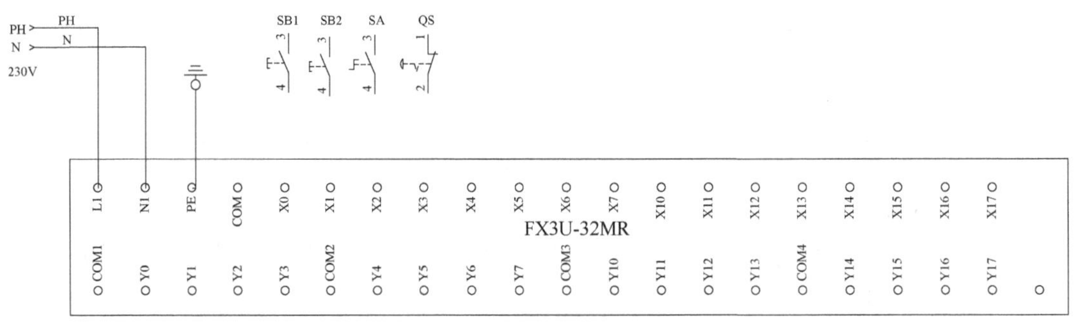

图 5-36　传感器开关的放置

传感器通常由检测装置和信号转换即输出装置构成，传感器开关相当于传感器的信号输出部分，主要用于接收检测部件的检测信号，其作为输入信号类型，因此需要将其关联到相应的检测装置上。这里以顶料气缸缩回到位磁性传感器开关的信号关联为例。

双击磁性传感器开关，打开其“组件属性”设置窗口，如图 5-37 所示，在左侧窗口中选择“变量分配”，在右侧“兼容仿真变量”窗口的别名处输入 1B1，然后双击 1B1 信号或者选中 1B1 信号，单击窗口中按键，创建一个关于所选组件变量的读写关联，实现检测部件与传感器开关的信号关联。

图 5-37　传感器开关的“组件属性”设置

按照同样的方法完成顶料气缸和推料气缸上四个磁性传感器开关信号关联，关联后的电路如图 5-38 所示。

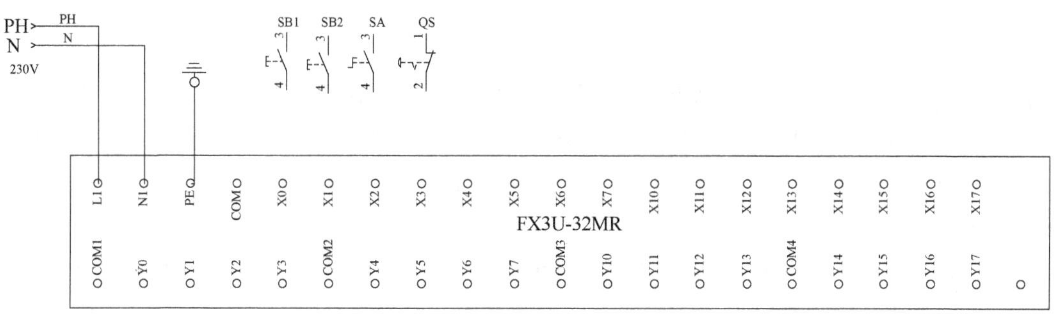

图 5-38　磁性传感器开关信号关联

（4）输入元器件参数

设置所有输入元器件的参数，使其与实际设备的参数相符，设置的方法：双击需要设置的元器件，在打开的“属性设置”窗口左侧选择“数据”选项，在右侧的参数设置窗口中，将最大电流设为 150mA，最大电压设为 30V，如图 5-39 所示为按钮参数设置示意图。

图 5-39　按钮参数设置窗口

（5）输出信号

供料单元 PLC 的输出信号分别有顶料气缸电磁阀控制信号 1Y、推料气缸电磁阀控制信号 2Y、黄色指示灯 HL1、绿色指示灯 HL2 和红色指示灯 HL3。

电磁阀信号控制端用“螺线管（直流/交流）”进行控制，具体操作为在“电气工程（IEC 标准）”库→“辅助电路组件”→“螺线管，直流/交流”类别中选择，其图形符号为 A1 A2。在放置螺线管时，松开鼠标弹出“修改变量”窗口，如图 5-40 所示，在“别名”一栏中输入“1Y”，依次放置推料气缸电磁阀控制信号 2Y 的螺线管。放置螺线管后的电路图如图 5-41 所示。双击螺线圈，打开其属性设置窗口，在左侧选择“数据”项，在右侧的设置窗口中，将电流种类设置成“交流/直流”，额定电压为 24V，工作电压为 22V，释放电压为 20V，如图 5-42 所示。

螺线管在这里是作为电磁阀的控制线圈，因此要将其信号关联到电磁阀控制端，关联的方法：打开气动回路图，双击顶料气缸电磁阀，在弹出的“组件属性”窗口中，选择“变量分配”，选中“别名”一栏的?（Is）输入信号一项，在右侧的兼容仿真变量一栏中输入 1Y，双击 1Y 输出信号，即完成信号的关联，在下方关联子窗口中即可看到关联状态，包括所关联的变量名称、位置等信息，如图 5-43 所示。依次关联推料气缸电磁阀的控制信号 2Y。

指示灯所在位置为“电气工程（IEC 标准）”库→“辅助电路组件”→“信号设备”→“灯”类别，这里选用普通灯，其图形符号为 X2⊗X1。放置指示灯时，在弹出的“修改变

图 5-40　“修改变量”窗口

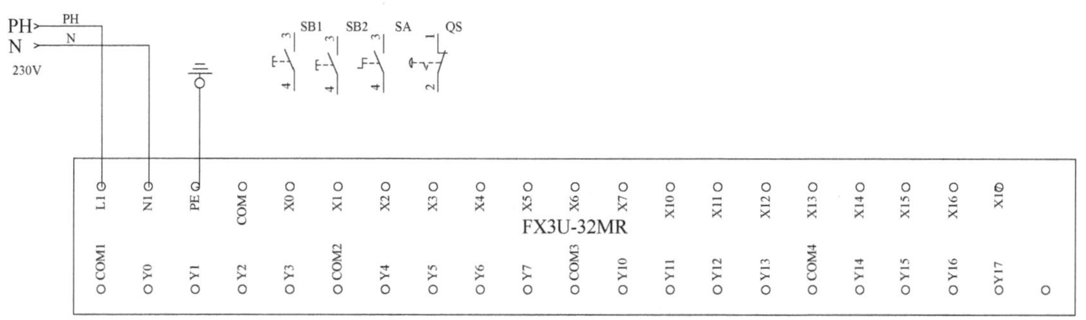

图 5-41　放置顶料和推料控制线圈的电路图

量”窗口输入 HL1，依次放置三个指示灯，别名分别为 HL1、HL2 和 HL3。双击 HL1 指示灯，在弹出的“组件属性”设置窗口中，将颜色设置为黄色，电流种类选择“交流/直流”，电压为 24V，如图 5-44 所示。按照同样的方法，将 HL2 和 HL3 指示灯的颜色分别设置为绿色和红色，电流种类为“交流/直流”，电压为 24V。

放置指示灯后的电气控制回路如图 5-45 所示。

（6）输入输出电路的电源

输入输出电路均需使用 DC 24V 电源，电源所在位置为“电气工程（IEC 标准）”库→“主电路组件”→“电源”→“电池”类别，其图形符号为 24V。

在输入电路中，按钮、传感器开关等与 PLC 连接示意如图 5-46a 所示，COM 连接 0V；按钮一端连接到+24V，一端连接到 PLC 的输入端 X。

在输出电路部分，由于控制对象为 DC 24V 的电磁换向阀（螺线管）和指示灯，输出电路连接示意如图 5-46b 所示。

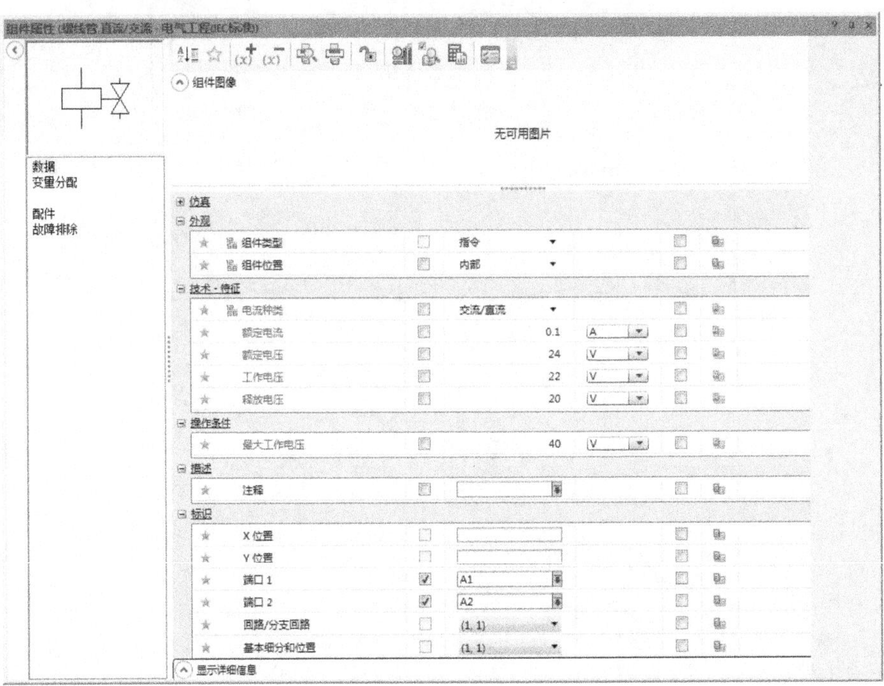

图 5-42 螺线管参数设置窗口

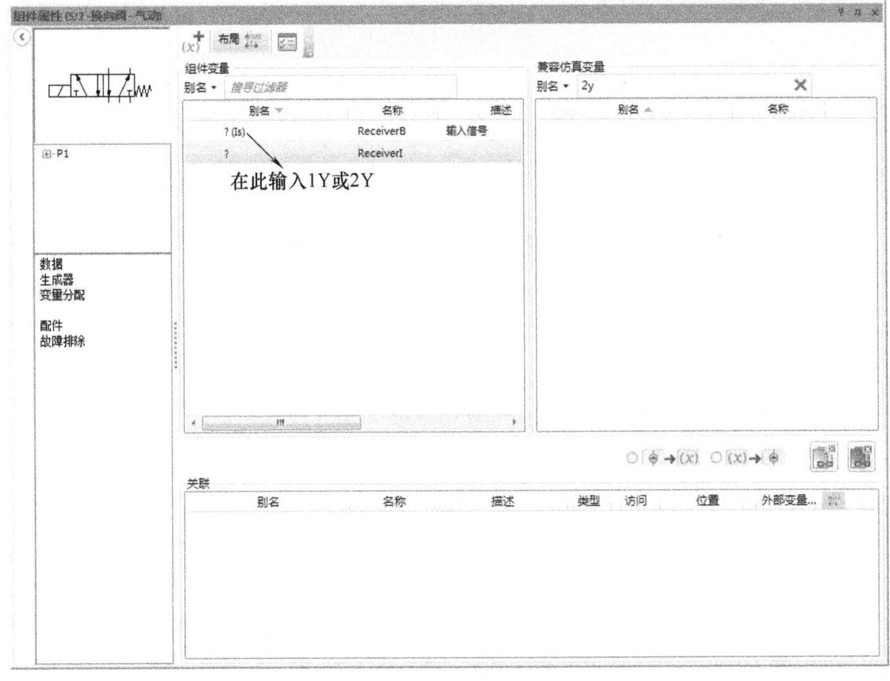

图 5-43 电磁阀与螺线管信号的关联

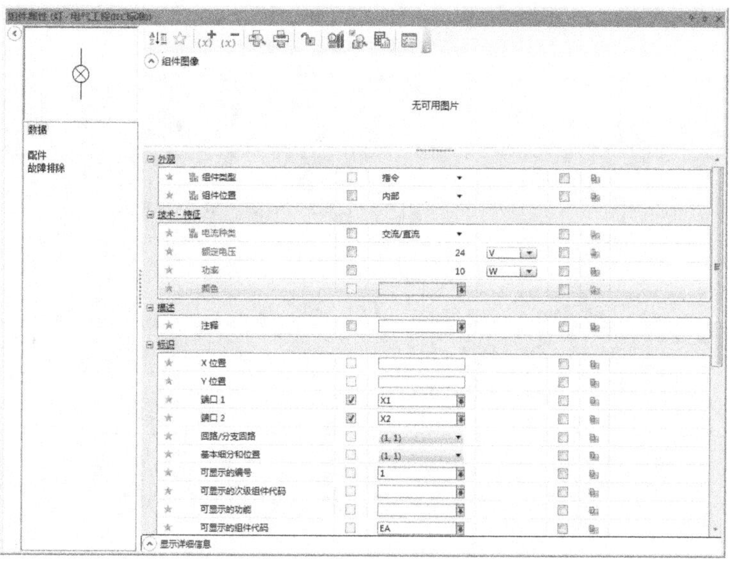

图 5-44　指示灯属性设置

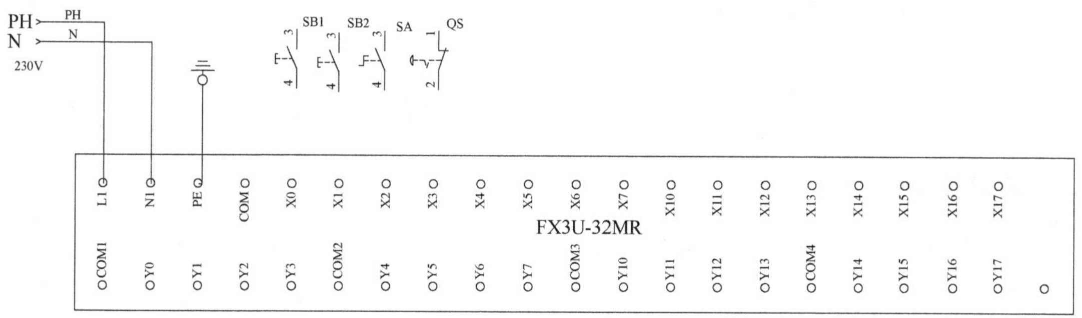

图 5-45　指示灯放置

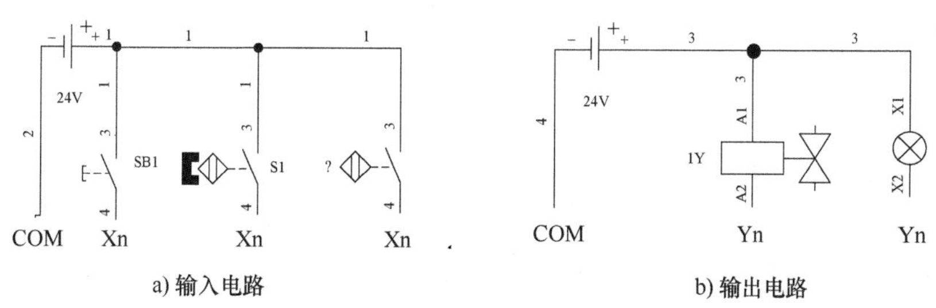

a) 输入电路　　b) 输出电路

图 5-46　输入、输出电路连接示意

绘制好的电气控制回路如图 5-47 所示。

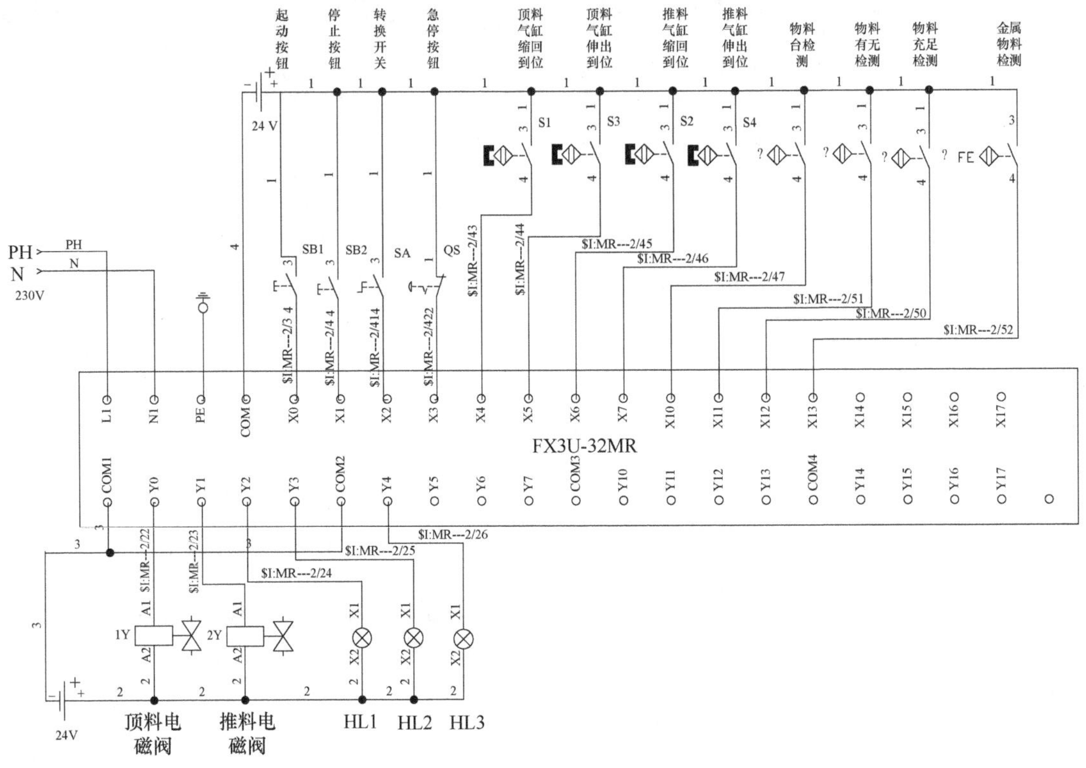

图 5-47　供料单元电气控制回路图

任务实施

1）绘制电气控制回路图，并按照表 5-5 的地址进行输入输出电路的连接。

2）新建变量，用于电路测试。由于光电接近传感器开关和电感接近传感器开关信号没有对应的检测装置，因此，可以建立临时变量用于模拟其检测装置的信号。同样，可以使用人机界面上的按钮来模拟产生检测信号。这里以前者为例。

单击“变量管理器”窗口左上角的 $(x)^+$ 打开“添加变量”窗口，新建四个 BOOL 型变量，名称和别名分别均为 SC1、SC2、SC3、SC4，定位选择“. 电气原理图”，如图 5-48 所示，新建了一个 SC1 变量，单击“√”确认，即完成变量的添加（注：新建的变量都为读写格式 ）。

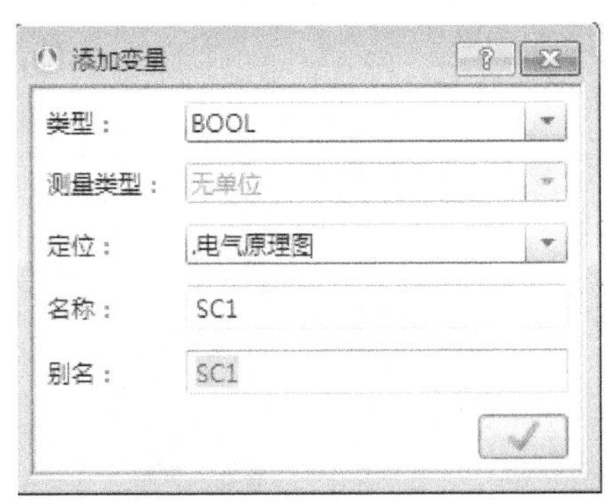

图 5-48　添加变量窗口

新建的变量在“变量管理器”窗口中可以查看，如图 5-49 所示。将接近传感器开关分别关联到新建的四个变量上，关联的方法同其他元器件。

3）仿真运行，通过变量管理器查看输入信

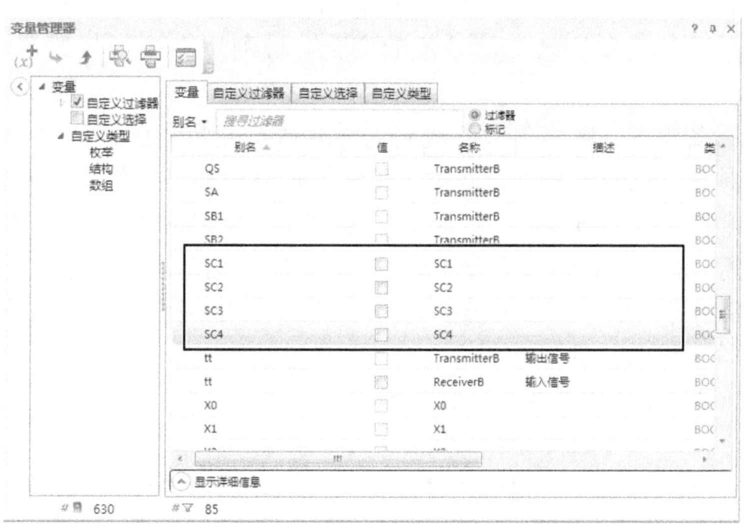

图 5-49　新建变量查看

号状态。

① 单击菜单栏的仿真选项，单击正常仿真按钮，或单击窗口的按钮，项目进入运行状态。

② 输入信号的检测。单击菜单栏的“工具”选项，单击“变量管理器”按钮，打开“变量管理器”窗口，如图 5-50 所示。

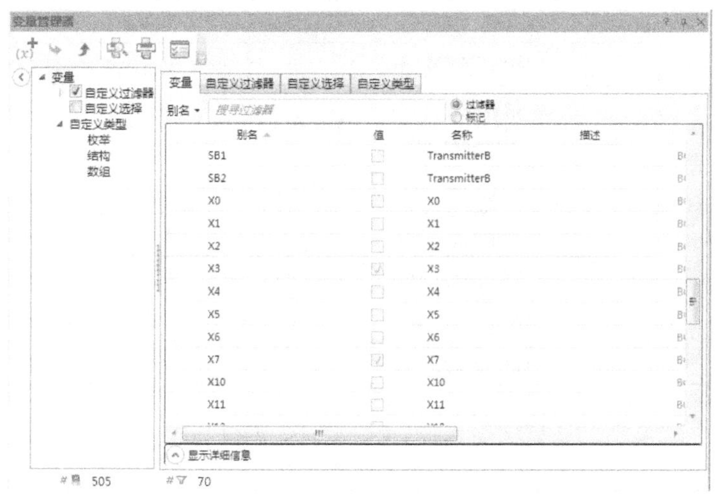

图 5-50　“变量管理器”窗口

首先进行按钮或开关操作，在“变量管理器”窗口中的“值”一栏中，观察对应 X 输入信号值的变化，例如当操作按钮 SB1 时，应可以观察到 X0 值位置的复选框打钩；操作 SB2 时，X1 值位置的复选框打钩，依次类推，检测所有按钮、开关输入信号是否正确连接。

在“变量管理器”窗口中，分别操作写入模式的SC1、SC2、SC3、SC4“值”一栏的复选框，观察对应的X输入信号值的变化，检测所有接近传感器开关连接是否正确。

③ 输出信号的检测。输出信号的检测同样通过“变量管理器”窗口实现，例如模拟用PLC控制顶料气缸的伸出操作。由于顶料气缸电磁阀连接的是PLC的Y0输出端，因此，在“变量管理器”窗口中，找到Y0，在“值”一栏所对应的复选框中打钩，然后再次运行仿真，应可以看到螺线管得电，同时顶料气缸伸出。以同样的方式，测试推料气缸和三个指示灯的信号连接是否正确，同时观察气缸到位传感器信号是否正确输入到PLC的输入端（**注意**：强制输出信号后，需重新运行仿真，强制的信号才有效。）

将输入输出电路的检测结果记录到表5-7中。

表5-7　供料单元电气控制回路检测记录

检测项	信号名称	信号点	检测结果
输入信号	起动按钮	X0	
	停止按钮	X1	
	单机/全线转换开关	X2	
	急停按钮	X3	
	顶料气缸缩回到位	X4	
	顶料气缸伸出到位	X5	
	推料气缸缩回到位	X6	
	推料气缸伸出到位	X7	
	物料台检测	X10	
	物料有无检测	X11	
	物料充足检测	X12	
	金属物料检测	X13	
输出信号	顶料气缸	Y0	
	推料气缸	Y1	
	黄色指示灯HL1	Y2	
	绿色指示灯HL2	Y3	
	红色指示灯HL3	Y4	

任务评价

任务评价见表5-8。

表5-8　任务评价

序号	评价指标	评价内容	分值	学生自评	小组互评	教师点评
1	电路设计	电气元器件选择正确	20			
		电路连接正确	10			

（续）

序号	评价指标	评价内容	分值	学生自评	小组互评	教师点评
2	参数设置	电气元器件参数设置正确	15			
		正确创建变量	10			
		输入输出变量关联正确	5			
3	电气原理图测试	测试方法正确	5			
		输入信号测试正确	15			
		输出信号测试正确	5			
4	安全文明	软件操作规范	5			
		按要求使用计算机设备	5			
		按要求穿戴绝缘鞋和工作服	5			
总分			100			
问题记录和解决方法						

拓展练习

试根据加工、装配、分拣和输送单元的控制要求，分配其地址表，绘制并检测电气控制回路。

任务三　程序设计与系统仿真

学习目标

1）掌握程序设计与系统仿真的相关知识。

2）学会使用 Automation Studio 6.3 Educational 软件设计程序并仿真系统。

任务引入

PLC 程序设计可通过梯形图（IEC 标准）库来创建，也可以通过 SFC 文件实现。本任务中，我们将采用梯形图库来编写供料单元的 PLC 程序，以实现供料单元的功能要求，并进一步掌握运用 Automation Studio 软件进行自动线系统程序设计和仿真的方法，从而完成系统的整体设计与仿真。

在供料单元项目中新建一个标准图文档，将其命名为“程序设计”，如图 5-51 所示，

在库资源管理器中，单击展开梯形图（IEC 标准）库，该库中包含了 14 个类别，有梯级（相当于 PLC 编程软件中的左右母线）、接点、线圈、定时器、计数器等，可供完成梯形图设计，如图 5-52 所示。

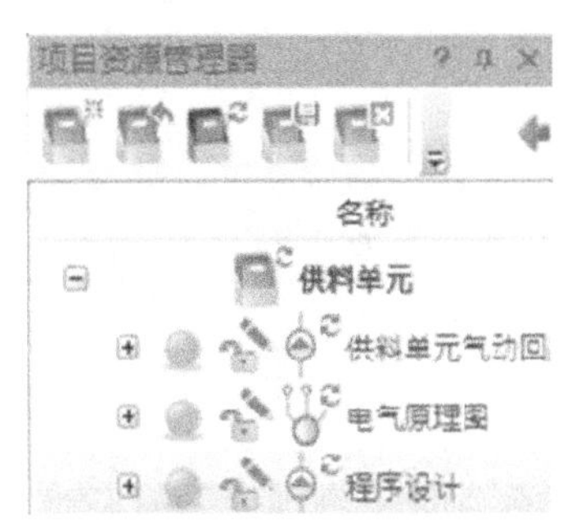

图 5-51 项目资源管理器

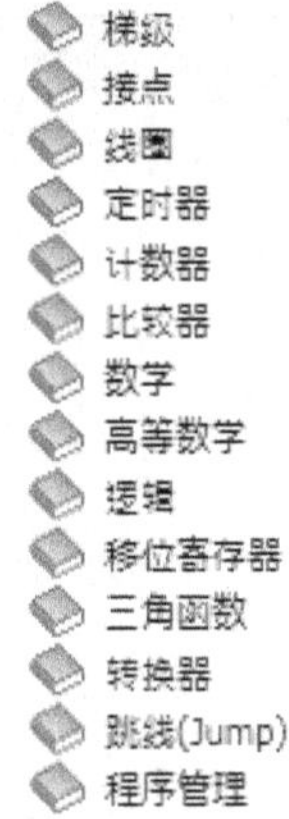

图 5-52 梯形图（IEC 标准）库

任务要求

利用梯形图（IEC 标准）库编写 YL-335B 供料单元的梯形图程序，并仿真实现供料单元的功能。本任务只考虑供料单元作为独立设备运行时的情况，单元工作的主令信号和工作状态显示信号来自 PLC 的按钮/指示灯模块。工作方式选择开关 SA 应置于左侧“单站方式”位置（未接通状态）。

1）初始状态判断：顶料气缸和推料气缸都处于缩回状态，物料台没有物料、料仓内有充足物料时，原位指示灯 HL1 常亮，否则不亮。

2）当供料单元在原位状态时，可以按下起动按钮 SB1，系统起动，运行指示灯 HL2 常亮；否则按下 SB1 无效，运行指示灯 HL2 不亮。

3）在运行过程中按下 SB2 停止按钮，当前物料推完后系统停止，运行指示灯 HL2 熄灭；

4）在运行过程中，若料仓内物料不足，则指示灯 HL3 以 1Hz 的频率闪烁；若料仓内没有物料，则 HL2 和 HL3 指示灯同时闪烁，3s 后系统停止，运行指示灯 HL2 熄灭。

相关知识

（1）梯形图设计基本指令

1）梯级：梯级相当于主程序的左右母线，编号为 L+数字，如图 5-53 所示。放置梯级时，从梯形图库中找到梯级类别，共有梯级和子程序两个。选中梯级，在编辑窗口中的适当位置单击，即放置了一个梯级。梯级两边都有圆点，用于左右母线的连接，没有圆点的位置连接无效。选中梯级，四周将出现蓝色小方框，拖动小方框，可以放大缩小梯级。垂直拉伸，增加可连接的梯形图程序行数；横向拉伸，增加可连接的接点、线圈等的数量。

2）接点：打开梯形图库的接点类别，包括常开接点、常闭接点、上升沿触发接点、下降沿触发接点。与左母线相连的接点必须与左母线的圆点完全接触，此时梯级上的原

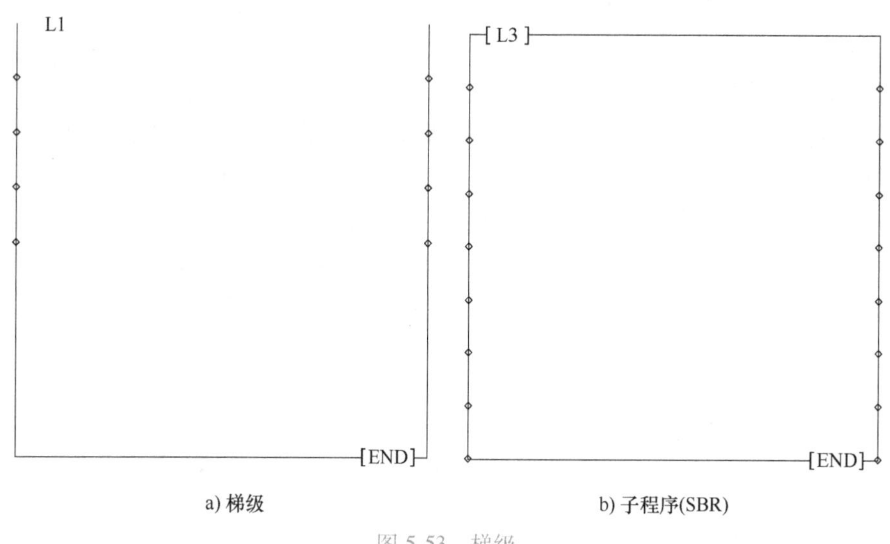

a) 梯级　　b) 子程序(SBR)

图 5-53　梯级

点会变成黑色，如图 5-54 所示。双击已经放置的接点，在打开的“组件属性”窗口中选中“变量分配”，如果需要和电气线路的输入输出信号关联，则在“兼容仿真变量”一栏中输入要关联的变量名称（PLC 输入输出点名称及编号）。如要关联起动按钮 SB1 信号，而起动按钮连接在 PLC 的 X0 输入端，因此只需将该接点关联到 X0 信号即可，如图 5-55 所示。

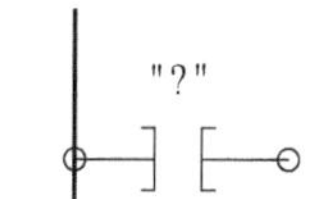

图 5-54　接点与梯级的连接

图 5-55　接点与起动按钮 SB1 输入信号的关联

关联了变量的接点“.”号之后的数据为输入信号地址（X）。

3）线圈：线圈有普通线圈、记忆线圈和负线圈三种。记忆线圈占用两行，需要置位和复位信号两组，其他只占用一行梯形图。放置线圈时，在弹出的“修改变量”窗口的“别名”处输入变量名。如果是与 PLC 输出信号关联的，则忽略，待放置好后再双击打开其“组件属性”窗口，在该窗口中选择要关联的变量。如关联的是 Y0，选择关联到 Y0 即可，为了增强程序的可读性，同时将别名修改为 Y0，如图 5-56 所示。如果该线圈作为中间辅助继电器使用，则在“修改变量”窗口中输入别名，如 M0 即可，在后续程序中，即可使用其对应的接点信号了，如图 5-57 所示。普通线圈和负线圈均不能出现双线圈输出，程序中已经用过的线圈，将无法再次进行关联。

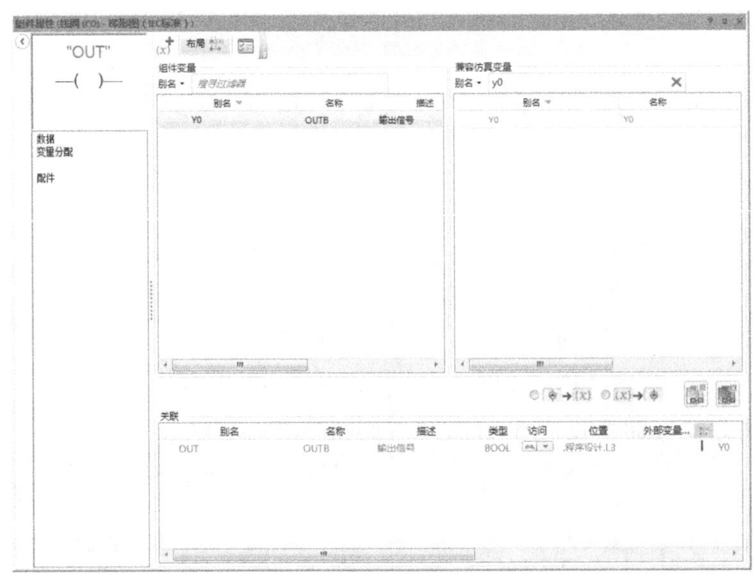

图 5-56　线圈与 PLC 输出的关联

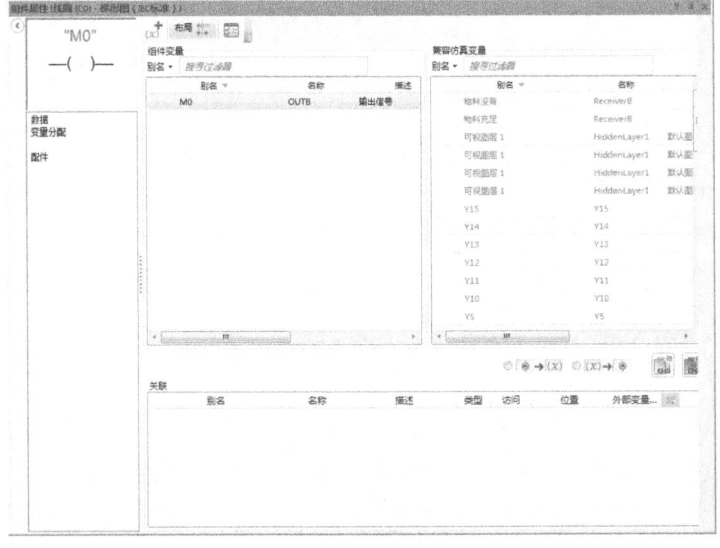

图 5-57　中间辅助继电器接点与线圈的关联

示例1：拨动SA转换开关，顶料气缸伸出；恢复SA转换开关，顶料气缸缩回，程序示例如图5-58所示（注：其中SA连接PLC的X2，顶料气缸的控制电磁阀连接PLC的Y0）。

图5-58　示例1程序

在电气控制回路上操作SA转换开关，在变量管理器中可以看到X2输入信号的复选框出现"√"号，梯形图上的ET4. X2变成浅绿色，表示该接点接通，输出Y0信号变成绿色，表示Y0有输出。同时，在电气控制回路上Y0输出端连接的1Y螺线管两端的电压变成24V（可以用万用表进行测量），从而接通了1Y使螺线管得电，气动图中的顶料气缸电磁阀控制端得电，顶料气缸伸出。

操作SA转换开关使其恢复，可以看到ET4. X2接点断开，Y0无输出信号，使1Y连接的螺线管失电，即电磁阀控制端失电，顶料气缸缩回。仿真效果图如图5-59所示。

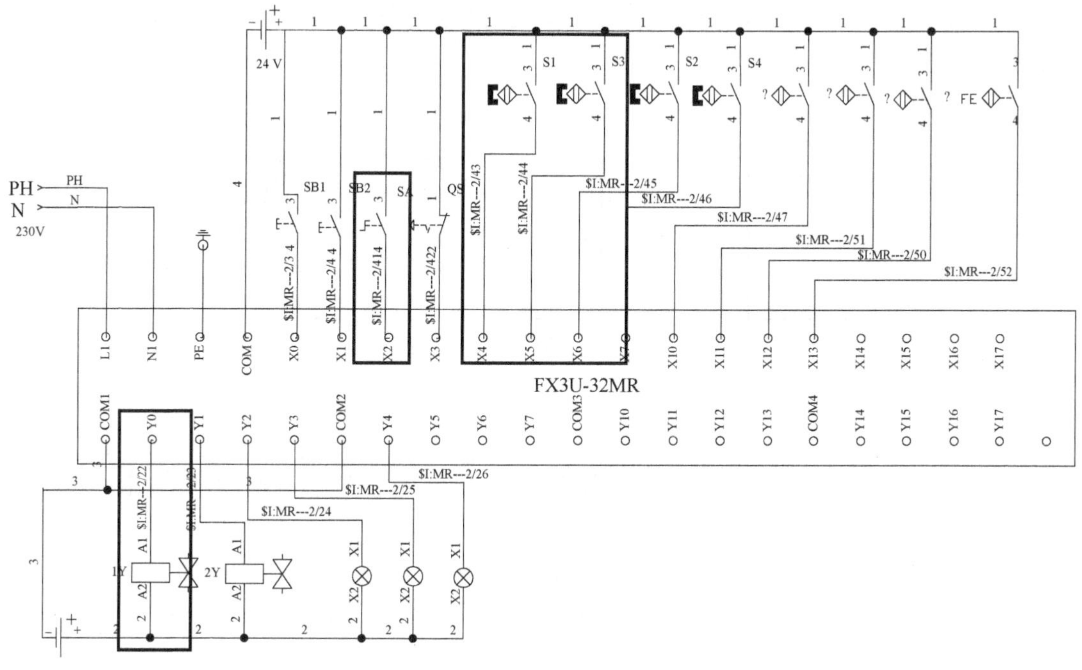

a) 电气原理图的变化

b) 程序运行效果

图5-59　示例1仿真效果

示例 2：记忆线圈的使用。按下起动按钮 SB1，推料气缸伸出并保持；按下停止按钮 SB2，推料气缸缩回并保持。当输出信号需要保持时，可以采用记忆线圈进行编程输出。示例 2 程序如图 5-60 所示。

图 5-60　示例 2 程序

（2）定时器的使用

软件中提供了 0.01s、0.1s、1s、1min 四种精度的定时器，可根据任务所需的定时时间进行设置。定时器组件有延时打开定时器、延时关闭定时器和脉冲定时器三种，如图 5-61 所示，EN 为使能信号，IN 为输入信号，PT 为定时时间，ENO 为运行标志，Q 为定时到信号，ET 表示过程值。其中，延时打开定时器，在定时条件成立时，延时设定后，产生输出信号；延时关闭定时器则相反。定时器的实际定时时间为设定值×时基。

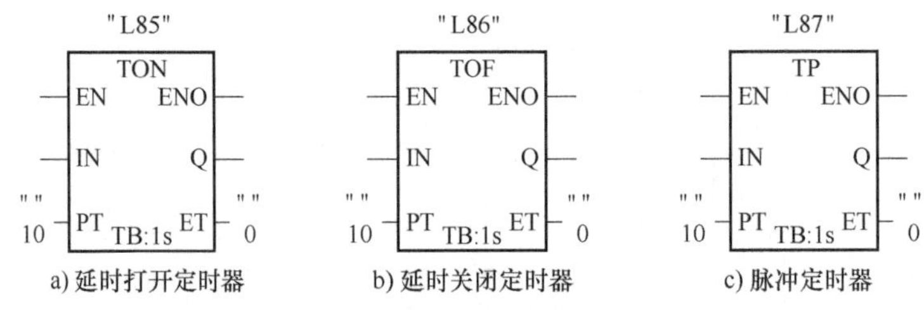

图 5-61　定时器

示例 1：没有物料时，利用 1s 定时器产生 3s 的定时，3s 后点亮 PLC 输出端的黄色指示灯。

在梯形图库的定时器分类中选择延时打开定时器，双击打开定时器属性设置窗口，在“数据”选项卡中，时基默认为 1s，定时器名称 L85 设为 T0，定时时间 PT 设定为 3，设置好后按回车键确认，如图 5-62 所示。示例 1 的程序如图 5-63 所示。

示例 2：利用 0.1s 定时器产生 1Hz 脉冲。

同示例 1 选择延时打开定时器，将时基设为 0.1s，需要两个定时器轮流接通，分别设为 T0 和 T1，时间设定值均设为 5，即定时时间为 0.5s。程序如图 5-64 所示。

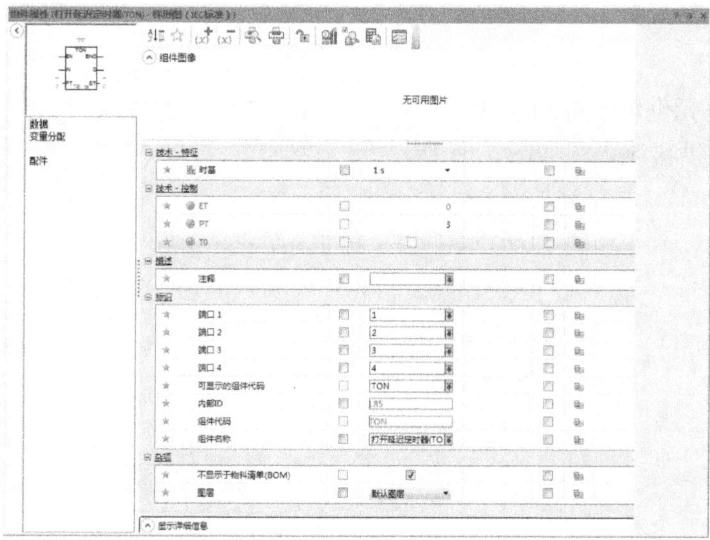

图 5-62　定时器属性设置窗口

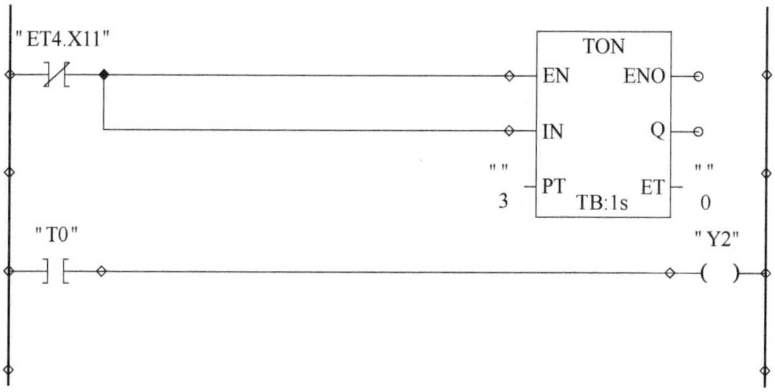

"ET4.X11"　TON　EN　ENO　IN　Q　" "　3　PT　TB:1s　ET　" "　0

"T0"　"Y2"

图 5-63　示例 1 程序

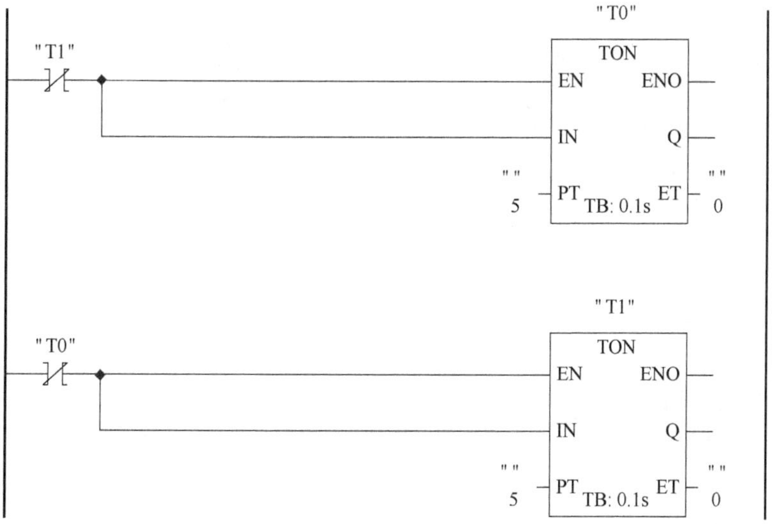

"T0"　"T1"　TON　EN　ENO　IN　Q　" "　5　PT　TB: 0.1s　ET　" "　0

"T1"　"T0"　TON　EN　ENO　IN　Q　" "　5　PT　TB: 0.1s　ET　" "　0

图 5-64　1Hz 脉冲程序

任务实施

（1）供料单元供料流程的实现

供料单元的供料流程图如图 5-65 所示。

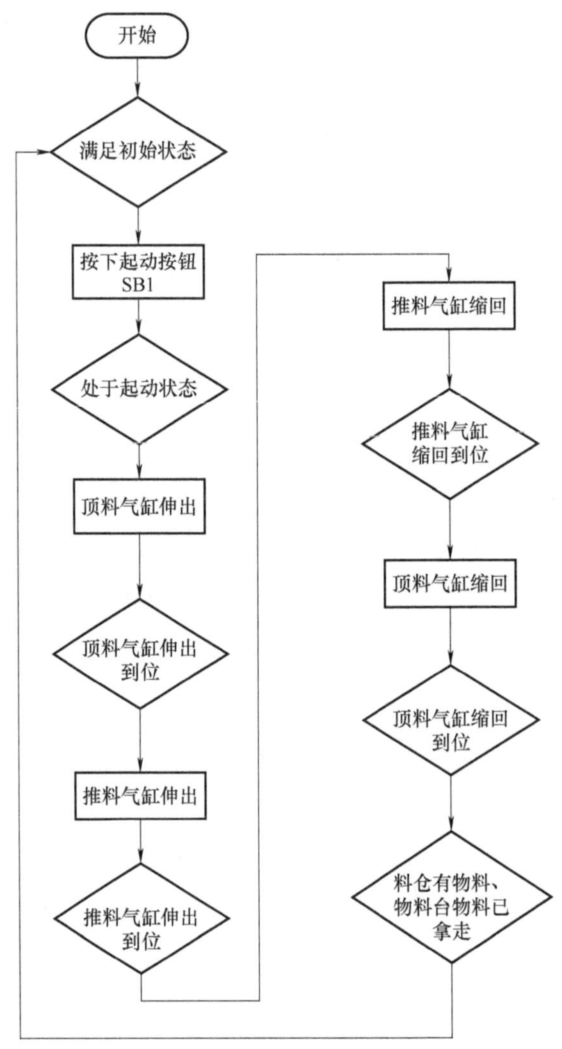

图 5-65　供料单元供料流程图

（2）编写供料单元主流程程序

供料单元主流程程序的设计采用记忆线圈进行递进，程序如图 5-66 所示，M0 为原位标志，M1 为运行过程标志。

（3）指示灯程序设计

程序如图 5-67 所示，其中 Y2 为黄色指示灯 HL1，表示初始状态，Y3 和 Y4 分别为绿色指示灯 HL2 和红色指示灯 HL3。M0 为原位标志，M1 为运行过程标志。

（4）系统仿真运行

供料单元按照表 5-9 进行仿真操作，并记录观察结果。

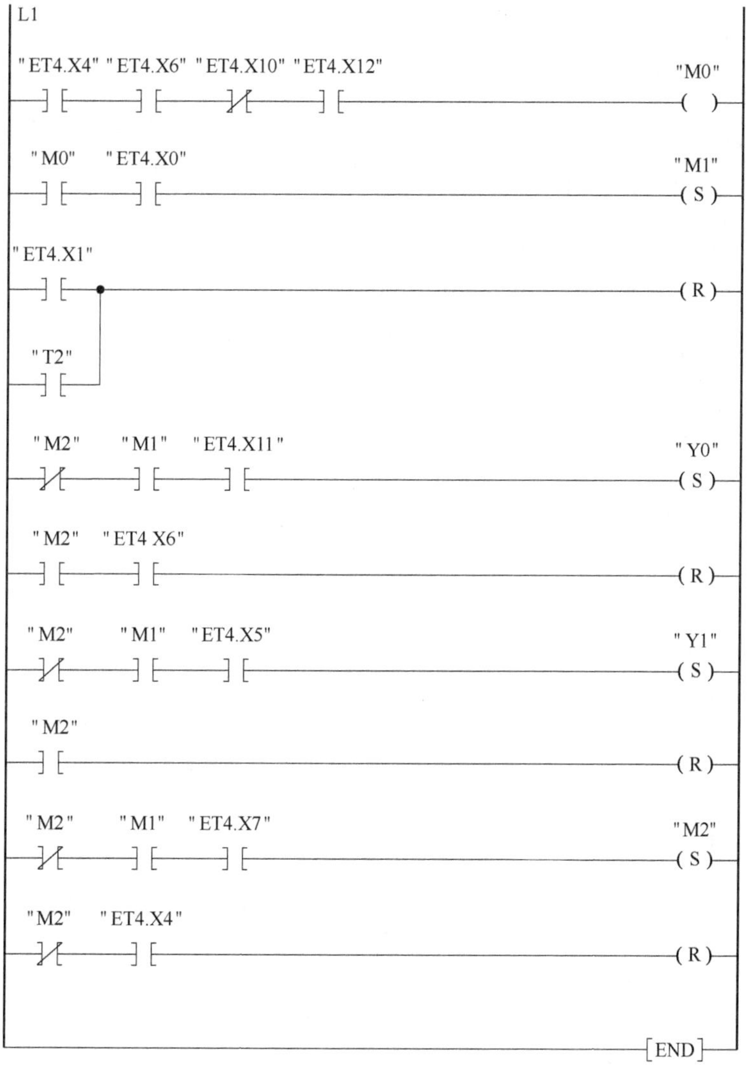

```
L1
"ET4.X4"  "ET4.X6"  "ET4.X10"  "ET4.X12"                    "M0"
──┤ ├──────┤ ├──────┤/├──────┤ ├──────────────────────────( )──

"M0"      "ET4.X0"                                          "M1"
──┤ ├──────┤ ├────────────────────────────────────────────(S)──

"ET4.X1"
──┤ ├──┬──────────────────────────────────────────────────(R)──
"T2"   │
──┤ ├──┘

"M2"      "M1"      "ET4.X11"                               "Y0"
──┤/├──────┤ ├──────┤ ├───────────────────────────────────(S)──

"M2"      "ET4 X6"
──┤ ├──────┤ ├────────────────────────────────────────────(R)──

"M2"      "M1"      "ET4.X5"                                "Y1"
──┤/├──────┤ ├──────┤ ├───────────────────────────────────(S)──

"M2"
──┤ ├─────────────────────────────────────────────────────(R)──

"M2"      "M1"      "ET4.X7"                                "M2"
──┤/├──────┤ ├──────┤ ├───────────────────────────────────(S)──

"M2"      "ET4.X4"
──┤/├──────┤ ├────────────────────────────────────────────(R)──

──────────────────────────────────────────────────────────[END]──
```

图 5-66　供料程序

表 5-9　供料单元程序仿真步骤

步骤	操作任务	观察任务		备注
		正确结果	观察结果	
1	模拟运行开始	X4 和 X6 亮		
2	在变量管理器中强制设置 SC2（物料有无）和 SC3（物料是否充足）为 1	X11 和 X12 亮		HL1 亮
3	HL1 点亮时，按下 SB1 起动按钮	设备起动		HL2 亮
4	Y0 输出，顶料伸出	X4 灭，X5 亮		顶料伸出
5	Y1 输出，推料伸出	X6 灭，X7 亮		推料伸出
6	Y1 无输出，推料缩回	X6 亮，X7 灭		推料缩回

（续）

步骤	操作任务	观察任务		备注
		正确结果	观察结果	
7	Y0 无输出，顶料缩回	X4 亮，X5 灭		顶料缩回
8	在变量管理器中置位 SC1，模拟物料台有料	设备停止		
9	复位 SC1，模拟物料台物料	设备继续工作		
10	在变量管理器中复位 SC3	X12 灭		HL3 闪烁
11	在变量管理器中复位 SC2	X11 灭		HL2、HL3 闪烁
12	按下停止按钮 SB2（X1）	上述供料过程完成后设备停止		HL2 灭
13	重复上述步骤			

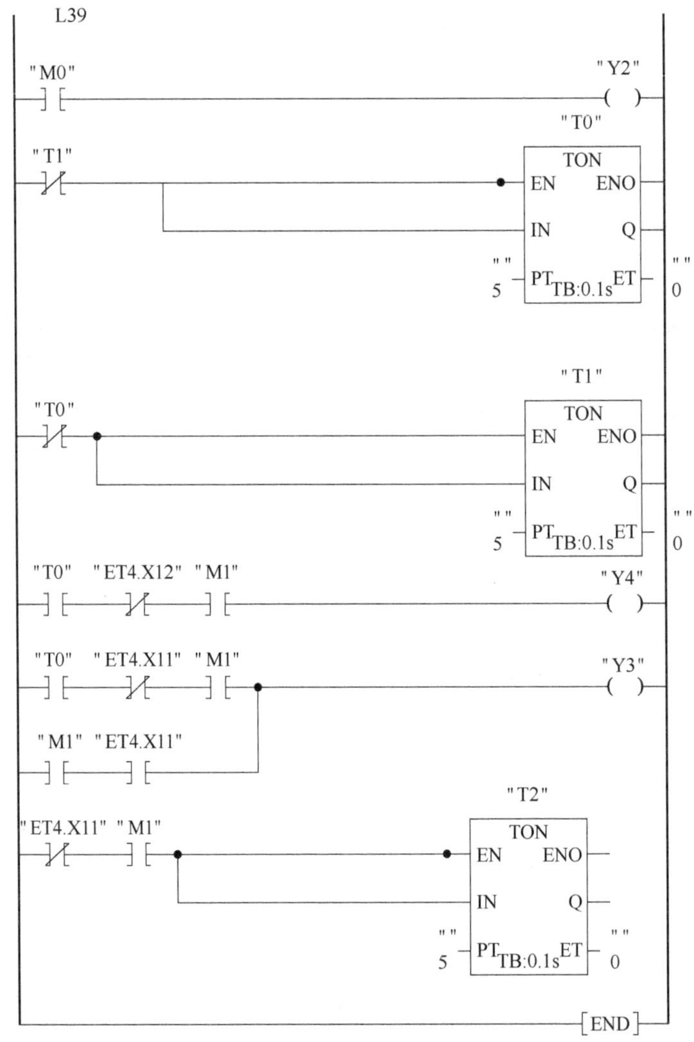

图 5-67　指示灯程序

程序调试时，通过观察程序的执行状态、电气控制回路的运行状态以及元器件的执行结果，与设备实际要求的运行效果进行对比，针对发现的问题逐一检查程序、电气控制回路图和气动回路图，排除问题后重新仿真运行，直到系统运行没有问题，运行效果与任务要求效果相符为止。

任务评价

任务评价见表 5-10。

表 5-10　任务评价

序号	评价指标	评 价 内 容	分值	学生自评	小组互评	教师点评
1	梯形图设计	正确使用梯形图库	10			
		梯形图设计无误	10			
2	控制要求	有初始状态检查和指示	15			
		能按要求起动和停止	10			
		运行状态指示灯	10			
		按控制要求正确执行推出物料操作	20			
		“物料不足”和“物料没有”的故障显示指示灯	10			
3	安全文明	软件操作规范	5			
		按要求使用计算机设备	5			
		按要求穿戴绝缘鞋和工作服	5			
总分			100			
问题记录和解决方法						

拓展练习

1）完善程序，添加转换开关的功能，可实现单机与全线状态的切换运行。当转换开关断开时，单机运行（和原有程序相同）；当转换开关闭合时，需设置一个全线状态起动信号，用该信号来起动系统推料运行。

2）进一步完善程序，实现设备的急停功能。

任务四　人机界面组态设计与仿真

学习目标

1）掌握人机界面组态设计与仿真。

2）学会使用 Automation Studio 6.3 Educational 软件设计并仿真人机界面组态。

任务引入

人机界面（HMI）是系统和用户之间进行交互和信息交换的媒介，是在操作人员和机器设备之间做双向沟通的桥梁。它可以实现机器设备信息的内部形式与人类可以接受形式之间的转换，凡参与人机信息交流的领域都存在人机界面。YL-335B 采用了昆仑通态公司研发的人机界面 TPC7062，如图 5-68 所示，是一款在实时多任务嵌入式操作系统 WindowsCE 环境中运行的 MCGS 嵌入式组态软件。在软件中提供了人机界面库供用户组件进行交互，实现对自动线系统的系统化调试与监控。

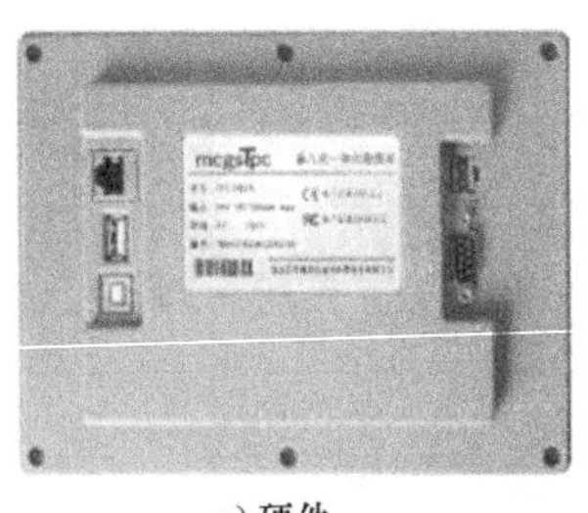

a) 硬件

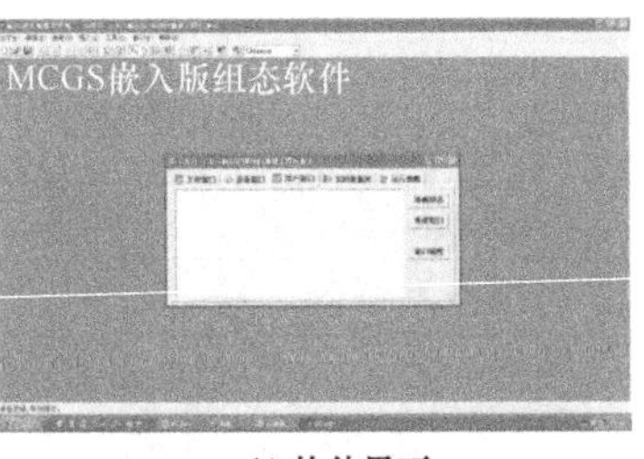

b) 软件界面

图 5-68　MCGS 的人机界面

在供料单元项目中新建一个标准图文档，将其命名为“人机界面”，如图 5-69 所示。在库资源管理器中找到“人机界面和控制面板”库，其主要包括两大类：一类是辅助电路组件；另一类是测量仪器，其中辅助电路组件又包括常用的按钮、开关、信号设备等，如图 5-70 所示。

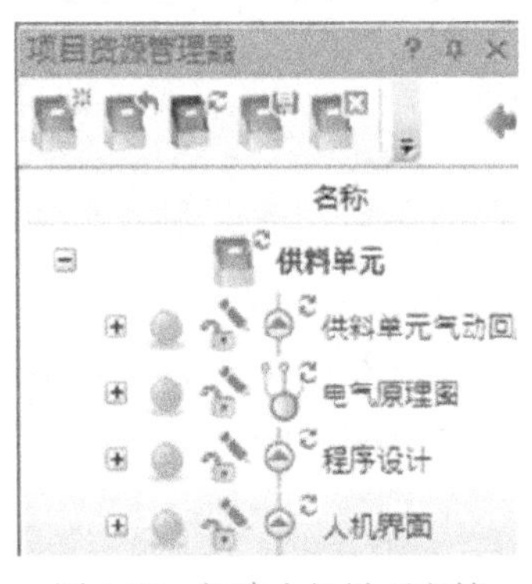

图 5-69　新建人机界面文档

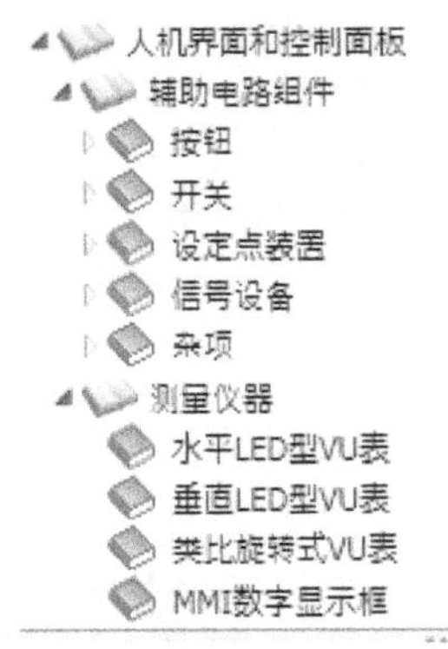

图 5-70　人机界面和控制面板库

任务要求

本任务利用“人机界面和控制面板”库组建供料单元的人机界面，介绍人机界面在自动线系统设计方面的应用。本任务创建的人机界面应能够实现下述功能：

1）具有起动和停止按钮、单机/联机转换开关和急停按钮。

2）具有料仓物料有无、物料是否足、出料台物料和金属传感器的检测装置模拟开关，用于模拟传感器的检测装置。

3）具有气缸运行状态指示灯和到位信号指示灯；

4）初始状态指示灯：当在初始状态时（初始状态为两个气缸均缩回到位、料仓内有充足物料、物料台没有物料），指示灯亮；不在初始状态，指示灯灭；

5）运行状态指示灯：运行中，指示灯亮；停止时，指示灯灭；

6）物料状态指示灯：在运行中，没有物料时，缺料指示灯闪烁；在运行中，物料不足时，物料不足指示灯闪烁。

由任务要求可知，本任务所需要的控件见表 5-11。

表 5-11　任务所需控件

名称	功　能	所属类别	数量
瞬时按钮	起动按钮和停止按钮	“辅助电路组件”→“按钮”→“瞬时按钮”	2
转换开关	单机/全线转换开关	“辅助电路组件”→“开关”	1
急停	推挽式紧急停止按钮	“辅助电路组件”→“按钮”→“推挽式紧急停止按钮”	1
保持按钮	模拟传感器的检测装置	“辅助电路组件”→“按钮”→“保持按钮”	4
指示灯	气缸：运行状态指示灯、到位信号指示灯； 系统：初始状态指示灯、运行状态指示灯；	“辅助电路组件”→“信号设备”→“领士灯”	6
闪烁信号灯	物料：物料有无指示灯、物料是否充足指示灯	“辅助电路组件”→“信号设备”→“闪烁信号灯”	2

相关知识

使用人机界面可以节省电气硬件开销，例如电气控制回路中的按钮、开关与输出用的指示灯等元器件，两者都可以实现相同的功能，因此原有的电气控制回路可简化，如图 5-71所示。输入端只保留传感器信号，输出端只保留电磁阀控制信号。

（1）瞬时按钮

在“人机界面和控制面板”库中，展开“辅助电路组件”→“按钮”类别，其中包括了瞬时按钮、保持按钮、光照按钮等，如图 5-72 所示。选择“瞬时按钮”类别，放置两个瞬时按钮，作为系统的起动和停止信号来源。放置按钮时，在弹出的“修改变量”窗口中将按钮的别名分别设置为“起动按钮”和“停止按钮”；或者双击打开按钮的“组件属性”设置窗口，在左侧选择“内部连接”选项，在右侧“组件变量”一栏中，将变量名称修改为“起动按钮”和“停止按钮”，如图 5-73 所示。组件颜色有黑色、红色、绿色、白色、黄色和蓝色六种可选，默认是黑色。通常将起动按钮设置为绿

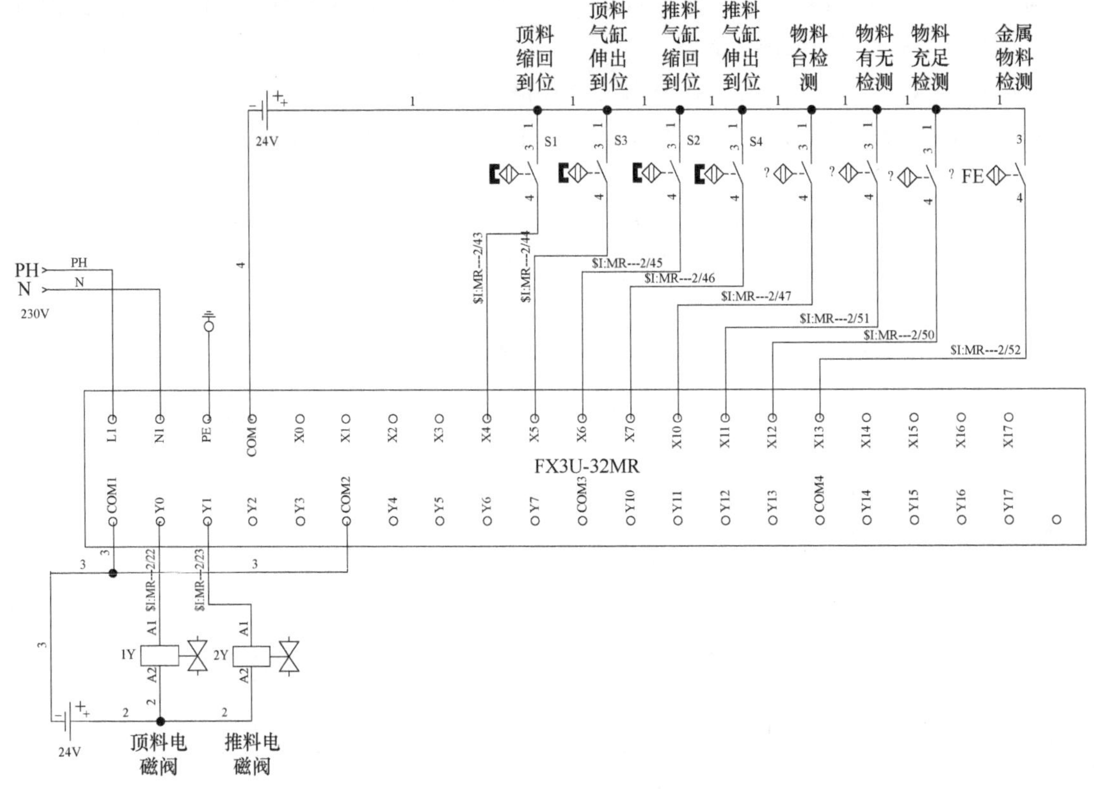

图 5-71　电气控制回路图

色，停止按钮设置为红色。设置方法是在“组件属性”窗口中，选择“数据”选项，在右侧窗口中“颜色”一项的下拉菜单中进行选择，如图 5-74 所示。参数设置好的按钮，调整其位置和大小，同时调整字体大小和所在位置，字体大小为 15，如图 5-75 所示。

- 人机界面和控制面板
  - 辅助电路组件
    - 按钮
      - 瞬时按钮
      - 保持按钮
      - 光照按钮，圆型
      - 推挽式紧急停止
      - 扭转松开使其紧急停止

图 5-72　按钮类别

（2）转换开关

在“人机界面和控制面板”库→“辅助电路组件”→“开关”类别中找到转换开关，将其拖动放到设计窗口中，设置其别名为“单机/全线转换开关”。

（3）急停按钮

在“人机界面和控制面板”库→“辅助电路组件”→“按钮”-“推挽式紧急停止按钮”类别中找到急停按钮，将其拖动放到设计窗口中，设置其别名设为“急停”。放置了转换开关和急停按钮的界面如图 5-76 所示。

（4）保持按钮

在“人机界面和控制面板”库→“辅助电路组件”→“按钮”→“保持按钮”类别中找到圆形保持按钮，在设计窗口中放置四个，分别将其别名设置为“没有物料”“物

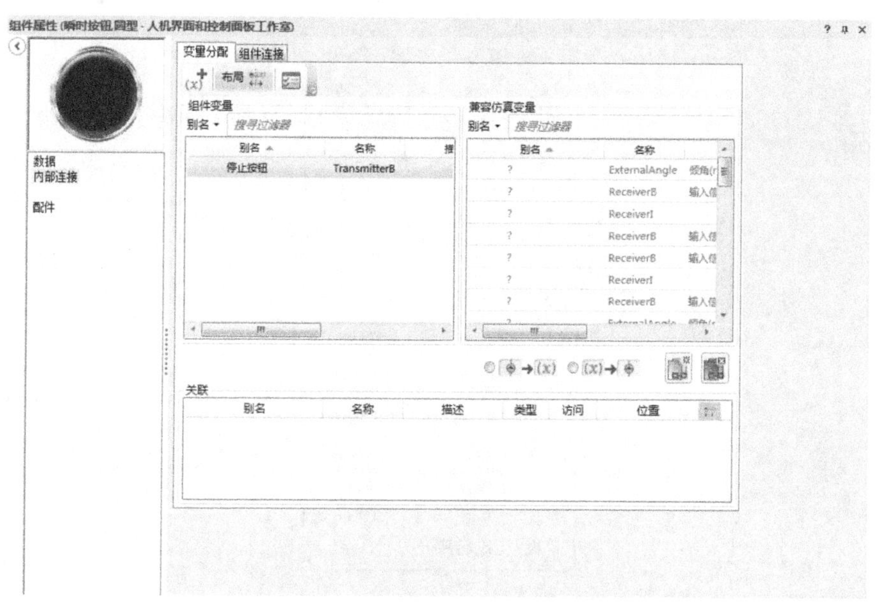

图 5-73　按钮别名设置

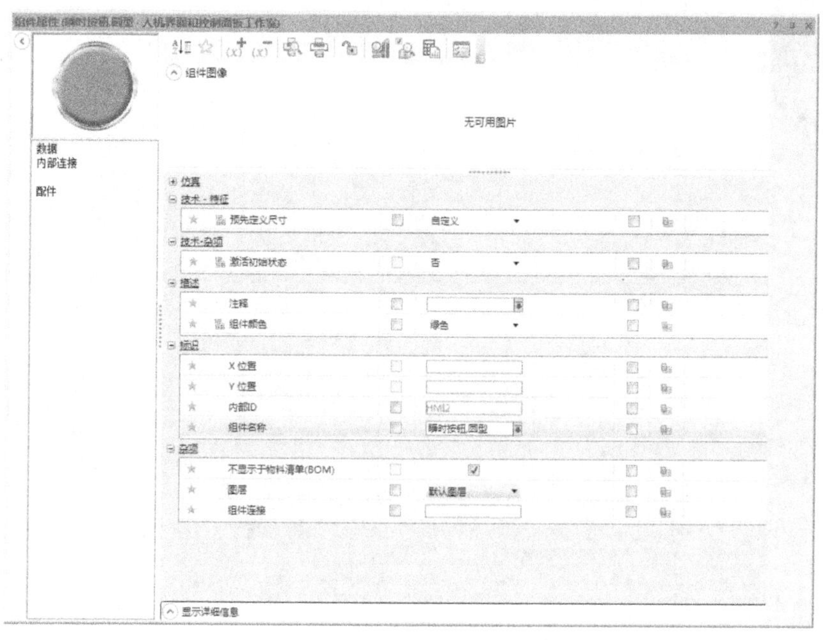

图 5-74　按钮颜色设置

料充足”“出料台”和“金属物料”，保持按钮的颜色选择和瞬时按钮一样，均为六色可选，这里颜色设置为蓝色，“物料不足”和“没有物料”将其“激活初始状态”设为否，其他为默认，设置界面如图 5-77 所示，绘制好的界面如图 5-78 所示。

（5）指示灯

展开“人机界面和控制面板”库→“辅助电路组件”→“信号设备”类别，这里包含

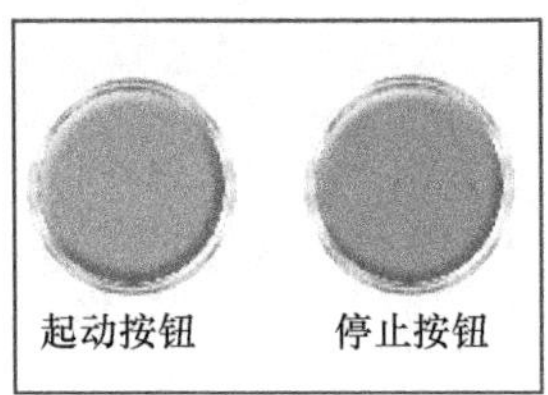

图 5-75　起动和停止按钮界面绘制

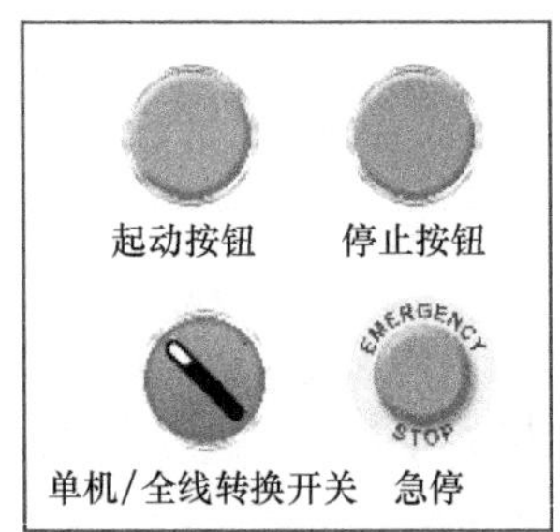

图 5-76　放置转换开关和急停按钮的界面

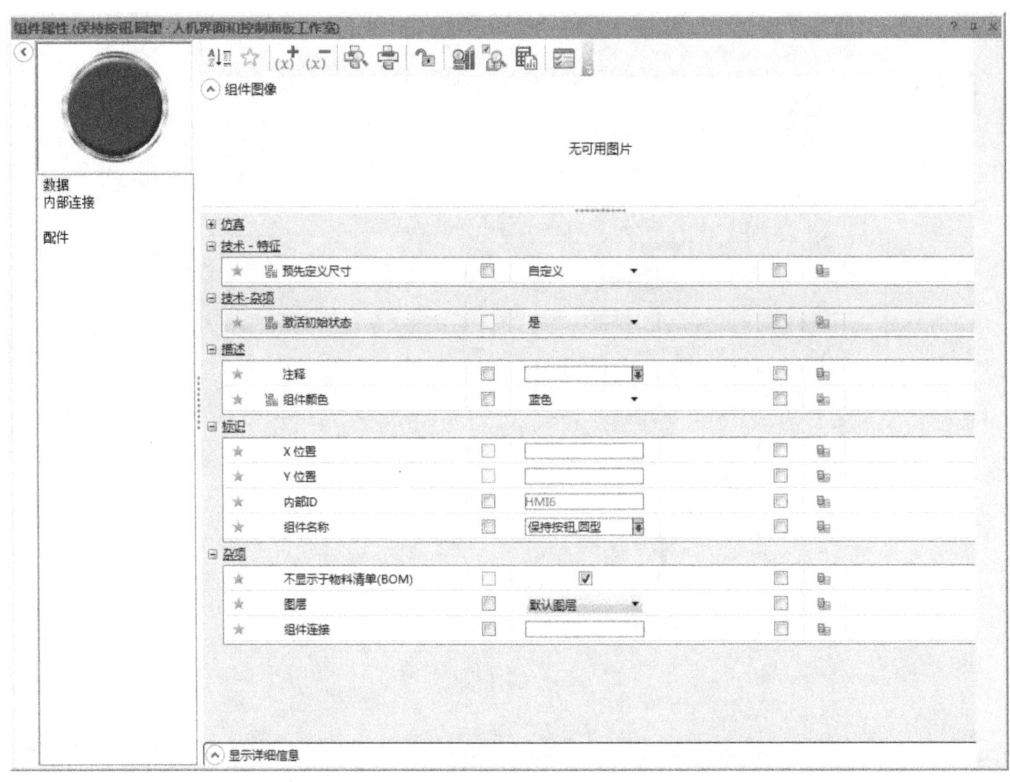

图 5-77　“没有物料”和“物料不足”按钮的设置界面

了多种信号设备可供使用，有领示灯（普通指示灯）、闪烁信号灯、警报灯和蜂鸣器，如图 5-79 所示。

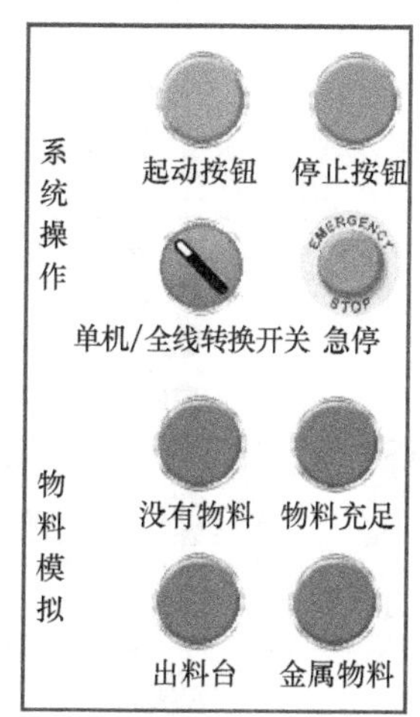

图 5-78　物料装置模拟界面

图 5-79　信号设备类别

在“领示灯”类别有圆形领示灯和方形领示灯，这里我们选用方形领示灯。分别放置 6 个领示灯，用来指示气缸运行状态和到位信号。领示灯的颜色有红、绿、黄、蓝、白五色可选，这里选择为红色。

将两个气缸运行状态领示灯分别关联到 1Y（顶料）和 2Y（推料）；将 4 个到位信号领示灯分别关联到 X4、X5、X6 和 X7，表示顶料气缸缩回和伸出到位以及推料气缸的缩回和伸出到位。

绘制气缸状态指示灯的界面如图 5-80 所示。

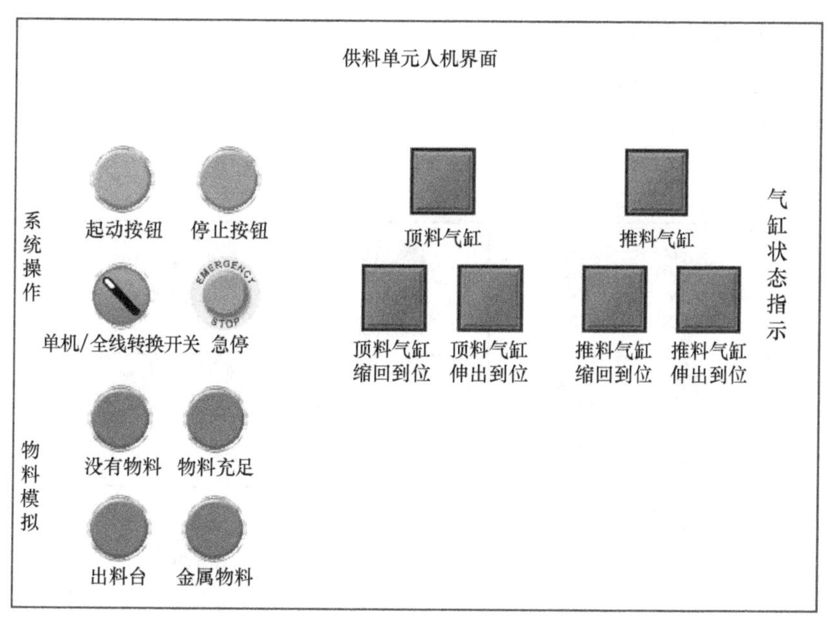

图 5-80　绘制气缸状态指示灯的界面

按照同样的方式放置方形初始状态指示灯（黄色）和运行状态指示灯（绿色）。双击打开其“组件属性”设置窗口，在“数据”选项栏中，组件颜色的下拉菜单中包括红色、黄色、绿色、蓝色和白色五种，将组件颜色分别修改为黄色和绿色，绘制好的界面如图 5-81所示。

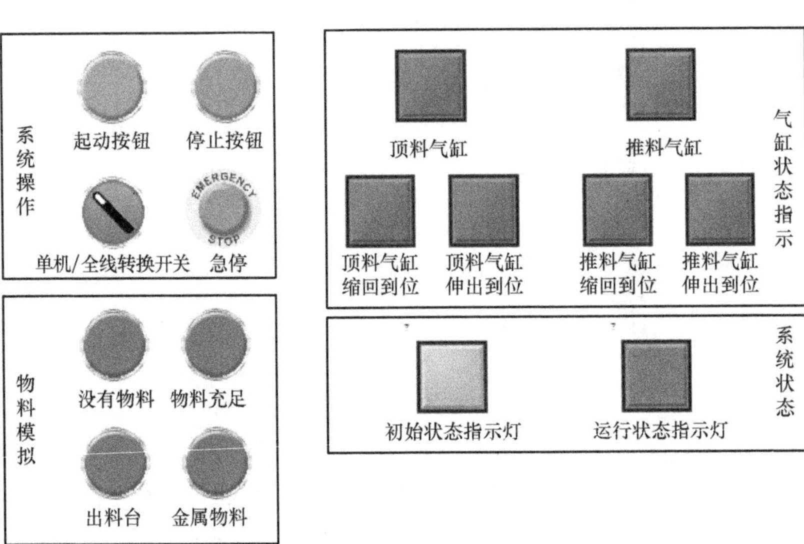

图 5-81　绘制系统状态指示灯的界面

（6）闪烁信号灯

任务中的物料状态需要指示灯闪烁显示，因此使用库中闪烁信号灯来实现。在“信号设备”→“闪烁信号灯”类别中，有圆形和方形两个形状的闪烁信号灯，这里使用方形闪烁灯。拖动鼠标将其放置在界面的适当位置，双击打开其属性设置窗口，颜色均设为红色。关联的变量分别为界面上的模拟信号：没有物料和物料不足，绘制好的供料单元人机界面如图 5-82 所示。

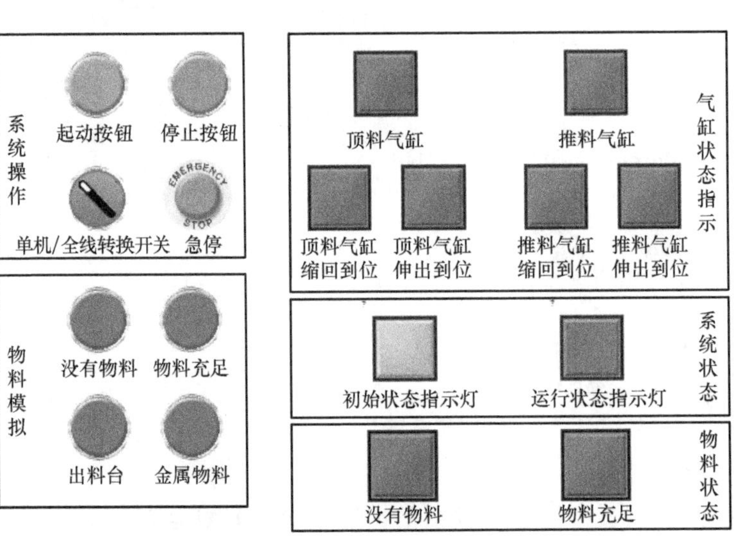

图 5-82　供料单元人机界面

任务实施

1）按照任务要求，完成相关组件的放置和设置。

2）程序修改。

① 起停程序的修改：起停除了可以使用电气控制回路中的 SB1 和 SB2 控制以外，还可以使用人机界面上“起动按钮”和“停止按钮”。因此，在任务三程序的 X0 和 X1 两端分别并联上“起动按钮”和“停止按钮”，如图 5-83 所示。

图 5-83　起停程序的修改

② 物料状态指示灯程序的修改。将运行过程中没有物料信号判断的结果输出到一个中间辅助继电器，例如 M4，然后打开人机界面，将“没有物料”闪烁信号灯的关联信号设置为 M4。“物料不足”闪烁信号灯的关联信号设置为 Y4，修改后的程序如图 5-84 所示。

图 5-84　物料闪烁信号灯程序修改

3）其他信号的关联。

① 物料状态模拟信号的关联。删除变量管理器中所创建的 SC1、SC2、SC3 和 SC4

四个临时变量，将物料台、没有物料、物料不足和金属物料的四个接近式传感器开关分别关联到人机界面的四个模拟式保持按钮，关联方法同前面所述，这里以没有物料信号的关联为例。

打开电气控制回路，双击“没有物料”检测传感器开关，在弹出的“组件属性”窗口中，在左侧选择“变量分配”选项，在兼容仿真变量一栏中输入“没有物料”，然后双击“没有物料”变量，即可创建一个按钮与传感器开关的读写关联，如图 5-85 所示。

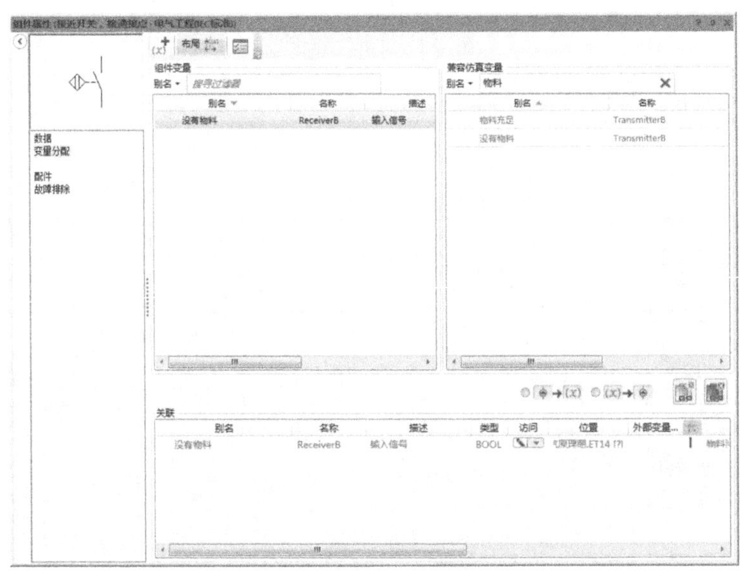

图 5-85　没有物料传感器开关的信号关联

按照同样的方式，将物料模拟的四个保持按钮信号分别关联到电气控制回路的四个接近式传感器开关。

② 系统状态指示灯的信号关联。将初始状态指示灯和运行状态指示灯分别关联程序的输出 M0 和 M1。

4）模拟运行，观察界面上的指示灯状态。

① 单击菜单栏的仿真选项，单击正常仿真按钮，或单击窗口中的按钮，项目进入模拟运行状态。

② 按照表 5-12 操作说明，观察指示灯显示效果，并将结果记录下来。

表 5-12　操作说明及记录

步骤	测试项目	功　　能	状态说明	测试结果
1	物料模拟测试	没有物料	按下按钮，X11 有信号 松开按钮，X11 无信号	
		物料不足	按下按钮，X12 有信号 松开按钮，X12 无信号	

（续）

步骤	测试项目	功　能	状态说明	测试结果
2	初始状态	气缸初始状态	顶料缩回到位和推料缩回到位指示灯亮	
		按下“没有物料”和“物料不足”按钮，模拟物料充足	初始状态指示灯亮	
3	按下起动按钮	顶料气缸伸出	顶料气缸运行状态指示灯亮；顶料缩回到位指示灯灭，顶料伸出到位指示灯亮；运行状态指示灯亮	
		推料气缸伸出	推料气缸运行状态指示灯亮；推料缩回到位指示灯灭，顶料伸出到位指示灯亮	
4	运行过程物料状态模拟	松开“物料不足”按钮	“物料不足”指示灯闪烁	
		松开“没有物料”按钮	“没有物料”指示灯闪烁，设备运行一轮后停止	
5	按下“出料台”按钮	取走物料	重复步骤 3、4 的动作	
6	按下停止按钮	运行完本轮后停止，顶料和推料气缸缩回	顶料和推料气缸缩回到位指示灯亮，运行状态指示灯灭	
7	重复上述步骤			

任务评价

任务评价见表 5-13。

表 5-13　任务评价

序号	评价指标	评价内容	分值	学生自评	小组互评	教师点评
1	界面组态	正确使用“人机界面”库	10			
		控制使用合理	10			
		控件参数设置正确	10			
2	控制要求	系统操作按钮功能正确	10			
		物料模拟按钮功能正确	10			
		气缸状态指示灯显示效果正确	15			
		系统状态显示正确	10			
		物料状态显示正确	10			

（续）

序号	评价指标	评 价 内 容	分值	学生自评	小组互评	教师点评
3	安全文明	软件操作规范	5			
		按要求使用计算机设备	5			
		按要求穿戴绝缘鞋和工作服	5			
总分			100			
问题记录和解决方法						

任务拓展

1）充分利用界面上的单机/全线转换开关和急停按钮，完善程序设计，系统可通过人机界面实现单机/全线切换运行和急停功能。

2）利用人机界面设置供料数量，当供出物料数量达到设定值时，系统自动停止，且人机界面实时显示已供出的物料数量。

参 考 文 献

[1] 吴建宁. 模拟电子技术［M］. 南京：江苏教育出版社，2013.

[2] 周云水. 跟我学 PLC 编程［M］. 2 版. 北京：中国电力出版社，2014.

[3] 孔凡才. 自动控制系统——工作原理、性能分析与系统调试［M］. 2 版. 北京：机械工业出版社，2009.

[4] 韩承江，朱照红. 电工基本技能［M］. 北京：中国劳动社会保障出版社，2007.

[5] 胡海清，万伟军. 气压与液压控制技术［M］. 4 版. 北京：北京理工大学出版社，2014.

[6] 赵景波. 电子电工技术［M］. 北京：人民邮电出版社，2008.